JN261371

全巻シリーズ構成

1 数学の証明のしかた
1 論理のしくみ
  1. 命題と合成命題 2. 真理表と同値
  3. 命題関数と量化文 4. 背理法と対偶
2 全称命題と存在命題の証明のしかた
  1. 全称命題の証明のしかた(帰納法のカラクリ)
  2. 存在命題の証明のしかた
3 場合分けの動機と基準
  1. 必然による場合分け
  2. 何を基準にして場合分けすると効果的かを考えよ
4 上手な場合分けのしかた
  1. やさしい場合から証明を始め,すでに証明済みの結果を利用せよ(山登り法)
  2. 樹形図を利用して場合分けせよ
5 上手な議論の進め方
  1. 特別な場合の考察により解の候補を絞り込め
  2. 極端な場合を引き合いに出して矛盾を導け
  3. 臨界的な状態(または際立った要素)に注目して議論せよ

2 数学の技巧的な解きかた
1 対称性を活かした解答のつくり方
  1. 対称式は基本対称式で表現せよ
  2. 関数の対称性に着眼して考慮すべき変域を絞り込め
  3. 対称性を扱うときは,n個の文字の間に大小関係を設定せよ
  4. 対称性を見出し,守備範囲を絞り込め
2 対称性の上手な導入のしかた
  1. 対称な図形や記号を意図的につくれ
  2. 対称性をひき出すように座標軸を設定せよ
  3. 対称性に注意して場合分けせよ
3 次数に着目した解法
  1. 次数を評価し,その事実を解法に反映させよ
  2. 次数の立場から論じる最大値・最小値問題の解法
  3. より低い次数(次元)の世界で議論せよ
  4. 漸化式は線形式や斉次式に直せ
4 動きの分析のしかた
  1. 動きを一時止めろ(独立変数に対する予選・決勝法)
  2. 2つ以上のものが勝手に動くのか否かを調べよ(独立でない変数)
  3. 掃過領域を知るためにはファクシミリの原理を利用せよ
  4. 動きを2つの方向へ分解せよ
  5. 動きの特徴をさぐれ(通過定点と包絡線の存在)
  6. 意図的にパラメータを導入し,動き回る曲線群をつくれ

3 数学の発想のしかた
1 規則性の発見のしかたと具体化の方法
  1. 数列や関数列は規則性が現れるまで書き並べよ
  2. パターンを見出し,それらの性質を利用せよ
  3. 具体的な数値を代入した例をつくり実験せよ
2 着想の転換のしかた
  1. 操作の順や時間の流れを逆転せよ
  2. 視点を変えたり,反対側から裏の世界をのぞきこめ
3 柔軟な発想のしかた
  1. 同値な問題へのすり換えや他分野の概念への移行を図れ
  2. 三段論法を活用せよ
  3. 問題を一般化し,微積分や帰納法などの武器を利用せよ
4 使うべき道具(定理や公式)の検出法とそれらの活かした使い方
  1. 問題文を読んだ後,使うべき定理を連想ゲームせよ
  2. 逆をたどれ,または迎えに行って途中で落ち合え
  3. 式の変形のしかた
  4. 設問間の分析のしかた(出題者の誘導にのれ)

4 数学の視覚的な解きかた
1 視覚を刺激する方法
  1. モデルを作ってそれを見ながら解け(平面版)
  2. 補助線・補助曲線を利用せよ
  3. "考えるための色"を導入せよ
2 情報の図による表現のしかた
  1. 関係を図で表現せよ
  2. 状態の推移やおこり得る場合を図で表現せよ
3 グラフへ帰着させる方法
  1. 方程式の実数解は2曲線の交点に帰着させよ
  2. 不等式はグラフを利用して解け
  3. 条件つき最大値・最小値問題はグラフで処理せよ
  4. 分数関数は直線の傾きに帰着せよ
  5. 数列の極限値はグラフを利用せよ
  6. 必要性・十分性は集合の包含関係で議論せよ
  7. 場合の数が無数にある確率の問題は面積に帰着させよ

5 立体のとらえかた
1 立体の把握法
  1. モデルを作ってそれを見ながら解け(立体版)
  2. 立体図形の平面図形によるとらえ方(切り口,展開図)
  3. 空間図形から平面図形への特殊な変換
2 立体の体積の求め方
  1. 平面でスライスせよ
  2. 立体の分割のしかた

[別巻の構成は後見返しを参照]

発見的教授法による数学シリーズ ――― 別巻①

1次変換の
しくみ

―線形代数へのウォーミングアップ―

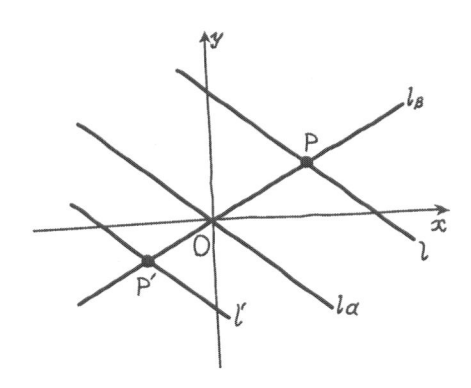

秋山　仁 著
Jin Akiyama

森北出版株式会社

●本書の補足情報・正誤表を公開する場合があります．当社 Web サイト（下記）
で本書を検索し，書籍ページをご確認ください．
https://www.morikita.co.jp/

●本書の内容に関するご質問は下記のメールアドレスまでお願いします．なお，
電話でのご質問には応じかねますので，あらかじめご了承ください．
editor@morikita.co.jp

●本書により得られた情報の使用から生じるいかなる損害についても，当社およ
び本書の著者は責任を負わないものとします．

JCOPY 〈(一社)出版者著作権管理機構 委託出版物〉
本書の無断複製は，著作権法上での例外を除き禁じられています．複製される
場合は，そのつど事前に上記機構（電話 03-5244-5088, FAX 03-5244-5089,
e-mail: info@jcopy.or.jp）の許諾を得てください．

―復刻に際して―

　19世紀を締めくくる最後の年(1900年)にパリで開かれた第2回国際数学者会議が伝説の会議として語り継がれることとなった．それは，主催国フランスのポアンカレがダーフィット・ヒルベルトに依頼した特別講演が，多くの若き研究者を突き動かし20世紀の新たな数学の研究分野を切り拓く起爆剤となったからだった．『未来を覆い隠している秘密のベールを自分の手で引きはがし，来たるべき20世紀に待ち受けている数学の進歩や発展を一目見てみたいと思わない者が我々の中にいるだろうか？』この聴衆への呼びかけに続けて，ヒルベルトは数学の未来に対する自身の展望を語った後，"20世紀に解かれることを期待する問題"として，23題の未解決問題を提示したのだった．

　良質な問題の発見や，その問題の解決は豊かな知の世界を開拓し続けてきた．そしてひとつの研究分野を拓くような鉱脈ともいうべき良問を見つけ出した時の高揚感や一筋縄では行かない難攻不落と思えた難問が"あるアングルから眺めたとき，いとも簡単に解けてしまう瞬間"に味わえる醍醐味は，まさに"自分の手で秘密のベールを引きはがす喜び"である．そして，それは"ヒルベルトの問題"や研究の最前線のものに限ったことではなく，どのレベルであっても真であると思う．

　数学の教育的側面に目を向けるのなら，そもそも古代ギリシャの時代から，久しい間，数学が学問を志す人々の必修科目とされてきたのは，論理性や思考力を鍛えるための学科として尊ばれてきたからだ．ところが，数学は経済発展とともに大衆化し，受験競争の低年齢化とともに人生の進路を振り分けるための重要な科目と化していった．"思考力を磨くために数学を学ぶ"のではなく，ともすると，"受験で成功するための一環として数学の試験で確実に点数を稼ぐための問題対処法を身につけることが数学の勉強"になっていく傾向が強まった．すなわち，数学の問題に出会ったら，"自分の頭で分析し，どう捉えれば本質が炙り出せるのかという思考のプロセスを辿る"のではなく，"できるだけ沢山の既出の問題と解法のパターンを覚えておいて，問題を見たら解法がどのパターンに当てはまるものなのかだけを判断する．そして，あとは機械的に素早く確実に処理する"ことになっていった．"既出のパターンに当てはまらない問題は，どうせ他の多くの生徒も解けず点数の差はさほどないのだから，そういう問題はハナから捨ててよい"というような受験戦術がまかり通るようになった．この結果，インプットされた解決法で解ける想定内の問題なら処理できるが，まったく新しいタイプの想定外の問題に対しては手も足もまったく出ないという学習者を大量に生む結果ともなったのである．このような現象は数学の現場に限らず，日本の社会のあちこちでも問題視され始めている現象だが，学生時代にキチンと自分の頭で判断し思考するプロセスがおざなりにされてきた結果なのではないだろうか．

復刻に際して

　世界各国，どこの国でも，数学は苦手で嫌いだと言う人が多いのは悲しい事実ではある．しかし，George Polya の「How to Solve It」（邦題「いかにして問題をとくか」柿内賢信訳　丸善出版）や Laurent C. Larson の「Problem-Solving Through Problems (Springer 1983)」（邦題「数学発想ゼミナール」拙訳　丸善出版）がロングセラーであることにも現れているように，欧米の数学教育の本流はあくまでも〝自分の頭で考える〟ことにある．これらの書籍は〝こういう問題はこう解けばいい〟という単なるハウツー本ではなく，数学の問題を解く名人・達人ともいえる人たちが問題に出会ったときに，どんなふうに手懸りをつかみ，どういうところに着眼して難攻不落な問題を手の中に陥落させていくのか，……．そういった名人の持つセンスや目利きとしての勘所ともいえる真髄を紹介し，読者にも彼らのような発想や閃き，センスと呼ばれる目利きの能力を磨いてもらおうとする思考法指南書である．

　本書を執筆していた当時，筆者は以下のような多くの若者に数学を教えていた：

　「やったことのあるタイプの問題は解けるが，ちょっと頭をひねらなければならない問題はまったくお手上げ」，

　「問題集やテストの解答を見れば，ああそこに補助線を一本引けばよかったのか，偶数か奇数かに注目して場合分けすればよかったのか，極端な（最悪な）場合を想定して分析すればこんな簡単に解けてしまうのか，……と分かるのだが，実際はそういった着眼点に自分自身では気付くことができなかった」，

　「高校時代は，数学の試験もまあまあ良くできていて得意だと思っていたが，大学に進んでからは，〝定義→定理→証明〟が繰り返し登場する抽象的な数学の講義や専門書に，ついていけない」

　ポリヤやラーソンの示す王道と思われる数学の指南法に感銘を受けていた筆者は，基礎的な知識をひととおり身につけたが，問題を自力で解く思考力，応用力または発想力に欠けると感じている学生たちには，方程式，数列，微分，積分といった各ジャンルごとに，〝このジャンルの問題は次のように解く〟ということを学ぶ従来の学習法（これを〝縦割り学習法〟と呼ぶ）に固執するのではなく，ジャンルを超えて存在する数学的な考え方や技巧，ものの見方を修得し，それらを拠り所として様々な問題を解決するための学習法（これを〝横割り学習法〟と呼ぶ）で学ぶことこそが肝要だと感じた．

　そこで，1990年ぐらいまでの難問または超難問とされ，かつ良問とされていた大学入試問題，数学オリンピックの問題，海外の数学コンテストの問題，たとえば，米国の高校生や大学生向けに出題された Putnam（パットナム）等の問題集に紹介されている問題を収集，選別した．そして，それらを題材に，どういう点に着眼すれば首尾よく解決できるのか，思考のプロセスに重点を置いて問題分析の手法を，発想力や柔軟な思考力，論理力を磨きたい，という学生たちのために書きおろしたのが本シリーズである．

　本書が1989年に駿台文庫から出版された当時，本気で数学の難問を解く思考力や発

想力を身につけたいという骨太な学生や数学教育関係者に好意的に受け入れられたのは筆者の大きな喜びだった．

そして，本書は韓国等でも翻訳され，海外の学生にも支持を得ることができた．

二十年以上たって一度絶版となった際も，関西の某大学の学生や教授から，「このシリーズはコピーが出回っていて読み継がれていますよ」と聞かされることもあった．

また，本シリーズと同様の主旨で 1991 年に NHK の夏の数学講座を担当した際には，学生や教育関係者以外の一般の方々からも「数学の問題をどうやって考えるのかがわかって面白かった」，「数学の問題を解くときの素朴な考え方や発想が，私たちの日常生活のなかのアイディアや発想とそんなに大きく違わないのだということがわかった」という声をいただき，その反響は相当のものだった．

このたび，森北出版より本シリーズが復刻されて，新たな読者の目に触れる機会を得たことは筆者にとって望外の喜びである．一人でも多くの方が活用してくださることを期待しております．

最後になりましたが，今回の復刻を快諾し協力してくださった駿台予備学校と駿台文庫に感謝の意を表します．

2014 年 3 月　秋山　仁

一 序　　文 一

読者へ

世に数々の優れた参考書があるにもかかわらず，ここに敢えて本シリーズを刊行するに至った私の信念と動機を述べる．

現在，数学が苦手な人が永遠に数学ができないまま人生を閉じるのは悲しいし，また不公平で許せない．残念ながら，これは若干の真実をはらむ．しかし，数学が苦手な人が正しい方向の努力の結果，その努力が報われる日がくることがあるのも事実である．

ここに，正しい方向の努力とは，わからないことをわからないこととして自覚し，悩み，苦しみ，決してそれから逃げず，ウンウンうなって考え続けることである．そうすれば，悪戦苦闘の末やっとこさっとこ理解にたどりつくことが可能になるのである．このプロセスを経ることなく数学ができるようになることを望む者に対しては，本書は無用の長物にすぎない．

私ができる唯一のことは，かつて私自身がさまよい歩いた決して平坦とはいえない道のりをその苦しみを体験した者だけが知りうる経験をもとに赤裸々に告白することによ

り，いま現在，暗闇の中でゴールを捜し求める人々に道標を提示することだけである．読者はこの道標を手がかりにして，正しい方向に向かって精進を積み重ねていただきたい．その努力の末，困難を克服することができたとき，それは単に入試数学の征服だけを意味するものではなく，将来読者諸賢にふりかかるいかなる困難に対しても果敢に立ち向かう勇気と自信，さらには，それを解決する方法をも体得することになるのである．

【本シリーズの目標】

同一の分野に属する問題にとどまらず，分野（テーマ）を超えたさまざまな問題を解くときに共通して存在する考え方や技巧がある．たとえば，帰納的な考え方（数学的帰納法），背理法，場合分けなどは単一の分野に属する問題に関してのみ用いられる証明法ではなく，整数問題，数列，1次変換，微積分などほとんどすべての分野にわたって用いられる考え方である．また，2個のモノが勝手に動きまわれば，それら双方を同時にとらえることは難しいので，どちらか一方を固定して考えるという技巧は最大値・最小値問題，軌跡，掃過領域などのいくつもの分野で用いられているのである．それらの考え方や技巧を整理・分類してみたら，頻繁に用いられる典型的なものだけでも数十通りも存在することがわかった．問題を首尾よく解いている人は各問題を解く際，それを解くために必要な定理や公式などの知識をもつだけでなく，それらの知識を有効にいかすための考え方や技巧を身につけているのである．だから，数学ができるようになるには，知識の習得だけにとどまらず，それらを活性化するための考え方や技巧を完璧に理解しなければならないのである．これは，あたかも，人間が正常に生活していくために，炭水化物，脂肪やたん白質だけを摂取するのでは不十分だが，さらに少量のビタミンを取れば，それらを活性化し，有効にいかすという役割を果たしてくれるのと同じである．本シリーズの大目標はこれら数十通りのビタミン剤的役割を果たす考え方や技巧を読者に徹底的に教授することに尽きる．

【本シリーズの教授法──横割り教育法──について】

数学を学ぶ初期の段階では，新しい概念・知識・公式を理解しなければならないが，そのためには，教科書のようにテーマ別（単元別）に教えていくことが能率的である．しかし，ひととおりの知識を身につけた学生が狙うべき次のターゲットは"実戦力の養成"である．その段階では，"知識を自在に活用するための考え方や技巧"の修得が必須になる．そのためには，"パターン認識的"に問題をとらえ，"このテーマの問題は次のように解答せよ"と教える教授法（**縦割り教育法**）より，むしろ少し遠回りになるが，テーマを超えて存在する考え方や技巧に焦点を合わせた教授法（**横割り教育法**）のほうがはるかに効果的である．というのは，上で述べたように，考え方のおのおのに注目すると，その考え方を用いなければ解けない，いくつかの分野にまたがる問題群が存在するから

である．本書に従ってこれらの考え方や技巧をすべて学習し終えた後，振り返ってみれば受験数学の全分野にわたる復習を異なる観点に立って行ったことになる．すなわち，本書は"縦割り教育法"によってひととおりの知識を身につけた読者を対象とし，彼らに"横割り教育法"を施すことにより，彼らの潜在していた能力を引き出し，さらにその能力を啓発することを目指したものである．

【本シリーズの特色──発見的教授法──について】

本シリーズのタイトルに冠した発見的教授法という言葉に，筆者が託した思いについて述べる．

標準的学生にとっては，突然すばらしい解答を思いつくことはおろか，それを提示されてもどのようにしてその解答に至ったのかのプロセスを推測する事さえ難しい．そこで，本シリーズにおいては，天下り的な解説を一切排除し，"どうすれば解けるのか"，"なぜそうすれば解けるのか"，また逆に，"なぜそうしたらいけないのか"，"どのようにすれば，筋のよい解法を思いつくことができるのか"などの正解に至るプロセスを徹底的に追求し，その足跡を克明に表現することに努めた．

このような教え方を，筆者は"**発見的教授法**"とよばせていただいた．その結果，10行ほどの短い解答に対し，そこにたどりつくまでのプロセスを描写するのに数頁をもさいている箇所もしばしばある．本シリーズでは，このプロセスの描写を"**発想法**"という見出しで統一し，各問題の解答の直前に示した．このように配慮した結果，優秀な学生諸君にとっては，冗長な感を抱かせる箇所もあるかもしれない．そのようなときは適宜，"発想法"を読み飛ばしていただきたい．

1989年5月　秋山　仁

※　本シリーズは1989年発行当時のまま，手を加えずに復刊したため，現行の高校学習指導要領には沿っていない部分もあります．

はじめに

　観客には不思議に感じられる手品も，手品師本人には，そのタネもシカケもわかっているので，何ら不思議なことではない．〝人体輪切り〟も〝空中に浮かぶ美女〟も皆それなりのタネや周到なシカケが仕込んであるのだから．すなわち，ある現象が不思議に見えたり，神秘的に感じられるのは，その現象の背後に潜む理論を見通せないときであり，いったんそのカリクリを知ってしまえば何の変哲もない至極あたりまえのことになってしまうのである．

　大学に入ると線形代数を学ぶが，その際，いきなり一般の場合の n 次元空間から入っていくので，種々の概念を把握しづらく，挫折する人が多い．それに対し，2次元(平面)や3次元(空間)の場合から学べば，具体的意味づけができるので理解しやすい．本書は2次元の線形代数(1次変換のしくみ)について詳解することが目的であるが，ここをしっかり踏まえれば3次元，4次元，…，一般の次元の線形代数を理解するための大きな踏み台になる．

　行列や1次変換の背後には整然とした理論の流れがある．にもかかわらず，その流れを認識せず，知識のみを断片的にしかとらえていない学生が多いようである．一見，相互の関連がなさそうな行列や1次変換に関する多くの事実を理論の流れに沿ってとらえてみると，それらを結ぶ根底でのつながりが浮かび上がり，イモヅル的に行列や1次変換の全貌を把握することができるのである．理論の流れを理解することは個々の事実だけをその場しのぎの対応によって理解するのに比べ，初期的段階では多くの時間と労力を要するが，結果的には行列や1次変換の完全把握への早道となる．

　読者諸賢に美しい1次変換の理論を体系的に理解していただき，かつ，大学での線形代数の扉をスムースにくぐり抜けていただくことが本書の目的である．客席で〝1次変換〟という手品を不安気に眺めていた諸賢が，本書を読み通した後に，ひのき舞台に駆け上がり，自信をもって鮮やかにそれを演ずる名手品師になっていただくことを期待する．

　なお，本書の作成に際し，『大学受験　代数・幾何』を参考にさせて頂くことを快く御了承下さった著者小室久二雄氏に心より感謝申し上げます．

☆ 本書の使い方と学習上の注意 ☆

　さきに述べたとおり，本シリーズでは，数学の考え方や技巧に照準を合わせ入試数学全体を分類し，入試数学を解説している．よって，目次(この目次を便宜上，"横割り目次"とよぶ)もその分類に従っている．高校の教科書をひととおり終えた，いわゆる受験生(浪人や高校3年生)とよばれる読者は，本書に従って学習すれば自ずとそれらの考え方や技巧を能率的に身につけることができる．

　一方，一般の教科書(または参考書)のように，分野別(たとえば，方程式，三角比，対数，……という分類)に勉強していくことも可能にするため，分野別の目次(これを便宜上，"縦割り目次"とよぶ)も参考のため示しておいた．すなわち，たとえば，確率という分野を勉強したい人は，確率という見出しを縦割り目次でひけば，本シリーズのどの問題が確率の問題であるかがわかるようにしてある．だから，それらの問題をすべて解けば，確率の問題を解くために必要な考え方や技巧を多角的に学習することができるしくみになっている．

　入試に必要な知識を部分的にしか理解していない高校1，2年生，または文系志望の受験生が本書を利用するためには縦割り目次を利用するとよい．すなわち，読者各位の学習の進度に応じ，横割り目次，縦割り目次を適宜使い分けて本書を活用していただければよいのである．

　次に，学習時に読者に心がけていただきたい点を述べる．

　数学を能率的に学習するためには，次の点に注意することが重要である．

1. 理論的流れに従い体系的に諸事実を理解すること
2. 視覚に訴え，問題の全貌を把握すること
3. 同種な考え方を反復して理解すること

以上3点を踏まえ，問題の配列や解説のしかたや順序を決定した．とくに，第IV巻(数学の視覚的な解きかた)，第V巻(立体のとらえかた)では，2を重視した．また，3を徹底するために，全巻を通して同種の考え方や技巧をもつ例題と練習をペアにし，どちらかというと**[例題]**のほうをやや難しいものとし，例題を練習の先に配列した．**[例題]**をひとまず理解した後に，できれば独力で対応する**〈練習〉**を解いてみて，その考え方を十分に呑み込んだかどうかをチェックするという学習法をとることをお勧めする．

　なお，本文中の随所にある参照箇所の意味は，次の例のとおりである．

　　(例)　Iの**第3章§2**参照　　本シリーズ第I巻の**第3章§2**を参照
　　　　　第2章§1参照　　　　本書と同じ巻の**第2章§1**を参照
　　　　　§1　　　　　　　　　　本書と同じ巻同じ章の§1

目次

復刻に際して ……… iii
序　文 ……… v
はじめに ……… viii
本書の使い方と学習上の注意 ……… ix
縦割り（テーマ別）目次 ……… xi

第１章　直線のベクトル表示と不動直線のしくみ　　1
§1　１次変換によって向き不変のベクトルを捜せ ……… 3
§2　不動直線のメカニズム ……… 29
§3　行列の n 乗の求め方のカラクリ ……… 58

第２章　１次変換の幾何学的考察のしかた　　86
§1　合同（等長）１次変換と相似（等角）１次変換を表す行列の判定法とそれらの性質の利用 ……… 89
§2　対称な形の行列（対称行列）は回転行列によって対角化せよ ……… 117
§3　射影を表す行列の見抜き方と、どの方向に沿ってどの直線に射影されるのかの判定法 ……… 138
§4　図形の１次変換による面積と向きの変化 ……… 153

あとがき ……… 174
重要項目さくいん ……… 175

［※第Ⅰ～Ⅴ巻の目次は前見返しを，別巻の目次は後見返しを参照］

縦割り目次

(テーマ別)

縦割り(テーマ別)目次について
- 各テーマ別初めのローマ数字(Ⅰ，Ⅱ，…)は，本シリーズの巻数を表している．別は別巻を表す．
- それに続くE(1・1・3)やP(1・1・4)については，Eは例題，Pは練習を示し，(　)内の数字は各問題番号である．
- 1，2，……は各巻の章を表している．

[1] 数と式

相加平均・相乗平均の関係
- Ⅱ. E(1・1・3), P(1・1・4), P(1・1・5), P(1・2・2), E(3・2・3)
- Ⅲ. E(4・1・1)
- Ⅳ. E(1・2・4)
- 別Ⅱ. P(4・6・1), P(4・6・3), P(4・6・4)

その他
- Ⅰ. P(4・1・1), E(4・1・3), E(4・1・4), P(5・3・1)
- Ⅱ. E(3・1・4), E(3・3・6)
- Ⅲ. E(1・2・1), P(1・2・1), E(1・3・2), E(3・1・4), P(3・1・4), E(4・1・4), P(4・1・4), P(4・4・1), E(4・4・2), E(4・4・3)
- Ⅳ. P(1・3・2)

別Ⅱ. E(1・2・1), P(1・2・1), E(5・5・1), P(5・5・1), P(5・5・2)

[2] 方程式

方程式の(整数)解の存在および解の個数
- Ⅰ. P(2・2・3), E(2・2・4), E(2・2・5), P(2・2・5)
- Ⅱ. E(3・3・5)
- Ⅲ. E(3・1・3), P(3・2・2), P(4・3・5)
- Ⅳ. E(3・1・1), P(3・1・1), P(3・1・2), E(3・1・3), P(3・1・4)
- 別Ⅱ. P(1・1・1)

その他
- Ⅱ. P(3・3・4)
- Ⅲ. E(3・1・2), P(3・1・7), P(4・1・3)

別Ⅱ. E(1・1・1), P(1・1・3), E(2・1・1), P(2・1・2)

[3] 不等式

不等式の証明
- Ⅰ. E(2・1・2), P(2・1・2), E(2・1・7), P(2・1・7), E(2・1・8), P(5・1・4)
- Ⅱ. P(1・3・1), P(1・3・2)
- Ⅲ. E(3・2・1), P(3・2・1), E(3・2・2), E(3・3・1), P(3・3・1), P(3・3・3), E(3・3・4), P(3・3・4), P(4・2・3)
- Ⅳ. E(3・2・2), E(3・2・3), P(3・2・3)

不等式の解の存在条件
- Ⅳ. E(3・6・2), P(3・6・4), P(3・6・5), P(3・6・6)

その他
- Ⅰ. P(5・3・5)
- Ⅱ. P(1・2・3), P(2・1・3), E(3・4・4)
- Ⅲ. E(2・2・1), P(3・1・3), P(3・3・2), P(4・4・2), P(4・4・4)
- Ⅳ. E(3・2・1), P(3・2・1), P(3・2・4), E(3・3・5), P(3・3・7)

[4] 関　数

関数の概念
- Ⅱ. E(3・1・1), P(3・1・1), P(3・1・2)
- Ⅲ. E(1・2・3)

その他
- Ⅰ. E(4・1・1)
- Ⅱ. E(1・2・2), E(3・1・2), P(3・1・4), P(3・2・3), P(3・3・5)
- Ⅲ. P(1・2・3)

[5] 集合と論理

背理法
- Ⅰ. E(5・2・1), P(5・2・1), E(5・2・2), P(5・2・2)
- Ⅲ. P(1・3・1), E(4・4・3), E(4・4・4)
- Ⅳ. E(1・3・1), P(1・3・1), E(1・3・3), P(1・3・3), P(2・1・1)

数学的帰納法
- Ⅰ. 第2章全部 P(4・1・1), P(5・1・3)
- Ⅲ. E(4・1・3), P(4・4・3)

鳩の巣原理
- Ⅰ. E(2・2・6), P(2・2・7)
- Ⅲ. E(4・1・2), P(4・1・2)

必要条件・十分条件
- Ⅰ. 第5章§1全部
- Ⅱ. E(1・2・2)
- Ⅳ. E(1・3・2), E(3・6・1), P(3・6・1), P(3・6・2), P(3・6・3)

その他
- Ⅰ. 第1章全部, E(5・3・3)
- Ⅱ. P(2・3・1)
- Ⅲ. E(1・2・2), P(1・2・2), E(1・3・1)
- Ⅳ. E(2・1・2), P(2・1・2), P(2・1・3), P(2・1・4), E(2・2・2)

[6] 指数と対数
- Ⅰ. P(3・2・1)

[7] 三角関数

三角関数の最大・最小
- Ⅱ. E(1・1・4), P(1・1・6), E(3・2・1), E(4・1・2), E(4・1・3), E(4・5・5)
- Ⅳ. E(3・4・2), P(3・4・4)
- 別Ⅱ. P(2・2・2), P(2・2・3), E(4・2・1), P(4・2・1), E(4・5・1), P(4・5・1), E(5・4・1), P(5・4・1), P(5・4・2)

その他
- Ⅱ. E(2・1・1)
- Ⅲ. E(2・2・2), P(4・1・6), E(4・2・1), E(4・4・1)

Ⅳ. P(3・4・3)

[8] 平面図形と空間図形

初等幾何
- Ⅰ. P(3・1・3), E(3・1・4), E(3・1・5), E(3・2・3)
- Ⅳ. E(1・1・2), P(1・2・1), E(1・2・2)
- Ⅴ. E(1・1・1), E(1・2・3), P(1・2・3), E(1・2・4), E(2・2・5)
- 別Ⅱ. E(3・2・1), P(3・2・1),

正射影
- Ⅴ. 第1章§3全部
- 別Ⅱ. E(4・4・1), P(4・4・1)

その他
- Ⅰ. E(4・2・4)
- Ⅱ. P(1・2・3), E(1・4・3), P(1・4・4), P(1・4・5), P(2・1・3), E(2・1・4), P(2・1・4), P(2・1・5), P(2・2・2), P(3・1・5)
- Ⅲ. E(3・1・6), P(3・1・6), E(3・2・3), P(3・3・3), E(4・2・2), P(4・2・2), P(4・2・3)
- Ⅳ. E(3・2・4)
- 別Ⅱ. E(3・3・1), P(3・3・1), E(5・1・1)

[9] 平面と空間のベクトル

ベクトル方程式
- Ⅰ. P(5・3・3)
- Ⅴ. E(1・3・4), E(1・3・5)

縦割り目次　xiii

ベクトルの1次独立
　　Ⅰ. P(3・1・1), E(3・1・1)

[10]　平面と空間の座標

媒介変数表示された曲線
　　Ⅱ. E(1・2・1), P(1・2・1),
　　　 E(4・4・1), P(4・4・1)
　　Ⅲ. E(2・2・3), P(2・2・3),
　　　 E(2・2・4), P(2・2・4),
　　　 E(2・2・5)

定点を通る直線群, 定直線を含む平面群
　　Ⅱ. E(4・5・1), E(4・5・2),
　　　 P(4・6・1), P(4・6・4),
　　　 E(4・6・5), P(4・6・5),
　　　 E(4・6・6)

2曲線の交点を通る曲線群,
　　　　　 2曲面を含む曲面群
　　Ⅱ. E(4・5・1), E(4・5・2),
　　　 P(4・5・2), E(4・6・1),
　　　 P(4・6・1), E(4・6・2),
　　　 P(4・6・2), E(4・6・4),
　　　 P(4・6・4)

曲線群の通過範囲
　　Ⅰ. E(5・3・2), P(5・3・2)
　　Ⅱ. E(2・3・2), E(3・3・3),
　　　 P(3・3・3), E(3・3・4),
　　　 E(4・3・1), P(4・3・1),
　　　 E(4・3・2), P(4・3・2),
　　　 E(4・5・3), P(4・5・3),
　　　 E(4・5・4), P(4・5・4),
　　　 E(4・5・5)
　　Ⅲ. E(2・2・1), P(2・2・1),
　　　 E(2・2・2), P(2・2・2)
　　Ⅳ. E(1・1・2)

座標軸の選び方
　　Ⅱ. 第2章§2全部

その他
　　Ⅰ. P(5・3・3)
　　Ⅱ. P(4・5・5), E(4・6・1),
　　　 E(4・6・2), E(4・6・3),
　　　 E(4・6・4)
　　Ⅲ. E(2・1・3), E(3・1・5),
　　　 E(4・3・1), P(4・3・1)
　　Ⅳ. P(1・1・1)
　　Ⅴ. E(1・1・2), E(1・1・3),
　　　 E(1・2・1), P(1・2・1),
　　　 E(1・2・2), P(1・2・2)

[11]　2次曲線

だ円
　　Ⅱ. P(2・1・2)
　　Ⅲ. E(2・1・2), P(2・1・2)
　　Ⅳ. E(1・2・1)
　　別Ⅱ. E(4・3・1), P(4・3・1),
　　　　 P(4・3・2), E(6・5・1)

放物線
　　Ⅱ. E(2・2・1), P(2・2・1),
　　　 E(2・2・2), P(3・1・3)
　　Ⅲ. P(2・1・3)
　　別Ⅱ. P(1・3・1)

[12]　行列と1次変数

回転, 直線に関する対称移動
　　別Ⅰ. 第2章§1全部

その他
　　Ⅰ. P(3・1・1), E(3・1・2),
　　　 P(5・1・1), E(5・3・1),
　　　 P(5・3・2), E(5・3・4),
　　　 P(5・3・4)
　　Ⅱ. P(3・3・6)

別Ⅰ. 別巻Ⅰ全部

[13]　数列とその和

漸化式で定められた数列の一般項の求め方
　　Ⅰ. E(2・1・5), E(2・1・6),
　　　 P(2・1・9), P(4・1・2)
　　Ⅱ. E(3・4・1), P(3・4・1),
　　　 E(3・4・2), P(3・4・2),
　　　 E(3・4・3)
　　Ⅲ. E(1・1・1), P(1・1・1)
　　Ⅳ. P(2・2・1), E(2・2・3)
　　別Ⅱ. E(1・4・1), P(1・4・1),

その他
　　Ⅰ. P(3・1・2), P(3・2・2),
　　　 E(5・3・5), P(5・3・5)
　　Ⅱ. E(2・3・1)
　　Ⅲ. E(1・1・2), P(1・1・2),
　　　 E(1・1・3), P(1・1・3),
　　　 E(1・3・3), P(1・3・3),
　　　 E(3・3・2), P(4・2・1)

[14]　基礎解析の微分・積分

3次関数のグラフ
　　Ⅱ. E(2・2・3), P(2・2・3),
　　　 E(2・2・4), P(2・2・4),
　　　 P(2・2・5), E(3・1・2)
　　Ⅲ. E(2・1・1)
　　別Ⅱ. P(1・2・2), E(1・3・1),
　　　　 E(3・4・1), P(3・4・1)

その他
　　Ⅰ. P(4・1・3)
　　Ⅱ. E(1・2・2), E(1・2・4),
　　　 P(1・2・4), E(1・3・1),
　　　 P(1・3・1), P(1・3・2),
　　　 E(1・4・2), P(1・4・3),
　　　 E(3・1・5), P(3・1・6)
　　Ⅲ. E(4・1・3), E(4・1・6)

別Ⅱ. P(1・3・2), E(3・5・1),
　　 P(3・5・2), P(4・6・2)
　　 E(6・1・1), P(6・1・1)
　　 P(6・1・2), E(6・2・1)
　　 P(6・2・1), P(6・2・2)
　　 P(6・3・1), E(6・4・1)
　　 P(6・4・1), P(6・4・2)
　　 P(6・5・1), E(6・6・1)
　　 P(6・6・1)

[15] 最大・最小

２変数関数の最大・最小

　Ⅳ. 第３章§３全部

２変数以上の関数の最大・最小

　Ⅱ. E(1・1・1), P(1・1・1),
　　 E(1・1・2), P(1・1・2),
　　 P(1・1・3)
　Ⅳ. E(3・3・6)
　別Ⅱ. P(3・1・1), E(3・1・1),
　　　E(4・6・1)

最大・最小問題と変数の置き換え

　Ⅱ. E(1・1・4), P(1・1・6),
　　 E(3・2・1), P(3・3・5)
　Ⅳ. P(3・4・1), E(3・4・3)
　別Ⅱ. E(5・2・1), P(5・2・1),
　　　P(5・2・3)

図形の最大・最小

　Ⅱ. E(4・1・4), P(4・1・4),
　　 E(4・1・5), P(4・1・5)
　Ⅲ. P(3・1・5), E(3・1・7)

独立２変数関数の最大・最小

　Ⅱ. E(4・1・1), P(4・1・1),
　　 E(4・1・2), P(4・1・2),
　　 E(4・1・3), E(4・2・1),
　　 P(4・2・1), E(4・2・2),

P(4・2・2), E(4・2・3)

別Ⅱ. E(5・3・1)

その他

　Ⅱ. E(3・1・3), P(3・2・1),
　　 E(3・2・2), P(3・2・2),
　　 E(3・3・2), P(3・3・2),
　　 E(4・3・3)
　Ⅲ. P(3・1・2), E(4・1・1),
　　 P(4・1・1)
　Ⅳ. E(3・4・1)
　Ⅴ. E(1・1・4)
　別Ⅱ. P(2・1・1), E(2・2・1),
　　　P(2・2・1), E(4・1・1),
　　　P(5・3・1), E(6・3・1)

[16] 順列・組合せ

場合の数の数え方

　Ⅰ. 第３章§２全部
　Ⅱ. E(1・4・1), P(2・3・2)
　Ⅲ. E(3・1・1), P(3・1・1),
　　 E(4・1・4)
　Ⅳ. E(2・1・1), E(2・2・2),
　　 E(2・2・3)

その他

　Ⅲ. E(2・2・7), E(4・1・4)

[17] 確　率

やや複雑な確率の問題

　Ⅰ. E(4・2・1), P(4・2・1),
　　 E(4・2・2), E(4・2・3),
　　 P(4・2・3)
　Ⅱ. E(1・4・1), P(1・4・1),
　　 P(1・4・2)
　Ⅳ. E(2・1・3), E(2・2・1),
　　 P(2・2・1), P(2・2・2),
　　 P(2・2・3), E(3・7・1),
　　 P(3・7・1), E(3・7・2),

P(3・7・2)

期待値

　Ⅰ. E(4・2・1)
　Ⅲ. E(2・1・4), P(2・1・4),
　　 P(4・1・4)
　Ⅳ. P(3・7・3)

その他

　Ⅲ. P(2・2・5), E(2・2・6),
　　 E(4・1・4)

[18] 理系の微分・積分

数列の極限

　Ⅰ. E(2・2・2), P(2・2・2)
　Ⅳ. P(3・4・3), E(3・5・1),
　　 P(3・5・1), P(3・5・3)

関数の極限

　Ⅱ. P(3・1・6)
　Ⅲ. E(4・3・2), P(4・3・2)
　Ⅳ. P(2・2・1), E(3・1・2)

平均値の定理

　Ⅰ. P(2・2・1), E(2・2・5),
　　 P(2・2・6)

中間値の定理

　Ⅰ. E(2・2・3), P(2・2・3),
　　 P(2・2・4)
　Ⅲ. E(4・1・5)

積分の基本公式

　Ⅱ. E(1・2・2), P(1・2・2),
　　 E(1・2・3), P(1・2・3)
　Ⅲ. P(4・1・3), E(4・1・6),
　　 E(4・3・3), E(4・3・5)

曲線の囲む面積

Ⅱ. E(1・2・4), P(1・2・4),
　　E(3・1・2)
Ⅲ. P(2・1・1)

立体の体積

Ⅱ. E(1・2・1), E(1・3・1),
　　E(1・4・2), P(1・4・3),
　　E(3・3・1), P(3・3・1)
Ⅴ. 第2章全部

その他

Ⅰ. E(2・2・1)
Ⅲ. P(1・3・2), E(2・1・1),
　　P(4・1・5), E(4・1・6),
　　P(4・1・6), E(4・2・3),
　　P(4・3・3), E(4・3・4),
　　P(4・3・4)
別Ⅱ. P(1・4・2), P(4・6・3),
　　P(5・1・1), P(5・2・2),
　　P(5・4・3)

発見的教授法による数学シリーズ

別巻1

1次変換のしくみ

線形代数へのウォーミングアップ

第1章 直線のベクトル表示と不動直線のしくみ

　xy 平面内の 1 次変換 f の"しくみ"を完全に把握するためには，たとえば"点 A$(1, 2)$ が点 A$'\left(\dfrac{\sqrt{3}}{2}-1, \dfrac{1}{2}+\sqrt{3}\right)$ にうつり，点 B$(2, 2)$ が点 B$'(\sqrt{3}-1, \sqrt{3}+1)$ にうつる"という"点ごと"の情報を得るよりも，"原点を中心に，30°回転する"などの平面上の点全体に関する情報を得たほうが見通しがずーっとよい．もうちょっと詳しくこのちがいを述べよう．$\begin{pmatrix} a & b \\ c & d \end{pmatrix}$ によって表される 1 次変換 f とある点 P(x, y) が与えられたとき，点 P の f による像 P$'(x', y')$ を求める際に，関係式

$$\begin{pmatrix} x' \\ y' \end{pmatrix} = \begin{pmatrix} a & b \\ c & d \end{pmatrix} \begin{pmatrix} x \\ y \end{pmatrix} \quad \text{すなわち,} \quad \begin{cases} x' = ax + by \\ y' = cx + dy \end{cases}$$

をつかうのが通常の方法である．この方法に対し，与えられた点 P の位置からコンパスと定規と分度器を使って幾何学的に像 $f(\mathrm{P})$ の位置を作図できれば，グローバルにかつビジュアルに 1 次変換 f のしくみをとらえることができ，その 1 次変換をより深く把握しているといえるのである．

　これらの 1 次変換のしくみを根本的に解説するために，本章では行列の固有値と固有ベクトルについて学ぶ．この概念を十分理解しさえすれば，不動点や不動直線についても根幹から理解することができるのである．

　本章で解説する内容や概念（固有値や固有ベクトルなど）は，ある見方からいえば，教科書のレベルを少し超えている．そのような内容をあえて本書で解説しようと決断した理由は，以下の 2 点である．

(1)　入試問題（またはその背後）には，これらの概念が頻繁に登場しており，これらの概念について精通していると，少し高い立場から入試問題を眺めることが可能になり，体系的に 1 次変換の理論を展開できるようになる．その結果，いままで個々バラバラに感じていた 1 次変換に関する入試問題群が一つの美しい流れとしてとらえることができるようになり，入試の 1 次変換のエキスパートになれる．

(2) 高校で学ぶ1次変換と大学で学ぶ1次変換(線形代数)とはかなり大きなギャップがあり，多くの学生は大学1年のときに再びこの箇所で苦戦する．しかし，以下に解説する方法で1次変換を理解しておけば，大学課程での線形代数を比較的，理解しやすい．どうせやらなければならない苦労なら，いっそのこと，現在頑張って入試と大学の2つの難関を一挙に制したほうが賢明である．

「2兎を追うものは，1兎をも得ず」に終わってしまう危険性もあるが，それを極力回避するために，この章はとくに心がけて解説を"slow down"することにする．また，「**解答**」は，原則として高校課程で学ぶ知識のみを用いて示し，〔**研究**〕のところに，固有ベクトルを用いた議論を解説した．したがって，最初に「**解答**」だけを理解し，1次変換の体系的な理論をも理解したいという向学心の旺盛な人はぜひ，〔**研究**〕に示してある内容を理解し，美しい理論の流れを把握していただきたい．また，本章の最後の節では，固有値，固有ベクトルの応用として，行列の n 乗の求め方について詳説した．

§1 1次変換によって向き不変のベクトルを捜せ

1次変換を理解するには，ベクトルについてよく理解していなければならない．というのは，(2行2列の行列で表される) 1次変換は，平面上の点を平面上の点にうつす写像である．そして，平面上の点は，後で説明するように (本ページ下から3行目より参照) 平面上のベクトルと同一視できるので，1次変換は平面上のベクトルを平面上のベクトルにうつす写像であるといえる．

そこで，1次変換によってうつされる対象であるベクトルについて，教科書に書いてあった事柄のうち，本章でとくに必要なことだけに絞って，まず復習しておこう．

〔Review〕

ウィンドサーフィンを楽しむ人たちにとって，風の情報は重要である．風速 (＝大きさ) と風向 (＝向き) のどちらかの情報が欠けていたら，まったく意味がない．だから，「北々東の風 3m」などと表される．このように，「大きさ」と「向き」をもつ量を**ベクトル** (または**ベクトル量**) という．

図 A

一方，換気扇のように，空気の流れの向きが固定されているような器具がおこす風は，排気能力 (風量) だけが問題だから，「毎分 $600\,l$」などと1つの数 (＝大きさ) だけで表される．このように，「大きさ」だけで定まる量を**スカラー** (または**スカラー量**) という．

座標平面上に1点 $P(x, y)$ があるとする．このとき，原点を始点とし，P を終点とするベクトル $\overrightarrow{OP}$ を P の位置ベクトルという (図 B)．このように，点 P に対し，その位置ベクトル $\overrightarrow{OP}$ を対応させることによって，点とベクトルを同一視

することができる．……(☆)（また，$\overrightarrow{\mathrm{OP}}$ の成分表示は (x, y) であり，P の座標 (x, y) と一致する）

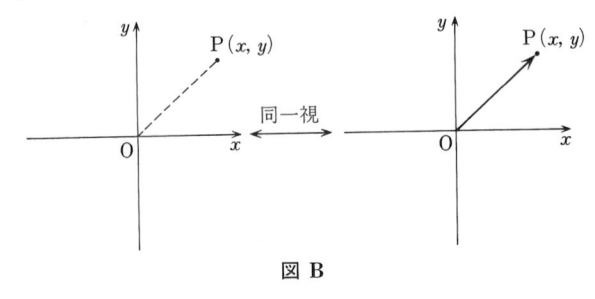

図 B

以後，$\overrightarrow{\mathrm{OA}}, \overrightarrow{\mathrm{OB}}, \overrightarrow{\mathrm{OP}}$ など，必要に応じて，対応する小文字を用いて $\vec{a}, \vec{b}, \vec{p}$ などと表すこととする．

〔直線のベクトル方程式〕

座標平面上の直線や曲線が x 座標と y 座標の方程式により表されるように，ここでは，ベクトルを用いた方程式で，平面上の直線を表してみよう．

点 A を通り，ベクトル $\vec{u}\,(\vec{u} \neq \vec{0})$ に平行な直線上の任意の点を P とする．図 C のように，$\overrightarrow{\mathrm{AP}} /\!/ \vec{u}$ より，ある実数 t を用いて，$\overrightarrow{\mathrm{AP}} = t\vec{u}$ と書ける．
$\overrightarrow{\mathrm{OP}} = \overrightarrow{\mathrm{OA}} + \overrightarrow{\mathrm{AP}}$ より，
$$\vec{p} = \vec{a} + t\vec{u} \quad \cdots\cdots ①$$
ここで，t にいろいろな数値を与えると，それに応じて，ベクトル $\vec{p}$ の終点 P が直線 l 上に定ま

図 C

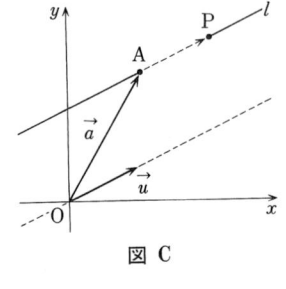

る．また，その逆も成り立つ．そこで，式①において，「t は実数(全体)」としたものを，直線 l の **ベクトル方程式** といい，t を **媒介変数** という．

直線 l のベクトル方程式①を成分で表してみよう．
$\mathrm{O}(0, 0)$，$\mathrm{A}(a_1, a_2)$，$\mathrm{P}(x, y)$ とおく．
$\vec{u} = (u_1, u_2)$ とすると，$(x, y) = (a_1, a_2) + t(u_1, u_2)$ より，x 成分，y 成分を別々に書くと，t を媒介変数とする直線の方程式
$$\begin{cases} x = a_1 + tu_1 \\ y = a_2 + tu_2 \end{cases}$$
が得られる．これより，

$$u_2(x-a_1)=tu_1u_2$$
$$u_1(y-a_2)=tu_1u_2$$

t を消去して，
$$u_1(y-a_2)=u_2(x-a_1) \quad \cdots\cdots ②$$

ここで，$u_1 \neq 0$ のときは，②の両辺を u_1 でわることができて，
$$y-a_2=\frac{u_2}{u_1}(x-a_1)$$

が得られる．これは，点 $A(a_1, a_2)$ を通り，傾き $\frac{u_2}{u_1}$ の直線の方程式である．

$u_1=0$ のときは，$\vec{u}=(0, u_2)$ で，$\vec{u} \neq \vec{0}$ より $u_2 \neq 0$ だから②は，$x=a_1$ となる．

これは，点 $A(a_1, a_2)$ を通り，y 軸に平行な直線の方程式である．

(例1) 次の直線をベクトル表示せよ．
(1) $5x-2y+1=0$ ……③
(2) $4x+3y-1=0$ ……④

(解) (1) $(-1, -2)$ は直線③上の点である．また，この直線の傾きは $\frac{5}{2}$ だから，この直線の方向ベクトルは，$(2, 5)$ である．よって，ベクトル表示すると，
$$\begin{pmatrix} x \\ y \end{pmatrix} = \begin{pmatrix} -1 \\ -2 \end{pmatrix} + t\begin{pmatrix} 2 \\ 5 \end{pmatrix} \quad (t \text{ は実数}) \qquad \cdots\cdots (答)$$

(2) $(1, -1)$ は直線④上の点である．また，この直線の傾きは $-\frac{4}{3}$ だから，この直線の方向ベクトルは $(-3, 4)$ である．よって，ベクトル表示すると，
$$\begin{pmatrix} x \\ y \end{pmatrix} = \begin{pmatrix} 1 \\ -1 \end{pmatrix} + t\begin{pmatrix} -3 \\ 4 \end{pmatrix} \quad (t \text{ は実数}) \qquad \cdots\cdots (答)$$

(注) t を用いたベクトル方程式の表しかたは1通りではないので，上の解答例と一致しなくてもよい．

たとえば，(1)において，直線③上の点として $(-1, -2)$ の代わりに $(1, 3)$ をとれば，
$$\begin{pmatrix} x \\ y \end{pmatrix} = \begin{pmatrix} 1 \\ 3 \end{pmatrix} + t\begin{pmatrix} 2 \\ 5 \end{pmatrix} \quad (t \text{ は実数})$$

が答となる．

(例2) 次の直線のベクトル方程式を求めよ．また，t を媒介変数とする方程式に直し，最後に t を消去した一般的な方程式を求めよ．ただし，直線上の任意

の点をPとし、その位置ベクトルを $\vec{p}$ とせよ。

"点 A(1, 3) を通り、ベクトル $\vec{e}=(1, -1)$ と平行な直線（点 A の位置ベクトルを $\vec{a}$ とする）。"

(解)　$\vec{p}=\vec{a}+t\vec{e}$　　　……（ベクトル方程式）
　　　$\vec{p}=(x, y)$ とすると、
　　　$(x, y)=(1, 3)+t(1, -1)=(t+1, -t+3)$
　　　ゆえに、$\begin{cases} x=t+1 \\ y=-t+3 \end{cases}$　　……（媒介変数表示）
　　　上の2つの式の辺々を加えて、
　　　$x+y=4$　　　　　　　　……（一般的な直線の方程式）

〔2点を通る直線のベクトル方程式〕

次に、2点 A, B を通る直線のベクトル方程式を求めよう。
　　$\overrightarrow{OP}=\overrightarrow{OA}+t\overrightarrow{AB}$　（t は実数）
より、
　　$\vec{p}=\vec{a}+t(\vec{b}-\vec{a})$
　　$\vec{p}=(1-t)\vec{a}+t\vec{b}$

点 P は、線分 AB を $t:(1-t)$ に内分、または外分する点であることに注意しよう。

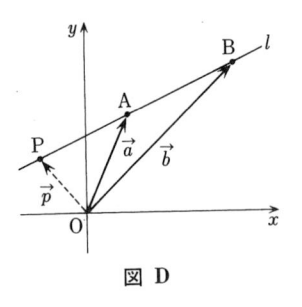

図 D

(例3)　異なる2点 A, B の位置ベクトルをそれぞれ $\vec{a}, \vec{b}$ とする。点 P の位置ベクトル $\vec{p}=(1-t)\vec{a}+t\vec{b}$ が、次の条件をみたすとき、点 P は直線 AB のどの範囲に存在するか。
　(1)　$0 \leq t \leq 1$　　　(2)　$t \leq 0$

(解)　(1)　$0 \leq t \leq 1$ のとき、$0 \leq 1-t \leq 1$
　　　とくに、$t=0$ のときは、$\vec{p}=\vec{a}$ より点 P は点 A と一致する。$t=1$ のとき、$\vec{p}=\vec{b}$ より点 P は点 B と一致する。
　　　$t \neq 0, 1$ のとき、t も $(1-t)$ も正の数なので、P は線分 AB を $t:(1-t)$ に内分する点になる。
　　　以上のことから、点 P の存在する範囲は、
　　　　$0 \leq t \leq 1$ のとき、線分 AB である。　　……（答）
　(2)　$t=0$ すなわち点 P が点 A と一致するときを除くと、
　　　$t<0$

よって，点Pは，線分 AB を $(-t):(1-t)$ に外分する点になる．

また，$t<0$ のとき，$-t<1-t$ より，外分点は点 A の側の延長線上にあることがわかる．

以上のことから，点 P の存在する範囲は，

$t≦0$ のとき，点 A から $\overrightarrow{BA}$ 方向に線分 AB を延長した半直線である． ……(答)

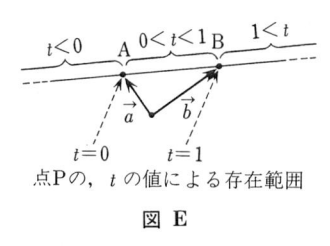

図 E 点Pの，t の値による存在範囲

(例4) 次の直線のベクトル方程式を求めよ．また，t を媒介変数とする方程式に直し，最後に t を消去した一般的な方程式を求めよ．ただし，直線上の任意の点をPとし，その位置ベクトルを $\vec{p}$ とせよ．

"2点 A$(-1, 2)$, B$(3, 4)$ を通る直線（点 A, B の位置ベクトルをそれぞれ $\vec{a}$, $\vec{b}$ とする）．"

(解) $\vec{p}=(1-t)\vec{a}+t\vec{b}$ ……(ベクトル方程式)

$\vec{p}=(x, y)$ とすると，
$(x, y)=(1-t)(-1, 2)+t(3, 4)$
$=(-1+t+3t, 2-2t+4t)$
$=(4t-1, 2t+2)$

ゆえに，$\begin{cases} x=4t-1 & ……① \\ y=2t+2 & ……② \end{cases}$ ……(媒介変数表示)

$\begin{array}{rl} ① & x=4t-1 \\ ②×2 \quad -) & 2y=4t+4 \\ \hline & x-2y=-5 \\ ∴ & -2y=-x-5 \end{array}$

ゆえに，$y=\dfrac{1}{2}x+\dfrac{5}{2}$ ……(一般的な直線の方程式)

(注) t を用いたベクトル方程式や媒介変数表示のしかたは１通りではないので，上の解答例と一致しなくてもよい．

たとえば，上の例と異なるが，

$\begin{cases} x=t+1 \\ y=-t+3 \end{cases}$ は $\begin{cases} x=-t+1 \\ y=t+3 \end{cases}$

としても，同じ直線を表す．媒介変数を消去してみると自分の解答が正しいかどうかはすぐわかるので，自分でやった解答を誤りだと早合点しないように注意しよう．

(例5) 直線 l, l' のベクトル方程式がそれぞれ次のように表されるとする．

l ; $\vec{p}=\vec{p_0}+t\vec{u}$ (図 F(a))

l' ; $\vec{p}=\vec{p_1}+s\vec{v}$ (図 F(b))

8　第1章　直線のベクトル表示と不動直線のしくみ

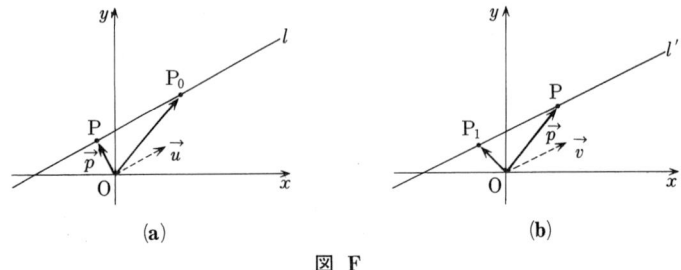

これら2直線が一致する条件は，$\vec{u} \parallel \vec{v}$，$\vec{p_1} - \vec{p_0} \parallel \vec{u}$ であることを示せ．

(a) ／ (b)
図 F

(解)　l と l' が一致するための条件は，
　(i) l と l' が平行で，かつ，(ii) 1点を共有することである．
　よって，
　(i) $\vec{u} \parallel \vec{v}$
　(ii) 点 P_1 が直線 l ; $\vec{p} = \vec{p_0} + t\vec{u}$ 上の点である
　　　(図 F(c))．
　　　$\iff \vec{p_1} = \vec{p_0} + t\vec{u}$ なる t が存在する
　　　$\iff \vec{p_1} - \vec{p_0} = t\vec{u}$ なる t が存在する
　　　よって，$\vec{p_1} - \vec{p_0} \parallel \vec{u}$ である（$t = 0$ のときには，$\vec{p_1} - \vec{p_0} = \vec{0}$ となるが，$\vec{0}$ の方向は任意なので，やはり $\vec{p_1} - \vec{p_0} \parallel \vec{u}$ としてよい）．

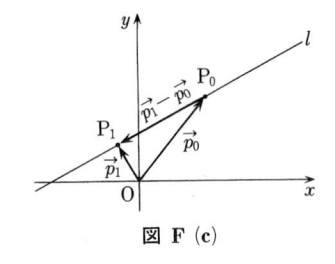

図 F (c)

〔1次変換〕

　さて，そろそろこの節の主題である"不動直線の分類"への下準備も整ったので，話題をそれらに転じよう．

　鉄板の上一面に無数の砂を敷きつめておき，その鉄板をゆすると，"どの砂がどこに移り，また，どの砂がどこに移り，……"と無数の対象（砂）の変化が生じ，鉄板上に新たな砂の模様をつくる（図 G(a), (b)）．

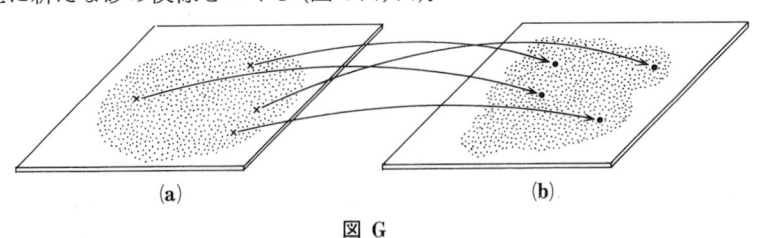

(a) ／ (b)
図 G

　鉄板を激しくゆすると，ゆする前の鉄板上の模様とゆすった後の模様にどのよ

§1 1次変換によって向き不変のベクトルを捜せ

うな関連があるかを洞察するのは，容易なことではない．しかし，鉄板のゆすり方に特徴があれば，動いた砂のつくる模様を知るのは簡単だ．

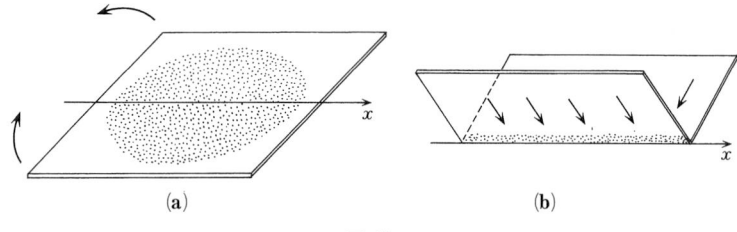

図 H

たとえば，鉄板上図 H(a) に示すように砂が配置されていたとする．折りたたみ式の鉄板の真中の線（x 軸）に関して，図 H(b) のように折りたたむと，すべての砂は x 軸に移る．

よって，この操作は，x 軸へすべての砂を射影することにほかならない．

上述のように，xy 平面上の点全体からなる集合 S から $x'y'$ 平面上の点全体 S' への写像は限りなくたくさんある．

たとえば，

(1) $\begin{cases} x'=x+y \\ y'=xy \end{cases}$ (2) $\begin{cases} x'=x\sin y \\ y'=x^2+2x+y \end{cases}$

(3) $\begin{cases} x'=x+y+1 \\ y'=2x-y+30 \end{cases}$ (4) $\begin{cases} x'=2x+y \\ y'=y^3 e^x \end{cases}$

しかし，これらはいずれも 1 次変換ではない．というのは，

$$f:\begin{cases} x'=g(x,y) \\ y'=h(x,y) \end{cases} \quad \cdots\cdots(☆)$$

としたとき，f が 1 次変換であるとは，『$g(x,y)$, $h(x,y)$ がそれぞれ x, y に関して 1 次式で定数項は 0 でなくてはならない．すなわち，

$$g(x,y)=\alpha x+\beta y,\ h(x,y)=\gamma x+\delta y \quad (\alpha, \beta, \gamma, \delta \text{ は定数}) \ \cdots\cdots(☆☆)$$

の形をしていなければならない．』からである．f が 1 次変換のとき，(☆☆) は次のように行列の形に表現できる．

$$f:\begin{cases} x'=\alpha x+\beta y \\ y'=\gamma x+\delta y \end{cases} \iff \begin{pmatrix} x' \\ y' \end{pmatrix}=\begin{pmatrix} \alpha & \beta \\ \gamma & \delta \end{pmatrix}\begin{pmatrix} x \\ y \end{pmatrix}$$

上述のように，xy 平面 S から $x'y'$ 平面 S' への写像は千差万別であるのだが，そのなかで，きわめて特殊な形 (☆☆) をしているものだけが 1 次変換とよばれて

いる．

　1次変換は強い条件（☆☆）をみたしているので，当然のことながら，S から S' への一般の写像とは異なり，1次変換に限りおこり得る顕著な性質を多くもっているのである．

　たとえば，『原点を原点にうつす』，『直線を直線または点にうつす』，『1次変換を表す行列の行列式（ディターミナント（下の [研究] 参照））が0でなければn角形をn角形にうつす』，……などがある．

　では，1次変換による直線の像は直線または点にうつることを示そう．

(例6)　xy 平面上の直線 l の1次変換 A による像は，直線または点であることを示せ．

(解)　xy 平面上の直線 l のベクトル方程式は，
$$\vec{p} = \vec{p_0} + t\vec{u} \quad (\vec{u} \neq \vec{0})$$
である．
　　よって，l の A による像 l' は，
$$A\vec{p} = A(\vec{p_0} + t\vec{u}) = A\vec{p_0} + tA\vec{u}$$
である．よって，
　　$A\vec{u} \neq \vec{0}$ ならば，l' は点 $A\vec{p_0}$ を通る直線
　　$A\vec{u} = \vec{0}$ ならば，l' は1点 $A\vec{p_0}$
を表す．

　すなわち，前述のように鉄板を激しくゆすれば，そのときの砂の移動を解明するのは複雑になるが，1次変換 A による鉄板上の砂の移動は，実は，
$$\begin{pmatrix} x' \\ y' \end{pmatrix} = \begin{pmatrix} a & b \\ c & d \end{pmatrix} \begin{pmatrix} x \\ y \end{pmatrix}$$
というきわめて強い特徴をもち，観察の目を少し養えば，変換の全貌が一目瞭然となるのである．そのために，行列 A に対応してきまる数と，不思議なベクトルについて考察しよう．

〔研究〕

〔行列の基本的用語と性質〕

　ここでは，あとで用いる行列の基本的用語および性質を述べる．

　$A = \begin{pmatrix} a & b \\ c & d \end{pmatrix}$ に対して a および d を行列 A の**対角成分**という．また $a+d$ を行列 A の**トレース**といい，**Tr** A で表す．

§1 1次変換によって向き不変のベクトルを捜せ　11

$A = \begin{pmatrix} a & b \\ c & d \end{pmatrix}$ に対して, $ad - bc$ を行列 A の**行列式**(ディターミナント)といい, **det A** または $|A|$ (本書では, 主として det A の記号をつかう. また, $A = \begin{pmatrix} a & b \\ c & d \end{pmatrix}$ のとき, $|A|$ を $\begin{vmatrix} \boldsymbol{a} & \boldsymbol{b} \\ \boldsymbol{c} & \boldsymbol{d} \end{vmatrix}$ と書くこともある)で表す.

行列 $A = \begin{pmatrix} a & b \\ c & d \end{pmatrix}$ に対し, x の 2 次式

$$x^2 - (\operatorname{Tr} A)x + \det A = x^2 - (a+d)x + (ad - bc)$$

を行列 A の**固有多項式**といい, x についての 2 次方程式

$$x^2 - (\operatorname{Tr} A)x + \det A = 0$$

を行列 A の**固有方程式**という.

〈命題 1・1・1〉

2 つの行列 A, B に対して,

　　det AB = det $A \cdot$ det B = det BA,　Tr AB = Tr BA

が成り立つ.

【証明】 $A = \begin{pmatrix} a & b \\ c & d \end{pmatrix}$, $B = \begin{pmatrix} x & u \\ y & v \end{pmatrix}$ とおく.

$$AB = \begin{pmatrix} a & b \\ c & d \end{pmatrix} \begin{pmatrix} x & u \\ y & v \end{pmatrix} = \begin{pmatrix} ax+by & au+bv \\ cx+dy & cu+dv \end{pmatrix} \quad \cdots\cdots ①$$

$\therefore$　det $AB = (ax+by)(cu+dv) - (au+bv)(cx+dy)$
　　　　　$= adxv + bcyu - adyu - bcxv$
　　　　　$= (ad-bc)(xv-yu)$
　　　　　$= \det A \cdot \det B$

$\therefore$　det $AB = \det A \cdot \det B = (ad-bc)(xv-yu) = (xv-yu)(ad-bc)$
　　　　　$= \det B \cdot \det A = \det BA$

また,

$$BA = \begin{pmatrix} x & u \\ y & v \end{pmatrix} \begin{pmatrix} a & b \\ c & d \end{pmatrix} = \begin{pmatrix} ax+cu & bx+du \\ ay+cv & by+dv \end{pmatrix} \quad \cdots\cdots ②$$

①, ②より,

　Tr $AB = (ax+by) + (cu+dv) = ax+by+cu+dv$
　Tr $BA = (ax+cu) + (by+dv) = ax+by+cu+dv$

　　$\therefore$　Tr AB = Tr BA

(注) $\det AB = \det A \cdot \det B$ より，
$$\det A^n = \det A \cdot A^{n-1} = \det A \cdot \det A^{n-1}$$
$$= \cdots\cdots = (\det A)^n$$
が導ける．なお，一般に $\operatorname{Tr} AB = \operatorname{Tr} A \cdot \operatorname{Tr} B$ は成立しない．

〈ケーリー・ハミルトンの定理〉

$A = \begin{pmatrix} a & b \\ c & d \end{pmatrix}$ に対して，
$$A^2 - (\operatorname{Tr} A)A + (\det A)E = O \quad \cdots\cdots(*)$$
が成り立つ．

【証明】 $A^2 - (\operatorname{Tr} A)A + (\det A)E$
$$= \begin{pmatrix} a^2+bc & ab+bd \\ ac+cd & bc+d^2 \end{pmatrix} + \begin{pmatrix} -(a+d)a & -(a+d)b \\ -(a+d)c & -(a+d)d \end{pmatrix} + \begin{pmatrix} ad-bc & 0 \\ 0 & ad-bc \end{pmatrix}$$
$$= \begin{pmatrix} 0 & 0 \\ 0 & 0 \end{pmatrix} = O$$

(注) ケーリー・ハミルトンの定理を以下のようにとりちがえてつかう人がいるが，まちがえないように注意せよ．

(誤用例)

『行列 $A = \begin{pmatrix} a & b \\ c & d \end{pmatrix}$ が，行列方程式 $A^2 - 6A + 8E = O \quad \cdots\cdots(**)$ をみたしている．このとき，$a+d$, $ad-bc$ の値をそれぞれ求めよ．』という問題が与えられたとする．

このとき，ケーリー・ハミルトンの定理の等式(*)と，与式(**)の係数を比較して，$a+d=6$, $ad-bc=8$ である，と解答するのは一般にはまちがいである．

$A = \begin{pmatrix} a & b \\ c & d \end{pmatrix}$ に対し，$a+d=6$, $ad-bc=8$ $\dot{な}\dot{ら}\dot{ば}$ $A^2 - 6A + 8E = O$ であるが，その逆は成立しないのである．上の問いに対する正しい解答は以下のようになる．

ケーリー・ハミルトンの定理より， $A^2 - (a+d)A + (ad-bc)E = O \quad \cdots\cdots$①
与えられた条件より， $A^2 - 6A + 8E = O \quad \cdots\cdots$②
①-②; $\{6-(a+d)\}A + \{(ad-bc)-8\}E = O$

よって，$a+d=6$ のときは，$\{(ad-bc)-8\}E = O$ より $ad-bc=8$ が必要である．逆に，このときケーリー・ハミルトンの定理より $A^2 - 6A + 8E = O$ となるので，A は与えられた条件としての②をみたすことがわかる．

$a+d \neq 6$ のときは， $A = -\dfrac{(ad-bc)-8}{6-(a+d)}E$

より，$A=kE$ と書くことができる．$A=kE$ を②へ代入して，

$$\begin{aligned}
② &\Longleftrightarrow (k^2-6k+8)E=O \\
&\Longleftrightarrow k^2-6k+8=0 \\
&\Longleftrightarrow (k-2)(k-4)=0 \\
&\Longleftrightarrow k=2, 4
\end{aligned}$$

よって，$A=\begin{pmatrix} 2 & 0 \\ 0 & 2 \end{pmatrix}, \begin{pmatrix} 4 & 0 \\ 0 & 4 \end{pmatrix}$ も②をみたしていることがわかり，それぞれの場合について $a+d, ad-bc$ の値は，「$a+d=4, ad-bc=4$」，「$a+d=8, ad-bc=16$」となる．

以上より，

「$a+d=6, ad-bc=8$」または「$a+d=4, ad-bc=4$」または「$a+d=8, ad-bc=16$」 ……(答)

$A=\begin{pmatrix} 2 & 0 \\ 0 & 2 \end{pmatrix}, \begin{pmatrix} 4 & 0 \\ 0 & 4 \end{pmatrix}$ に対しては，それぞれに対するケーリー・ハミルトンの定理の等式

$$A^2-4A+4E=O \quad \left(A=\begin{pmatrix} 2 & 0 \\ 0 & 2 \end{pmatrix}\right)$$

$$A^2-8A+16E=O \quad \left(A=\begin{pmatrix} 4 & 0 \\ 0 & 4 \end{pmatrix}\right)$$

とは別に，与式②が成り立っているわけである．

〔**固有値・固有ベクトルの定義**〕

行列 A に対して，

$$A\vec{x}=\lambda\vec{x} \quad かつ \quad \vec{x}\neq\vec{0} \quad\quad ……①$$

をみたす $\vec{x}$ が存在するのは，実数 λ がどんな値のときかを考察してみよう．というのは，与えられた行列 A に対して，もしこのような実数 λ とベクトル $\vec{x}$ がわかれば，1次変換 A のしくみがよく理解できるからである．

①は，次のように書き直せる．

$$(A-\lambda E)\vec{x}=\vec{0} \quad かつ \quad \vec{x}\neq\vec{0} \quad ……①'$$

これをみたす $\vec{x}$ が存在する条件は，$A-\lambda E$ が逆行列をもたないことだから，

$$\det(A-\lambda E)=0 \quad\quad ……②$$

である．

$A=\begin{pmatrix} a & b \\ c & d \end{pmatrix}$ ならば，

$$\det(A-\lambda E)=\det\begin{pmatrix}a-\lambda & b \\ c & d-\lambda\end{pmatrix}=(a-\lambda)(d-\lambda)-bc$$
$$=\lambda^2-(a+d)\lambda+ad-bc$$

なので，②は λ の2次方程式であり，題意の λ の値は，与えられた行列 A に対して，実数2個，または虚数2個，または②が重複解のときに1個がある．方程式②は行列 A の **固有方程式** にほかならない．②の解 λ を行列 A の **固有値** といい，各 λ に対して決まる $\vec{x}$ を固有値 λ に対する **固有ベクトル** という．

それでは，何はともあれ，実際に次の行列に対する固有値と固有ベクトルを求めてみよう．

(例7) 行列 $A=\begin{pmatrix}1 & 2 \\ -1 & 4\end{pmatrix}$ の固有値および固有ベクトルを求めよ．

(解) 固有値を λ とすると，
$$\det(A-\lambda E)=\det\begin{pmatrix}1-\lambda & 2 \\ -1 & 4-\lambda\end{pmatrix}=(1-\lambda)(4-\lambda)-(-2)$$
$$=\lambda^2-5\lambda+6=(\lambda-2)(\lambda-3)=0$$
$$\therefore \lambda=2 \text{ または } 3$$

よって，　　$\lambda_1=2,\ \lambda_2=3$　　……(答)

$\lambda_1=2$ に対する固有ベクトルを $\vec{x_1}=\begin{pmatrix}x \\ y\end{pmatrix}$ とすると，$A\vec{x_1}=2\vec{x_1}$ より，

$x+2y=2x$ かつ $-1\cdot x+4\cdot y=2y$

であるが，この2式は同値であって，

$x:y=2:1$　　$\therefore \vec{x_1}=\alpha\begin{pmatrix}2 \\ 1\end{pmatrix}$　(α は0でない任意の実数)　　……(答)

同様にして，

$\vec{x_2}=\beta\begin{pmatrix}1 \\ 1\end{pmatrix}$　(β は0でない任意の実数)　　……(答)

(注) 上の(答)からわかるように，固有ベクトル $\vec{x_1}$ や $\vec{x_2}$ は方向だけがきまり，大きさは α や β が変わると，いろいろ変化する．すなわち，1つの固有値に対する固有ベクトルは方向はきまるが，大きさは0以外の任意の実数をとり得ることに注意すること．

(例8) 行列 $A=\begin{pmatrix}3 & -1 \\ 4 & -1\end{pmatrix}$ の固有値 λ と固有ベクトル $\vec{x}$ を求めよ．

（解）$\det(A-\lambda E) = \det\begin{pmatrix} 3-\lambda & -1 \\ 4 & -1-\lambda \end{pmatrix} = (3-\lambda)(-1-\lambda)-(-1)\cdot 4$

$\qquad\qquad\qquad = \lambda^2 - 2\lambda + 1 = (\lambda-1)^2 = 0$

よって，A の固有値 λ は，　**$\lambda = 1$（重複解）**　……（答）

$\lambda = 1$ に対する固有ベクトルを $\vec{x} = \begin{pmatrix} x \\ y \end{pmatrix}$ とすると，$A\vec{x} = 1\cdot\vec{x}$ より，

$\begin{pmatrix} 3 & -1 \\ 4 & -1 \end{pmatrix}\begin{pmatrix} x \\ y \end{pmatrix} = 1\cdot\begin{pmatrix} x \\ y \end{pmatrix}$　∴　$\begin{pmatrix} 3x-y \\ 4x-y \end{pmatrix} = \begin{pmatrix} x \\ y \end{pmatrix}$

これより，　$2x - y = 0$

よって，　$\vec{x} = \begin{pmatrix} l \\ 2l \end{pmatrix}$　（l は 0 でない任意の実数）　……（答）

（例9）行列 $A = \begin{pmatrix} 2 & 1 \\ -1 & 2 \end{pmatrix}$ の固有値と固有ベクトルを求めよ．

（解）$\det(A-\lambda E) = \det\begin{pmatrix} 2-\lambda & 1 \\ -1 & 2-\lambda \end{pmatrix} = \lambda^2 - 4\lambda + 5 = 0$　∴　$\lambda = 2 \pm i$

よって，A の固有値は，　**$2 \pm i$**　……（答）

である．

$\lambda = 2+i$ に対する固有ベクトル（その成分は複素数！（注））を $\begin{pmatrix} x_1 \\ y_1 \end{pmatrix}$ とおくと，

$\begin{pmatrix} 2 & 1 \\ -1 & 2 \end{pmatrix}\begin{pmatrix} x_1 \\ y_1 \end{pmatrix} = (2+i)\begin{pmatrix} x_1 \\ y_1 \end{pmatrix}$

より，　$y_1 = ix_1$

よって，　$\begin{pmatrix} x_1 \\ y_1 \end{pmatrix} = \begin{pmatrix} x_1 \\ ix_1 \end{pmatrix} = x_1\begin{pmatrix} \mathbf{1} \\ \mathbf{i} \end{pmatrix} = ix_1\begin{pmatrix} -i \\ 1 \end{pmatrix}$　……（答）

$\lambda = 2-i$ に対する固有ベクトルを $\begin{pmatrix} x_2 \\ y_2 \end{pmatrix}$ とおくと，

$\begin{pmatrix} 2 & 1 \\ -1 & 2 \end{pmatrix}\begin{pmatrix} x_2 \\ y_2 \end{pmatrix} = (2-i)\begin{pmatrix} x_2 \\ y_2 \end{pmatrix}$

より，　$y_2 = -ix_2$

よって，　$\begin{pmatrix} x_2 \\ y_2 \end{pmatrix} = \begin{pmatrix} x_2 \\ -ix_2 \end{pmatrix} = x_2\begin{pmatrix} \mathbf{1} \\ -\mathbf{i} \end{pmatrix}$　……（答）

（注）複素数を成分とするベクトルは高校では扱わない．
　　ここでは，とくに A^n を求める際の手段として，便宜上複素数を成分とするベクトルを扱うが，図形的な意味を追究することは避ける．

行列が与えられたら，その固有値や固有ベクトルを求めることを，諸君は数十

秒でできるようになったにちがいない．もし，そうでない人がいたなら，次の2点に気づいていないのかもしれない．

（ポイントⅠ）〈固有値の瞬間的求め方〉

すでに述べた (p.13) ように，
$$\det(A-\lambda E)=0$$
は，A の固有方程式
$$\lambda^2-(\mathrm{Tr}\,A)\lambda+\det A=0$$
にほかならないから，固有値を求める際に p.13 に示した定義にいちいち従わないで，いきなり固有方程式の解を求めたほうが早い．

（ポイントⅡ）〈固有ベクトルの瞬間的求め方〉

行列 $A=\begin{pmatrix} a & b \\ c & d \end{pmatrix}$ の固有値 λ_1 に対する固有ベクトル $\vec{x}=\begin{pmatrix} x_1 \\ y_1 \end{pmatrix}$ を求める際，未知数 x_1, y_1 をもつ不定方程式
$$(a-\lambda_1)x_1+by_1=0 \quad \cdots\cdots(*)$$
の 0 以外の解 x_1, y_1（の比）を求めればよい．この理由は以下のとおりである．

p.13 の ①′ より，次の連立方程式を解くことになる．
$$\begin{cases} (a-\lambda_1)x_1+by_1=0 & \cdots\cdots① \\ cx_1+(d-\lambda_1)y_1=0 & \cdots\cdots② \end{cases}$$

2式①と②は，ともに原点を通り，方向ベクトルとして，それぞれ $(b, \lambda_1-a)\ (\equiv\vec{l_1})$，$(\lambda_1-d, c)\ (\equiv\vec{l_2})$ をもつ直線を表す．ここで，λ_1 が固有値であること（すなわち，$\lambda_1^2-(a+d)\lambda_1+ad-bc=(\lambda_1-a)(\lambda_1-d)-bc=0$）が2直線 l_1, l_2 の平行条件に一致することに注意すれば，①と②の式は同じ直線を表すことがわかる．

よって，『①と②を連立して x_1, y_1 を求める』ことと，『①または②のどちらか一方だけから x_1, y_1 を求める』こととは同値である．このことを考慮すれば，（ポイントⅡ）の説明は理解できるだろう．

それでは，（ポイントⅠ, Ⅱ）をふまえて，もう一度（例 **7**）に示す行列 $A=\begin{pmatrix} 1 & 2 \\ -1 & 4 \end{pmatrix}$ の固有値，固有ベクトルを数十秒以内で求めてみよう．

$\mathrm{Tr}\,A=5$，$\det A=6$ より固有方程式は，
$$\lambda^2-5\lambda+6=(\lambda-2)(\lambda-3)=0$$

であるから，固有値は，2と3である．

固有値 $\lambda_1=2$ に対する固有ベクトル $\begin{pmatrix} x_1 \\ y_1 \end{pmatrix}$ は，(*) に従って，

$$(-1)x_1+2y_1=0$$

をみたすので，

$$\begin{pmatrix} x_1 \\ y_1 \end{pmatrix} = \begin{pmatrix} 2\alpha \\ \alpha \end{pmatrix} \quad (\alpha \neq 0)$$

固有値 $\lambda_2=3$ に対する固有ベクトル $\begin{pmatrix} x_2 \\ y_2 \end{pmatrix}$ は，(*) に従って，

$$(-2)x_2+2y_2=0$$

をみたすので，

$$\begin{pmatrix} x_2 \\ y_2 \end{pmatrix} = \begin{pmatrix} \beta \\ \beta \end{pmatrix} \quad (\beta \neq 0)$$

となる．

(**注**) ケーリー・ハミルトンの定理より，α, β ($\alpha=\beta$ であってもよい．また虚数であってもよい) を行列 $A=\begin{pmatrix} a & b \\ c & d \end{pmatrix}$ の固有値とするとき，$(A-\beta E)\vec{x}, (A-\alpha E)\vec{x}$ は零ベクトルでなければ，それぞれ α, β に対する固有ベクトルであることがわかる．なぜなら，ケーリー・ハミルトンの定理は，

$$A^2-(a+d)A+(ad-bc)E=O \quad \cdots\cdots ①$$

また，α, β は A の固有方程式

$$\lambda^2-(a+d)\lambda+(ad-bc)=0$$

の解である．よって，解と係数の関係より，

$$\alpha+\beta=a+d, \quad \alpha\beta=ad-bc$$

これを①に代入して，

$$A^2-(\alpha+\beta)A+\alpha\beta E=O$$

となり，書き換えると，

$$A(A-\beta E)=\alpha(A-\beta E)$$

よって，

$$A(A-\beta E)\vec{x}=\alpha(A-\beta E)\vec{x}$$

この式は，$(A-\beta E)\vec{x}$ が零ベクトルでなければ，それは固有値 α に対する固有ベクトルであることを意味している (β についても同様)．前出の例で確かめてみよ．

固有値・固有ベクトルがわかると，どんなことが具体的にわかり，どんなご利益にあずかれるのだろうか？？ 以下でそれを説明しよう．

入試では，

"直線 l を行列 A で表される 1 次変換によってうつしたときの像・直線 l' の方程式を求めよ."

とか，

"行列 A で表される 1 次変換によって自分自身にうつされるような直線 l の方程式を求めよ."

などの問題がよく出題される．きっと，こういった問題を諸君は見慣れているにちがいない．そして，こういう問題に対して，ほとんどの諸君は，

「点 (x, y) のうつる先を (X, Y) とおいて，行列 $A = \begin{pmatrix} a & b \\ c & d \end{pmatrix}$ とすると，

$$\begin{cases} ax + by = X \\ cx + dy = Y \end{cases}$$

と，与えられた (x, y) に関する直線の方程式とから，(X, Y) の関係式をつくりだす……」という手法で解いていただろう．

確かに，この方法は誤りではないし，この解法でもよいのだが，このような機械的な操作で単に解答を求めることに満足せずに，『こういう問題の根底にある"カラクリ"を知ると，より深い見地から 1 次変換のしくみを眺めることができるようになり，1 次変換の問題をもっと身近で，かつやさしいものとして感じることができるようになる』のである．

では，次の事実〈定理 1・1・1〉，〈定理 1・1・2〉を確認しておこう．

これらの定理を述べる前に，2 つのベクトル $\vec{u}, \vec{v} (\neq \vec{0})$ が 1 次独立であることの定義を復習しておく．

2 つのベクトル $\vec{u}, \vec{v} (\neq \vec{0})$ が **1 次独立**であるとは，

『$\alpha \vec{u} + \beta \vec{v} = \vec{0} \Longrightarrow \alpha = \beta = 0$』 ……(☆)

が成り立つことである．

(注) $\vec{u}$ と $\vec{v}$ が "平行でない" ということと，"1 次独立である" ことが同じことであることが，命題 (☆) の対偶をとることにより，次のようにしてわかる．

$$(☆) \underset{\text{対偶}}{\Longleftrightarrow} \text{『}\alpha, \beta \text{ の少なくとも一方は 0 でない（たとえば，}\beta \neq 0 \text{ とする）}$$
$$\Longrightarrow \alpha \vec{u} + \beta \vec{v} \neq \vec{0}\text{』}$$
$$\Longleftrightarrow \vec{v} \neq -\frac{\alpha}{\beta} \vec{u}$$
$$\Longleftrightarrow \vec{u} \text{ と } \vec{v} \text{ は平行でない．}$$

§1 1次変換によって向き不変のベクトルを捜せ　19

〈定理 1・1・1〉

平面上の任意のベクトル $\vec{x}$ は，同一平面上にある1次独立な（平行でない）2つのベクトル $\vec{u}$ と $\vec{v}$ ($\vec{u}, \vec{v} \neq \vec{0}$) と実数 α, β によって，
$$\vec{x} = \alpha\vec{u} + \beta\vec{v}$$
なる形に，一意に表される．つまり，『$\alpha\vec{u} + \beta\vec{v} = \alpha'\vec{u} + \beta'\vec{v} \Longrightarrow \alpha = \alpha', \beta = \beta'$』となる．

〈定理 1・1・2〉

異なる固有値に対応する固有ベクトルは1次独立である．

【証明】行列 A の固有値 k, l ($k \neq l$) に対応する固有ベクトルをそれぞれ $\vec{u}, \vec{v}$ とする．ここで，$\alpha\vec{u} + \beta\vec{v} = \vec{0}$ ……(1) が成り立つと仮定する．

(1)の両辺の左側から行列 A をかけることにより，
$$\alpha A\vec{u} + \beta A\vec{v} = A\vec{0}$$
$$\therefore \quad \alpha k\vec{u} + \beta l\vec{v} = \vec{0} \quad \cdots\cdots(2)$$

(1)の両辺を k 倍することにより，
$$\alpha k\vec{u} + \beta k\vec{v} = \vec{0} \quad \cdots\cdots(3)$$

(2)−(3) より，$\quad \beta(l-k)\vec{v} = \vec{0}$

を得る．条件より，$l - k \neq 0$，$\vec{v} \neq \vec{0}$

これより，$\beta = 0$

また，$\alpha\vec{u} + \beta\vec{v} = \vec{0}$ に $\beta = 0$ を代入することにより，$\alpha = 0$ を得る．

以上のことより，
『$\alpha\vec{u} + \beta\vec{v} = \vec{0} \Longrightarrow \alpha = \beta = 0$』
が成り立つ．したがって，$\vec{u}, \vec{v}$ は1次独立である．

（注）このことから，異なる実数の固有値に対応する固有ベクトル $\vec{u}, \vec{v}$ を並べることによりつくられる行列 $P = (\vec{u} \ \vec{v})$ は逆行列をもつことがわかる．なぜならば，$\vec{u} = \begin{pmatrix} a \\ c \end{pmatrix}, \vec{v} = \begin{pmatrix} b \\ d \end{pmatrix}$ が平行でないことから $ad - bc \neq 0$，すなわち $\det P \neq 0$ であるからである．

行列 A が実数の固有値 λ_1, λ_2 ($\lambda_1 \neq \lambda_2$) をもつとし，それらのおのおのに対する固有ベクトルを $\vec{x_1}, \vec{x_2}$ とする．このとき，A によって平面上の点 P がどんな点 Q ($= f(P)$) にうつるのかを図形的に考察しよう．

[図形的考察]

点 P，Q の位置ベクトルをそれぞれ $\vec{p}, \vec{q}$ とする．〈定理 1・1・2〉より $\vec{x_1}, \vec{x_2}$ は

1次独立なので, $\vec{p}$ を行列 A の固有ベクトルの方向に分解して, すなわち, A の固有ベクトルのうちの適当な大きさのもの $\vec{x_1}, \vec{x_2}$ を用いて,
$$\vec{p} = \vec{x_1} + \vec{x_2}$$
と表せる (図I). よって,
$$\vec{q} = A\vec{p} = A(\vec{x_1} + \vec{x_2})$$
$$= A\vec{x_1} + A\vec{x_2} \quad \cdots\cdots ①$$

ところが, $\vec{x_1}, \vec{x_2}$ は行列 A の固有ベクトルであったから,
$$A\vec{x_1} = \lambda_1 \vec{x_1} \quad \cdots\cdots ②$$
$$A\vec{x_2} = \lambda_2 \vec{x_2} \quad \cdots\cdots ③$$
が成り立つ.

よって, ②, ③を①に代入して,
$$\vec{q} = \lambda_1 \vec{x_1} + \lambda_2 \vec{x_2} \quad \cdots\cdots ④$$

④より, 求める像 $Q(=f(P))$ は, 図J の $\vec{x_1}, \vec{x_2}$ をそれぞれ固有値 λ_1, λ_2 倍して, それらを加えたものであることがわかる (図J).

点 P と原点とを結ぶ直線を l とする. とくに, l が固有ベクトル $\vec{x_1}$ (または $\vec{x_2}$ の方向になっているとき, $Q(=f(P))$ は同一の直線 l 上にあり, 点 Q の原点からの符号つき距離は, 点 P の原点からの距離の固有値 $|\lambda_1|$ (または $|\lambda_2|$) 倍である (図K).

このことより, 原点を通る直線で, その方向が 0 以外の固有値に対する固有ベクトルの方向と一致するものは**不動直線**であることがわかる.

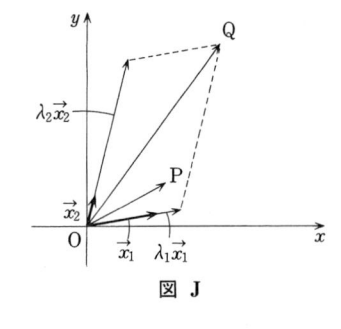

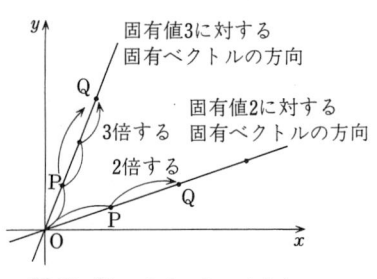

不動直線については, 次節で詳しく解説する.

図 I

図 J

図 K ($\lambda_1 = 2, \lambda_2 = 3$ のとき)

[例題 1・1・1]

平面上の1次変換 f を表す行列 A は $A^2-2A+E=O$ (E は単位行列, O は零行列) をみたしている. $A \neq E$ として次に答えよ.

平面上の $f(P) \neq P$ をみたす点 P に対して $P_1=f(P)$, $P_2=f(P_1)$ とおく. このとき, 3点 P, P_1, P_2 は一直線上にあることを示せ. また, 線分 PP_1 と線分 PP_2 の長さの比は P に無関係であることを示し, その比を求めよ.

発想法

3点 P, P_1, P_2 が同一直線上 (図1) にあることを示すためには,
$$\overrightarrow{PP_1} /\!/ \overrightarrow{PP_2}$$
が示せればよい. そのために, $\overrightarrow{PP_1}, \overrightarrow{PP_2}$ を点 P の位置ベクトル $\vec{p}$ で表す. また, 解答中, A^2 が表れてきたら, 条件 $A^2-2A+E=O$ をどこでつかうかを, 終始注意していなければいけない.

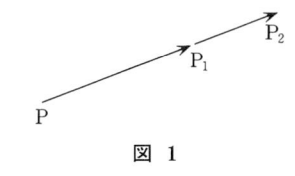

図 1

解答 まず, $\overrightarrow{PP_1} /\!/ \overrightarrow{PP_2}$, すなわち, ある実数 k を用いて $\overrightarrow{PP_2}=k\overrightarrow{PP_1}$ と書けることを示す.

点 P の位置ベクトルを $\vec{p}$
点 P_1 の位置ベクトルを $\vec{p_1}$ とすると,
点 P_2 の位置ベクトルを $\vec{p_2}$

$\vec{p_1}=A\vec{p}$
$\vec{p_2}=A\vec{p_1}=A^2\vec{p}$
$\overrightarrow{PP_1}=\vec{p_1}-\vec{p}=A\vec{p}-\vec{p}=(A-E)\vec{p}$ ……①
$\overrightarrow{PP_2}=\vec{p_2}-\vec{p}=A^2\vec{p}-\vec{p}$

ここで, $A^2-2A+E=O$ より, $A^2=2A-E$ だから,
$\overrightarrow{PP_2}=(2A-E)\vec{p}-\vec{p}=2(A-E)\vec{p}$ ……②

①, ② より,
$\overrightarrow{PP_2}=2\overrightarrow{PP_1}$

よって, P, P_1, P_2 は同一直線上にあり,
$\overrightarrow{PP_2}:\overrightarrow{PP_1}=2:1$ ……(答)

〈練習 1・1・1〉

行列 $\begin{pmatrix} a-1 & a-1 \\ a & a+1 \end{pmatrix}$ で表される1次変換 f で，直線 $y=-\dfrac{1}{2}x+1$ はどのような図形にうつるか．　　　　　　　　　　　　　（下関市大）

[解答]　直線 $y=-\dfrac{1}{2}x+1$ をベクトル表示しよう．$\vec{a}=\begin{pmatrix} 0 \\ 1 \end{pmatrix}, \vec{b}=\begin{pmatrix} 2 \\ -1 \end{pmatrix}$ とおくと（図1），

$$\vec{p}=\vec{a}+t\vec{b} \quad \cdots\cdots ①$$

よって，①の f による像 $\vec{p}\,'$ は，

$$\vec{p}\,'=f(\vec{p})=f(\vec{a})+tf(\vec{b}) \quad \cdots\cdots ②$$

ベクトル $f(\vec{a}),\ f(\vec{b})$ を具体的に求めると，

$$f(\vec{a})=\begin{pmatrix} a-1 & a-1 \\ a & a+1 \end{pmatrix}\begin{pmatrix} 0 \\ 1 \end{pmatrix}=\begin{pmatrix} a-1 \\ a+1 \end{pmatrix}$$

$$f(\vec{b})=\begin{pmatrix} a-1 & a-1 \\ a & a+1 \end{pmatrix}\begin{pmatrix} 2 \\ -1 \end{pmatrix}=\begin{pmatrix} a-1 \\ a-1 \end{pmatrix}$$

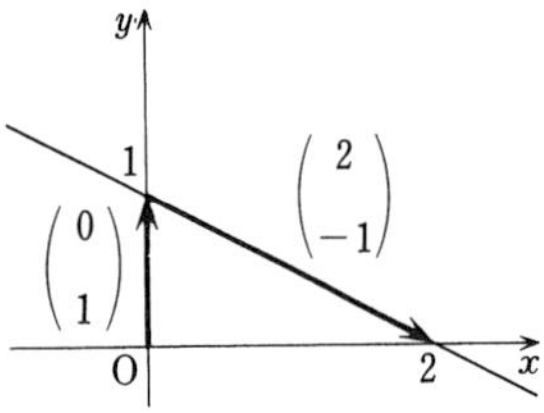

図1

これらを②に代入すると，

$$\vec{p}\,'=\begin{pmatrix} x' \\ y' \end{pmatrix}=\begin{pmatrix} a-1 \\ a+1 \end{pmatrix}+t\begin{pmatrix} a-1 \\ a-1 \end{pmatrix} \quad \cdots\cdots ③$$

よって，$a\ne 1$ ならば，③は直線を表し，その方程式は③より t を消去して，

$$y'-x'=2 \quad \therefore\quad \boldsymbol{y-x=2} \quad \cdots\cdots（答）$$

また，$a=1$ ならば，③は点を表し，その点の座標は，

$$(\boldsymbol{x',\ y'})=(0,\ 2) \quad \cdots\cdots（答）$$

である．

【別解】 $\begin{pmatrix} x' \\ y' \end{pmatrix}=\begin{pmatrix} a-1 & a-1 \\ a & a+1 \end{pmatrix}\begin{pmatrix} x \\ -\dfrac{1}{2}x+1 \end{pmatrix}=\begin{pmatrix} \dfrac{a-1}{2}x+a-1 \\ \dfrac{a-1}{2}x+a+1 \end{pmatrix}$

よって，
$a=1 \implies (x',\ y')=(0,\ 2)$
$a\ne 1 \implies x'+1=y'-1$

したがって，

$\begin{cases} a=1 \text{ のとき，点}(0,\ 2) \\ a\ne 1 \text{ のとき，直線 } y=x+2 \end{cases} \quad \cdots\cdots（答）$

§1 1次変換によって向き不変のベクトルを捜せ 23

[例題 1・1・2]

$P = \begin{pmatrix} 1-a & a \\ b & 1-b \end{pmatrix}$ (ただし, $a+b \neq 0$) とする.

(1) P の固有値と固有ベクトルを求めよ.

(2) $\begin{pmatrix} x \\ y \end{pmatrix} = k\begin{pmatrix} 1 \\ 1 \end{pmatrix} + l\begin{pmatrix} a \\ -b \end{pmatrix}$ のとき, $P\begin{pmatrix} x \\ y \end{pmatrix} = s\begin{pmatrix} 1 \\ 1 \end{pmatrix} + t\begin{pmatrix} a \\ -b \end{pmatrix}$ として, s, t を a, b, k, l で表せ.

(3) (2)の $\begin{pmatrix} x \\ y \end{pmatrix}$ に対して, $P^n \begin{pmatrix} x \\ y \end{pmatrix}$ を a, b, k, l で表せ.

発想法

行列 P の固有値は, 固有方程式 $\lambda^2 - (2-a-b)\lambda + (1-a-b) = 0$ を解いて, $\lambda_1 = 1$ と $\lambda_2 = 1-a-b$ の相異なる ($\because a+b \neq 0$) 2実数であり, 対応する固有ベクトルはそれぞれ $\begin{pmatrix} s \\ s \end{pmatrix}$ ($s \neq 0$), $\begin{pmatrix} at \\ -bt \end{pmatrix}$ ($t \neq 0$) となる. よって, 前に学んだことの復習を兼ねて, 行列 P の表す1次変換を図形的な見地でとらえてみよう.

たとえば, $k=l=1$ のときに対応するベクトル $\begin{pmatrix} 1+a \\ 1-b \end{pmatrix}$ は行列 P によって,

$\begin{pmatrix} -a^2 + a(1-b) + 1 \\ b^2 + b(a-1) + 1 \end{pmatrix}$ にうつされるわけだが, これを図形的に考察してみよう.

$\begin{pmatrix} 1+a \\ 1-b \end{pmatrix}$ は $\begin{pmatrix} 1 \\ 1 \end{pmatrix} + \begin{pmatrix} a \\ -b \end{pmatrix}$ というように,

固有ベクトルの和に分解できる (図1) ので,

$P\begin{pmatrix} 1+a \\ 1-b \end{pmatrix} = P\begin{pmatrix} 1 \\ 1 \end{pmatrix} + P\begin{pmatrix} a \\ -b \end{pmatrix}$

$= \lambda_1 \begin{pmatrix} 1 \\ 1 \end{pmatrix} + \lambda_2 \begin{pmatrix} a \\ -b \end{pmatrix}$

$= \begin{pmatrix} 1 \\ 1 \end{pmatrix} + (1-a-b)\begin{pmatrix} a \\ -b \end{pmatrix}$

$\left(= \begin{pmatrix} -a^2 + a(1-b) + 1 \\ b^2 + b(a-1) + 1 \end{pmatrix} \right)$

となり, 図形的な意味は以下の通りである.

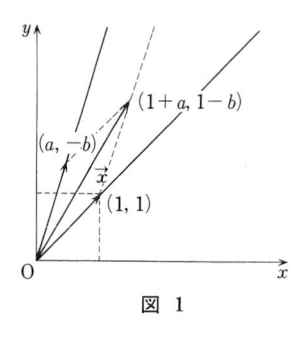

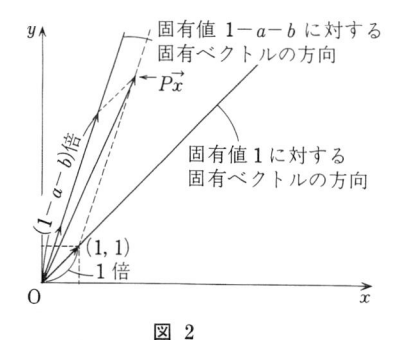

図 1

図 2

まず，$\begin{pmatrix} 1+a \\ 1-b \end{pmatrix}$ を (2つの異なる方向の) 固有ベクトルの和に分解する．

次に，そのおのおのの固有ベクトルに P をほどこしてから再び加える．というようになっている (図2)．

[解答] (1) P の固有値を λ とすると，

固有方程式；
$$\lambda^2-(2-a-b)\lambda+(1-a)(1-b)-ab$$
$$=\lambda^2-(2-a-b)\lambda+1-a-b$$
$$=(\lambda-1)(\lambda+a+b-1)=0$$

これより固有値は，　　**1, $1-a-b$**　　……(答)

固有値 1 に対する固有ベクトル $\begin{pmatrix} x_1 \\ y_1 \end{pmatrix}$ は，

$-ax_1+ay_1=0$　より，　$x_1=y_1$

よって固有ベクトルは，

$\begin{pmatrix} x_1 \\ y_1 \end{pmatrix} = \begin{pmatrix} s \\ s \end{pmatrix}$　(s は 0 以外の任意の実数)　　……(答)

固有値 $1-a-b$ に対する固有ベクトル $\begin{pmatrix} x_2 \\ y_2 \end{pmatrix}$ は，$bx_2+ay_2=0$ より，

$\begin{pmatrix} x_2 \\ y_2 \end{pmatrix} = \begin{pmatrix} at \\ -bt \end{pmatrix}$　(t は 0 以外の任意の実数)　　……(答)

(2) 固有値を λ，固有ベクトルを $\vec{x}$ とすると，

$$P\vec{x}=\lambda\vec{x} \quad \therefore \quad P(k\vec{x})=k\lambda\vec{x}$$

固有値 $\lambda_1=1$，$\lambda_2=1-a-b$ であり，対応する固有ベクトルの1つは，それぞれ $\begin{pmatrix} 1 \\ 1 \end{pmatrix}$，$\begin{pmatrix} a \\ -b \end{pmatrix}$ であることを考慮すると，

$$P\begin{pmatrix} x \\ y \end{pmatrix} = P\cdot k\begin{pmatrix} 1 \\ 1 \end{pmatrix} + P\cdot l\begin{pmatrix} a \\ -b \end{pmatrix}$$
$$= k\lambda_1\begin{pmatrix} 1 \\ 1 \end{pmatrix} + l\lambda_2\begin{pmatrix} a \\ -b \end{pmatrix}$$
$$= k\begin{pmatrix} 1 \\ 1 \end{pmatrix} + l(1-a-b)\begin{pmatrix} a \\ -b \end{pmatrix} \quad \text{……(☆)}$$

ところが，題意の条件より，

$$P\begin{pmatrix} x \\ y \end{pmatrix} = s\begin{pmatrix} 1 \\ 1 \end{pmatrix} + t\begin{pmatrix} a \\ -b \end{pmatrix} \quad \text{……(☆☆)}$$

よって，(☆)，(☆☆) の右辺どうしは等しい．

$$k\begin{pmatrix} 1 \\ 1 \end{pmatrix} + l(1-a-b)\begin{pmatrix} a \\ -b \end{pmatrix} = s\begin{pmatrix} 1 \\ 1 \end{pmatrix} + t\begin{pmatrix} a \\ -b \end{pmatrix}$$

条件 $a+b \neq 0$ より，$\begin{pmatrix} a \\ -b \end{pmatrix} \not\parallel \begin{pmatrix} 1 \\ 1 \end{pmatrix}$

ゆえに，$\begin{cases} s = k \\ t = l(1-a-b) \end{cases}$ ……(答)

(3) (☆) より，

$$P^2\begin{pmatrix} x \\ y \end{pmatrix} = P\left(k\begin{pmatrix} 1 \\ 1 \end{pmatrix}\right) + P\left(l(1-a-b)\begin{pmatrix} a \\ -b \end{pmatrix}\right)$$

$$= k\begin{pmatrix} 1 \\ 1 \end{pmatrix} + l(1-a-b)^2\begin{pmatrix} a \\ -b \end{pmatrix}$$

$$\vdots$$

よって，

$$P^n\begin{pmatrix} x \\ y \end{pmatrix} = k\begin{pmatrix} 1 \\ 1 \end{pmatrix} + l(1-a-b)^n\begin{pmatrix} a \\ -b \end{pmatrix} \quad \cdots\cdots\text{(答)}$$

と帰納的に求められる．

(注) 本問のポイントをまとめると次のようになる．
$A\vec{x_1} = \lambda\vec{x_1},\ A\vec{x_2} = \mu\vec{x_2}$
で，$\vec{x_1}$ と $\vec{x_2}$ が 1 次独立のとき，任意のベクトル $\vec{x}$ は，$\vec{x} = a\vec{x_1} + b\vec{x_2}$ と書け，
$A^n\vec{x} = A^n(a\vec{x_1} + b\vec{x_2})$
$\quad = aA^n\vec{x_1} + bA^n\vec{x_2}$
$\quad = a\lambda^n\vec{x_1} + b\mu^n\vec{x_2}$

―〈練習 1・1・2〉――――――――――――――――――――
f を平面における1対1の1次変換とする．以下，直線はすべて原点 O を通るものとする．次の (a)〜(c) のうち，正しいものは証明し，そうでないものは成立しないことを例で示せ．

(a) 任意の直線 l に対し，$f(l)=\{f(\mathrm{P})\mid \mathrm{P}\in l\}$ は直線である．

(b) O, P_1, P_2 が一直線上にないようなある異なる2点 P_1, P_2 に対して，$f(\mathrm{P}_1)=\mathrm{P}_1$, $f(\mathrm{P}_2)=\mathrm{P}_2$ であるならば，任意の点 P に対して $f(\mathrm{P})=\mathrm{P}$ である．

(c) ある異なる2直線 l_1, l_2 に対して $f(l_1)\subseteqq l_1$, $f(l_2)\subseteqq l_2$ ならば，任意の直線 l に対して $f(l)\subseteqq l$ である．　　　　　　　　（名市大 医）
――――――――――――――――――――

発想法

(a) 直線 l の f による像 $f(l)$ は直線または点である．だから，f についての条件より，『$f(l)$ が点でない』ことを示すことが主眼である．

(b) 平面上のどんなベクトルも，2つの1次独立なベクトルの線形結合（1次結合）でただ1通りに表せる〈定理 1・1・1〉という事実をつかって，任意の点 P の位置ベクトル $\vec{p}$ を2つの1次独立なベクトルで表してから議論せよ．

(c) 条件 $f(l)\subseteqq l$ とは，f による l の像が "l に含まれる" ということである．しかし，f が1対1のとき，直線の像は直線だから，$f(l)=l$ と同じことである．

　よって，原点を通る不動直線が2本（すなわち，$f(\vec{v})=k\vec{v}$, $\vec{v}\neq\vec{0}$ をみたす k が2つ）しかない変換 f（f は恒等変換でない）を反例としてあげればよい．

解答　(a) 正しい

（証明）直線 l をベクトル表示して，
$$\vec{v}=\vec{a}+t\vec{b},\ \vec{b}\neq\vec{0}$$
とすると，f による l の像は，
$$f(\vec{v})=f(\vec{a})+tf(\vec{b})\ \cdots\cdots(\text{☆})$$
で，f が1対1のとき $f(\vec{b})\neq\vec{0}$ である．なぜならば，$f(\vec{b})=\vec{0}$ とすると $f(\vec{0})=\vec{0}$ であるから，f が1対1であることを考えると $\vec{b}=\vec{0}$ となってしまうからである．よって，(☆)は直線を表す．

図1

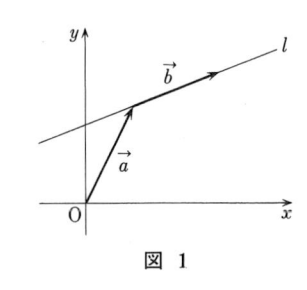

(b) 正しい

（証明）3点 O, P_1, P_2 は一直線上にないから，$\overrightarrow{\mathrm{OP}_1}$, $\overrightarrow{\mathrm{OP}_2}$ は1次独立である．よって，〈定理 1・1・1〉により，任意の点 P に対して，
$$\overrightarrow{\mathrm{OP}}=\alpha\overrightarrow{\mathrm{OP}_1}+\beta\overrightarrow{\mathrm{OP}_2}$$

をみたす α, β が一意に存在するから，
$$\begin{aligned}f(\overrightarrow{\mathrm{OP}})&=\alpha f(\overrightarrow{\mathrm{OP_1}})+\beta f(\overrightarrow{\mathrm{OP_2}})\\&=\alpha\overrightarrow{\mathrm{OP_1'}}+\beta\overrightarrow{\mathrm{OP_2'}}\\&=\overrightarrow{\mathrm{OP'}}\end{aligned}$$
$$\therefore\quad f(\overrightarrow{\mathrm{OP}})=\overrightarrow{\mathrm{OP'}}$$
$$\therefore\quad f(\mathrm{P})=\mathrm{P'}$$

(c) 正しくない

(反例) 行列 $\begin{pmatrix}1&0\\0&2\end{pmatrix}$ が表す1次変換を f とすると，2直線
$$l_1:y=0,\quad l_2:x=0$$
に対し
$$f(l_1)=l_1,\quad f(l_2)=l_2$$
であるが，l として直線 $y=x$ をとると，$f(l)$ は直線 $y=2x$ となって，$f(l)\subseteqq l$ とはならない．

【別解】 f を表す行列を，$A=\begin{pmatrix}a&b\\c&d\end{pmatrix}$ とする．f は 1:1 だから，$ad-bc\neq 0$ である．

(a) l の方程式を $\alpha x+\beta y=0$ とする．(x,y) を l 上の任意の点とし，
$$\begin{pmatrix}x'\\y'\end{pmatrix}=\begin{pmatrix}a&b\\c&d\end{pmatrix}\begin{pmatrix}x\\y\end{pmatrix}$$
とする．$ad-bc\neq 0$ より
$$\begin{aligned}\begin{pmatrix}x\\y\end{pmatrix}&=\frac{1}{ad-bc}\begin{pmatrix}d&-b\\-c&a\end{pmatrix}\begin{pmatrix}x'\\y'\end{pmatrix}\\&=\frac{1}{ad-bc}\begin{pmatrix}dx'-by'\\-cx'+ay'\end{pmatrix}\end{aligned}$$
$$\therefore\quad x=\frac{dx'-by'}{ad-bc},\quad y=\frac{-cx'+ay'}{ad-bc}$$
よって，
$$\alpha\frac{dx'-by'}{ad-bc}+\beta\frac{-cx'+ay'}{ad-bc}=0$$
$$\therefore\quad (\alpha d-\beta c)x'+(\beta a-\alpha b)y'=0$$
したがって，$f(l)$ はこの方程式で定義される．これが直線を表さないとすると，
$$\alpha d-\beta c=0,\quad \beta a-\alpha b=0$$
$$\therefore\quad \alpha d=\beta c,\quad \beta a=\alpha b$$
$$\therefore\quad (\alpha,\beta)/\!/(c,d),\ (\alpha,\beta)/\!/(a,b)$$
よって， $(a,b)/\!/(c,d)$
これは，$ad-bc\neq 0$ に反する．

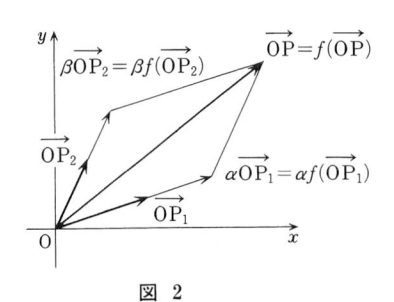

(b) $\overrightarrow{OP_1}=\begin{pmatrix} p_1 \\ q_1 \end{pmatrix}$, $\overrightarrow{OP_2}=\begin{pmatrix} p_2 \\ q_2 \end{pmatrix}$ とする。

$\overrightarrow{OP_1} \not\parallel \overrightarrow{OP_2}$ より、 $p_1 q_2 \neq p_2 q_1$

よって、行列 $\begin{pmatrix} p_1 & p_2 \\ q_1 & q_2 \end{pmatrix}$ は逆行列をもつ。

仮定より、

$$A\begin{pmatrix} p_1 \\ q_1 \end{pmatrix}=\begin{pmatrix} p_1 \\ q_1 \end{pmatrix}, \ A\begin{pmatrix} p_2 \\ q_2 \end{pmatrix}=\begin{pmatrix} p_2 \\ q_2 \end{pmatrix}$$

$$\therefore \ A\begin{pmatrix} p_1 & p_2 \\ q_1 & q_2 \end{pmatrix}=\begin{pmatrix} p_1 & p_2 \\ q_1 & q_2 \end{pmatrix}$$

$$\therefore \ A=\begin{pmatrix} p_1 & p_2 \\ q_1 & q_2 \end{pmatrix}\begin{pmatrix} p_1 & p_2 \\ q_1 & q_2 \end{pmatrix}^{-1}$$

$$=E$$

したがって、f は恒等変換となるので成立する。

(c) 正しくない。

(反例) x 軸についての折り返し変換 $\begin{pmatrix} 1 & 0 \\ 0 & -1 \end{pmatrix}$ は、原点を通る直線のうち y 軸と x 軸を不変にするが、それ以外の直線はすべて、x 軸について対称な直線にうつす。

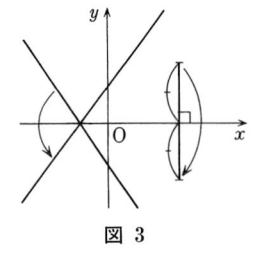

図 3

§2　不動直線のメカニズム

不動直線は，入試で頻出するトピックスの1つである．不動直線を求める問題を問題集や講義で習ったときにはわかったのに，模試や試験ではうまくいかなかったという経験をした読者もいるかもしれない．じつは，不動直線と一言でいっても，1次変換の表す行列（の固有値）の種類によって，いくつものパターンがあるので，それらのすべてに精通していなければ，いつでも不動直線の問題にスラスラ解答できるとは限らないのである．そこで，本節では，行列の固有値と不動直線の関係を直線のベクトル方程式を用いて，徹底的に調べることにしよう．

それでは，本節の主眼の不動直線に話題を転じよう．

直線 l のベクトル方程式を $l: \vec{p} = \vec{p_0} + t\vec{u}$ とおく．このとき，l の f による像 l' は，$A\vec{p} = A\vec{p_0} + tA\vec{u}$ である．2 直線 l と l' が一致するためには，l と l' が平行であり，かつ 1 点を共有すればよい（図 A）．

このことから，次のことが成り立つ．

　　直線 $l: \vec{p} = \vec{p_0} + t\vec{u}$ が，1 次変換 A の不動直線である．

図 A

$\iff \begin{cases} A\vec{u} \parallel \vec{u}\ (A\vec{u} \neq \vec{0},\ \text{すなわち}\ A\vec{u} = \lambda \vec{u}\ \text{なる 0 でない実数} \lambda \text{が存在する}), \\ \text{かつ}\ A\vec{p_0}\ \text{が直線}\ l: \vec{p} = \vec{p_0} + t\vec{u}\ \text{上の点である．} \end{cases}$

$\iff \begin{cases} \vec{u}\ \text{は，A の (0 でない実数の固有値の) 固有ベクトルであり，}\cdots\cdots(\text{☆}) \\ \vec{p_0}\ \text{は}\ (A\vec{p_0} - \vec{p_0}) \parallel \vec{u}\ \cdots\cdots(\text{☆☆})\ \text{をみたす．} \end{cases}$

このことより，次の定理を得る．

〈定理 Ⅰ・2・1〉

行列 A が 0 以外の実数の固有値をもたないとき，行列 A による 1 次変換 f は不動直線をもたない．

以下，A の固有値の種類に応じて，不動直線がどのようなものかを (☆) および (☆☆) を用いて調べよう．

（Ⅰ）　行列 A の固有値がすべて 0 でないとき

　（a）　固有値が相異なる 2 実数のとき，

行列 A の固有値を α, β $(\alpha \neq \beta)$ とし, 固有値 α, β に対応する固有ベクトルの1つをそれぞれ $\vec{u_\alpha}, \vec{u_\beta}$ とする. このとき, (☆) より不動直線は (存在するなら) $\vec{p} = \vec{p_0} + t\vec{u_\alpha}, \vec{p} = \vec{p_0}' + t\vec{u_\beta}$ なる形をしている.

直線 $\vec{p} = \vec{p_0} + t\vec{u_\alpha}$ が1次変換 A の不動直線となる場合に, $\vec{p_0}$ のみたすべき条件を求める. $\vec{p} = \vec{p_0}' + t\vec{u_\beta}$ の場合も同様である.

$\vec{u_\alpha}, \vec{u_\beta}$ は,〈定理 1・1・2〉より1次独立であるから, ベクトル $\vec{p_0}$ は適当な実数 λ, μ を用いて,

$$\vec{p_0} = \lambda \vec{u_\alpha} + \mu \vec{u_\beta} \quad \cdots\cdots ①$$

と表せる. したがって, $\vec{p_0}$ が不動直線上の点を表すための λ, μ に対する条件を求めればよい.

$A\vec{p_0} = A(\lambda \vec{u_\alpha} + \mu \vec{u_\beta}) = \lambda A\vec{u_\alpha} + \mu A\vec{u_\beta} = \lambda \alpha \vec{u_\alpha} + \mu \beta \vec{u_\beta}$ より,

$A\vec{p_0} - \vec{p_0} = \lambda(\alpha-1)\vec{u_\alpha} + \mu(\beta-1)\vec{u_\beta}$

∴ $(A\vec{p_0} - \vec{p_0}) /\!/ \vec{u_\alpha} \iff \mu(\beta-1) = 0$

したがって, 次の2つに場合分けできる.

(i) $\beta \neq 1$ のとき, ① より,

$(A\vec{p_0} - \vec{p_0}) /\!/ \vec{u_\alpha} \iff \mu = 0$, λ は任意 $\iff \vec{p_0} = \lambda \vec{u_\alpha}$ (λ は任意)

よって, 固有ベクトル $\vec{u_\alpha}$ を方向ベクトルとする不動直線は, $\vec{p} = \vec{p_0} + t\vec{u_\alpha} = (\lambda+t)\vec{u_\alpha}$ となり, 原点を通るものだけであることがわかる.

(ii) $\beta = 1$ のとき,

μ は任意だから ① より, $A\vec{p_0} - \vec{p_0} = \lambda(\alpha-1)\vec{u_\alpha} /\!/ \vec{u_\alpha}$ であり, λ は任意だから, 結局任意の $\vec{p_0}$ が条件 (☆☆) をみたす. これは固有ベクトル $\vec{u_\alpha}$ を方向ベクトルとする任意の直線は不動直線になることを示している.

(b) 固有値が重複解のとき, (ただし, $A = kE$ のときは除く)

行列 A が重複解の固有値 α をもち, その固有ベクトルを $\vec{u_\alpha}$ とする. 直線 $\vec{p} = \vec{p_0} + t\vec{u_\alpha}$ が1次変換 A の不動直線であるための, $\vec{p_0}$ のみたすべき条件を求めよう. 固有方程式 $\lambda^2 - (a+d)\lambda + (ad-bc) = 0$ に解と係数の関係を用いて, $a+d = 2\alpha$, $ad-bc = \alpha^2$ であるから, ケーリー・ハミルトンの定理により,

$A^2 - 2\alpha A + \alpha^2 E = O$

∴ $(A - \alpha E)^2 = O$

である. よって $\vec{p_0}$ に対し,

$(A - \alpha E)^2 \vec{p_0} = \vec{0}$

したがって，$\vec{q_0}=(A-\alpha E)\vec{p_0}$ とおくとき，
$$(A-\alpha E)\vec{q_0}=\vec{0} \qquad \therefore \ A\vec{q_0}=\alpha\vec{q_0}$$
ゆえに，$\vec{q_0}$ は行列 A の固有ベクトル $\vec{u_\alpha}$ に平行である．つまり，ある実数 t_0 が存在して，$\vec{q_0}=t_0\vec{u_\alpha}$ と書ける．

$\vec{q_0}=(A-\alpha E)\vec{p_0}$ より，$\vec{p_0}$ はある実数 t_0 に対して，
$$(A-\alpha E)\vec{p_0}=t_0\vec{u_\alpha}$$
$$\therefore \ A\vec{p_0}=\alpha\vec{p_0}+t_0\vec{u_\alpha}$$
をみたす（以上の議論は，不動直線上にある点の位置ベクトル $\vec{p_0}$ に限らず任意のベクトル $\vec{p_0}$ に対して成り立つ）．よって，
$$A\vec{p_0}-\vec{p_0}=\alpha\vec{p_0}+t_0\vec{u_\alpha}-\vec{p_0}=(\alpha-1)\vec{p_0}+t_0\vec{u_\alpha}$$
以上のことから，行列 A が重複解の固有値 α（ただし，$\alpha \neq 0$）をもち，$\vec{u_\alpha}$ を α に対する固有ベクトルとするとき，次のことが成り立つ．

直線 $\vec{p}=\vec{p_0}+t\vec{u_\alpha}$ が，行列 A の表す 1 次変換 f の不動直線
$\iff \vec{p_0}$ は $(A\vec{p_0}-\vec{p_0}) /\!/ \vec{u_\alpha}$ をみたす．
$\iff \vec{p_0}$ は $\{(\alpha-1)\vec{p_0}+t_0\vec{u_\alpha}\} /\!/ \vec{u_\alpha}$ をみたす．
$\iff \alpha \neq 1$ のとき，$\vec{p_0} /\!/ \vec{u_\alpha}$ であり，$\alpha=1$ のとき $\vec{p_0}$ は任意．
$\iff \begin{cases} \alpha \neq 1 \text{ のとき，原点を通り方向ベクトルが } \vec{u_\alpha} \text{ である直線．} \\ \alpha=1 \text{ のとき，方向ベクトルが } \vec{u_\alpha} \text{ である任意の直線．} \end{cases}$

(II) 行列 A が 0 を固有値としてもつとき

(a) 固有値が $0, \alpha \ (\alpha \neq 0)$ のとき，

行列 A の固有値を $0, \alpha(\alpha \neq 0)$ とし，固有値 $0, \alpha$ に対応する固有ベクトルの 1 つをそれぞれ $\vec{u_0}, \vec{u_\alpha}$ とする．$A\vec{u_0}=0\vec{u_0}=\vec{0}$ であることに注意せよ．

このとき，直線 $\vec{p}=\vec{p_0}+t\vec{u_0}$ は，$A\vec{p}=A\vec{p_0}+tA\vec{u_0}=A\vec{p_0}$ より 1 点にうつり，直線にはならない．したがって，不動直線は，$\vec{u_\alpha}$ を方向ベクトルとする直線のみを考えればよい．

直線 $\vec{p}=\vec{p_0}+t\vec{u_\alpha}$ が 1 次変換 A によって不動直線になるための $\vec{p_0}$ のみたすべき条件を求めよう．

$\vec{u_0}, \vec{u_\alpha}$ は，〈定理 $\mathbb{1}\cdot 1 \cdot 2$〉より 1 次独立であるから，ベクトル $\vec{p_0}$ は，適当な実数 λ, μ を用いて $\vec{p_0}=\lambda\vec{u_0}+\mu\vec{u_\alpha}$ と書ける．

以下，$\vec{p_0}$ が不動直線上の点を表すための λ, μ に対する条件を求める．
$$A\vec{p_0}=\lambda A\vec{u_0}+\mu A\vec{u_\alpha}=\mu\alpha\vec{u_\alpha}$$
よって，$\qquad A\vec{p_0}-\vec{p_0}=-\lambda\vec{u_0}+\mu(\alpha-1)\vec{u_\alpha}$

したがって，
$$(A\vec{p_0} - \vec{p_0}) /\!/ \vec{u_\alpha} \iff \{-\lambda \vec{u_0} + \mu(\alpha-1)\vec{u_\alpha}\} /\!/ \vec{u_\alpha} \iff \lambda = 0$$
これより，$\vec{p_0} = \mu \vec{u_\alpha}$（$\mu$ は任意）となり，
$$\vec{p} = \vec{p_0} + t\vec{u_\alpha} = (\mu + t)\vec{u_\alpha}$$
すなわち，1次変換 A による不動直線は，原点を通り，方向ベクトルが $\vec{u_\alpha}$ の直線だけである．

(b) 固有値が重複解 0 のとき，

行列 A の固有値が重複解 0 であるとき，(☆) より，不動直線は存在しない．

以上をまとめることにより，次の定理を得る．

〈定理 1・2・2〉
行列 A（ただし，$A = kE$ のときは除く）が実数の固有値 α, β をもち，固有値 α, β に対する固有ベクトルの1つをそれぞれ $\vec{u_\alpha}, \vec{u_\beta}$ とする．このとき，1次変換 A による不動直線は次のとおりである．

(I) $\alpha \neq \beta,\ \alpha \neq 0, 1$ かつ $\beta \neq 0, 1$ のとき，
原点を通り，方向ベクトルが $\vec{u_\alpha}, \vec{u_\beta}$ である2本の直線である．

(II) $\alpha \neq 0, 1$ かつ $\beta = 1$ のとき，
方向ベクトルが $\vec{u_\alpha}$ である任意の直線と，原点を通り，方向ベクトルが $\vec{u_\beta}$ である直線である．

(III) $\alpha = \beta \neq 1$ のとき，
原点を通り，方向ベクトルが $\vec{u_\alpha}$ である直線である．

(IV) $\alpha = \beta = 1$ のとき，
方向ベクトルが $\vec{u_\alpha}$ の任意の直線である．

(V) $\alpha \neq 0,\ \beta = 0$ のとき，
原点を通り，方向ベクトルが $\vec{u_\alpha}$ である直線である．

(VI) $\alpha = \beta = 0$ のとき，
不動直線は存在しない．

とくに，(I), (II) のちがいについて，(II) における $\beta = 1$ に対する固有ベクトルが，1次変換における不動点（の位置ベクトル）である（$A\vec{u_\beta} = \vec{u_\beta}$）ことから，次のように視覚を交えてとらえておくとよいだろう．

$\alpha \neq \beta,\ \alpha \neq 0,\ \beta \neq 0$ のときは，まず，〈定理 1・1・2〉より $\vec{u_\alpha} \not/\!/ \vec{u_\beta}$ であり，ま

た $A\vec{u_\alpha}=\alpha\vec{u_\alpha}\neq\vec{0}$, $A\vec{u_\beta}=\beta\vec{u_\beta}\neq\vec{0}$ より，$\vec{u_\alpha}$, $\vec{u_\beta}$ の方向の直線はともに直線にうつる (1 点になってしまうことはない). このとき, 原点を通る固有ベクトル方向の直線が不動直線となることは, 固有ベクトルの定義から明らかであるので, まず，図 B に示す 2 本の直線 l_α, l_β が不動直線であることがわかる (I).

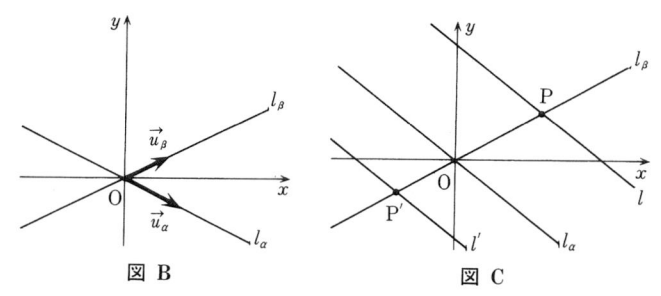

図 B

図 C

$\beta=1$ ならば，l_β 上の点はすべて f における不動点である. $\vec{u_\alpha}$ を方向ベクトルとする任意の直線 l と l_β との交点を P とすると (図 C),

l は不動点 P を通り方向ベクトルが $\vec{u_\alpha}$ の直線であり，A によって表される 1 次変換による像は，P を通り方向ベクトルが $A\vec{u_\alpha}$ ($A\vec{u_\alpha}\neq\vec{0}$, $A\vec{u_\alpha}\parallel\vec{u_\alpha}$) の直線

であるから，l に一致する (II).

上述のように，不動直線が生じるメカニズムを追求していくと，〈定理 1・2・1〉と〈定理 1・2・2〉よりわかるように，1 次変換を定める行列 A の固有値の 6 通りの本質的に異なるパターンに依存して，不動直線のしくみが異なることになる. また, 上の定理の (II), (IV) より，$A\neq kE$ のとき，

「1 次変換 A が原点を通らない不動直線をもつ

$\Longleftrightarrow$ A は固有値 0 をもたず，かつ固有値 1 をもつ」

こともわかる ($\Longleftarrow$ は, 0 を固有値としてもたないとき「不動点が存在する ($\lambda=1$ を固有値としてもつ) なら原点を通らない不動直線がある」ことを意味する).

このとき，ある一定方向の直線すべてが不動直線となることにも注意しよう.

それでは，これらの事実をふまえて，実際に以下の問題に挑戦してみよう. なお，各問いに対し，不動直線を $y=mx+n$ または $x=k$ とおいた解答もつくってみるとよい (つけてあるものもあるが). 入試では，この方針による解答で十分だが，以下の解答では，不動直線が生じるメカニズムがわかるようにした.

[例題 1・2・1]

行列 $\begin{pmatrix} \frac{1}{2} & -\frac{1}{2} \\ \frac{3}{2} & \frac{1}{2} \end{pmatrix}$ で表される座標平面上の1次変換を f とする.

(1) f によって, それ自身にうつされるような直線は存在しないことを証明せよ.

(2) f によって, だ円 $ax^2+y^2=1\,(a>0)$ がそれ自身にうつされるように a の値を定めよ.

(都立大 文系)

発想法

f を表す与えられた行列を A とする.

(1) 直線 $l:\vec{p}=\vec{p_0}+t\vec{u}$ が不動直線であるためには, $A\vec{u}\,/\!/\,\vec{u}$, すなわち f により不変な方向ベクトルが存在することが必要である. その必要条件さえみたさないことを示せばよい.

(2) "極端な場合を引き合いに出し, 必要条件を導け"という考え方(Iの第5章参照)を用いる典型的な問題である. すなわち, だ円 $ax^2+y^2=1\,(a>0)$ 上から, 解答作成のために都合のよい点, たとえば, 点 A(0, 1) を選ぶ. そして, 「像 $f(A)$ がこのだ円上にある」として得られる a の条件が必要条件である. 次に, この a の条件の十分性を示せばよい.

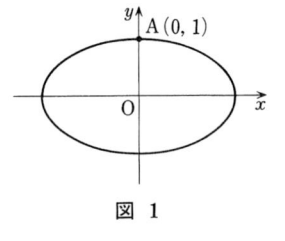

図 1

解答 (1) 直線 l のベクトル方程式を $\vec{p}=\vec{p_0}+t\vec{u}$ ……① とし, 方向ベクトルを $\vec{u}=\begin{pmatrix} x \\ y \end{pmatrix}$ とおく. $A=\begin{pmatrix} \frac{1}{2} & -\frac{1}{2} \\ \frac{3}{2} & \frac{1}{2} \end{pmatrix}$ とおくと, l が不動直線であるためには, $A\vec{u}\,/\!/\,\vec{u}$ が必要である.

すなわち,

$$\begin{pmatrix} \frac{1}{2} & -\frac{1}{2} \\ \frac{3}{2} & \frac{1}{2} \end{pmatrix}\begin{pmatrix} x \\ y \end{pmatrix} /\!/ \begin{pmatrix} x \\ y \end{pmatrix}$$

$$\therefore \begin{pmatrix} x-y \\ 3x+y \end{pmatrix} /\!/ \begin{pmatrix} x \\ y \end{pmatrix}$$

$$\therefore (x-y)y-x(3x+y)=0$$

§2 不動直線のメカニズム 35

よって，　$3x^2+y^2=0$

これより，$x=y=0$ が必要である．これは，$\vec{u}=\vec{0}$ を意味し，① は直線を表さないので，f は不動直線をもたない．

(2) だ円 $ax^2+y^2=1$ ……② 上の点 $(0,1)$ の像は $\begin{pmatrix} \frac{1}{2} & -\frac{1}{2} \\ \frac{3}{2} & \frac{1}{2} \end{pmatrix}\begin{pmatrix} 0 \\ 1 \end{pmatrix}=\begin{pmatrix} -\frac{1}{2} \\ \frac{1}{2} \end{pmatrix}$ より $\left(-\frac{1}{2}, \frac{1}{2}\right)$ であり，この点が再び，だ円②上にあることが必要である．よって，

$$a\left(-\frac{1}{2}\right)^2+\left(\frac{1}{2}\right)^2=1$$

これより，$a=3$ が必要．

次に，$a=3$ が十分であることを示す．$a=3$ のとき，だ円 $3x^2+y^2=1$ の上の点は，パラメータ θ を用いて，

$$\left(\frac{\cos\theta}{\sqrt{3}}, \sin\theta\right) \quad (\theta\text{ は実数}) \quad \cdots\cdots ③$$

と書ける．③の f による像を (x, y) とすると，

$$x=\frac{1}{2}\cdot\frac{\cos\theta}{\sqrt{3}}-\frac{1}{2}\sin\theta=\frac{1}{\sqrt{3}}\left(\frac{1}{2}\cos\theta-\frac{\sqrt{3}}{2}\sin\theta\right)$$
$$=\frac{1}{\sqrt{3}}\cos\left(\theta+\frac{\pi}{3}\right)$$
$$y=\frac{3}{2}\cdot\frac{\cos\theta}{\sqrt{3}}+\frac{1}{2}\sin\theta=\frac{\sqrt{3}}{2}\cos\theta+\frac{1}{2}\sin\theta$$
$$=\sin\left(\theta+\frac{\pi}{3}\right)$$

よって，③において θ を動かせば，f によってうつされる点 (x, y) は，だ円 $3x^2+y^2=1$ の周上をすべて動くから，$a=3$ は十分条件でもある．

よって，求める a の値は，　**$a=3$**　……(答)

〔研究〕

(1) $A=\begin{pmatrix} \frac{1}{2} & -\frac{1}{2} \\ \frac{3}{2} & \frac{1}{2} \end{pmatrix}$ とおくと，A の固有方程式は，

$$\lambda^2-\lambda+1=0 \quad \cdots\cdots ①$$

①の判別式を D とすると，$D=1^2-4=-3<0$ となるから，A の固有値は虚数 $\frac{1\pm\sqrt{3}i}{2}$ となる．〈定理 1・2・1〉より不動直線は存在しない．

(2) 〈定理 1・2・3〉

固有値が $\alpha+\beta i$ (α, β は実数で $\beta \neq 0$) である行列の表す1次変換 f は, $\alpha^2+\beta^2=1$ のときのみ不動だ円をもつ. さらに, 固有値 $\alpha+\beta i$ の固有ベクトルを $\vec{u}+i\vec{v}$ とし, 行列 Q を $Q=(\vec{v}\ \vec{u})$ とおけば, 原点を中心とする任意の円の Q による像が f の不動だ円になり, また不動だ円になるのはそのときに限る.

この定理の証明は〈定理 1・3・8〉(p.66)を用いると, 次の【(2)の別解】と同様にしてできるが, 割愛する. いまの例題の場合,

$$\alpha+\beta i=\frac{1}{2}+\frac{\sqrt{3}}{2}i,\ \text{すなわち}\ \alpha=\frac{1}{2},\ \beta=\frac{\sqrt{3}}{2}\ \text{であるから,}$$

$$\alpha^2+\beta^2=\left(\frac{1}{2}\right)^2+\left(\frac{\sqrt{3}}{2}\right)^2=1$$

をみたす.

よって, 上の〈定理 1・2・3〉より, f は不動だ円をもつことがわかる.

【(2)の別解】

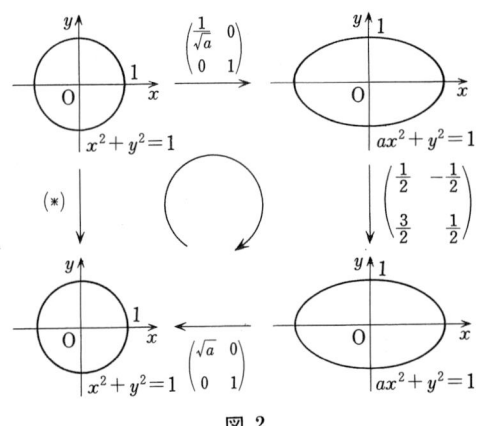

図 2

(*)を表す行列は,

$$\begin{pmatrix}\sqrt{a} & 0 \\ 0 & 1\end{pmatrix}\begin{pmatrix}\frac{1}{2} & -\frac{1}{2} \\ \frac{3}{2} & \frac{1}{2}\end{pmatrix}\begin{pmatrix}\frac{1}{\sqrt{a}} & 0 \\ 0 & 1\end{pmatrix}=\begin{pmatrix}\frac{1}{2} & -\frac{\sqrt{a}}{2} \\ \frac{3}{2\sqrt{a}} & \frac{1}{2}\end{pmatrix}$$

これが, 単位円を単位円にうつせばよいから, 〈定理 2・1・1〉(p.90)より,

$$\frac{3}{2\sqrt{a}}=\frac{\sqrt{a}}{2},\ \left(\frac{1}{2}\right)^2+\left(\frac{\sqrt{a}}{2}\right)^2=1$$

したがって, $a=3$ ……(答)

§2 不動直線のメカニズム　37

[例題 1・2・2]

座標平面において，行列 $A=\begin{pmatrix} 2 & 1 \\ 6 & 1 \end{pmatrix}$ で表される1次変換 f が与えられている．この変換によって自分自身にうつる直線をすべて求めよ．

(熊本大 理・数)

[発想法]

$A=\begin{pmatrix} 2 & 1 \\ 6 & 1 \end{pmatrix}$ によって表される1次変換を f とする．また，直線 l をベクトル表示して，$\vec{p}=\vec{p_0}+t\vec{u}$ とする．l の f による像 $f(l)$ は，
$$f(\vec{p})=f(\vec{p_0})+tf(\vec{u})$$
となる．l が不動直線であるためには，$f(\vec{u}) /\!/ \vec{u}$ が必要である．この条件をみたす l の方向ベクトル $\vec{u}$ を具体的に求めてみよ．

[解答] まず，$\det A \neq 0$ より，f によって直線は(1点にうつされることなく)直線にうつされる．直線の方向ベクトルを $\vec{u}=\begin{pmatrix} x \\ y \end{pmatrix}$ とおくと，$\vec{u}$ が不動直線の方向ベクトルであるためには，$A\vec{u} /\!/ \vec{u}$ が必要である．

$$f(\vec{u})=\begin{pmatrix} 2 & 1 \\ 6 & 1 \end{pmatrix}\begin{pmatrix} x \\ y \end{pmatrix}=\begin{pmatrix} 2x+y \\ 6x+y \end{pmatrix}$$

であるから，平行条件は，
$$x(6x+y)-(2x+y)y=(3x+y)(2x-y)=0$$

よって，求める直線の方向ベクトル $\vec{u}$ は，$\begin{pmatrix} 1 \\ -3 \end{pmatrix}$ または $\begin{pmatrix} 1 \\ 2 \end{pmatrix}$ であることが必要である．したがって，求める直線は，
$$3x+y=n \quad \text{または} \quad 2x-y=m \quad \cdots\cdots ①$$
の形に表せることが必要である．$3x+y=n$ 上の点 $(0, n)$ の f による像 (n, n) が $3x+y=n$ 上にある条件は，
$$3n+n=n \quad \therefore \quad n=0$$
また，$2x-y=m$ 上の点 $(0, -m)$ の f による像 $(-m, -m)$ が $2x-y=m$ 上にある条件は，
$$-2m+m=m \quad \therefore \quad m=0$$
よって，求める直線は，①の2つの式に，それぞれ $n=0$, $m=0$ を代入して，
$$3x+y=0, \quad 2x-y=0 \quad \cdots\cdots \text{(答)}$$

[研究的発想法]

A の固有方程式は，

$(2-\lambda)(1-\lambda)-6=\lambda^2-3\lambda-4=(\lambda+1)(\lambda-4)=0$

である．よって，A の固有値は，$\lambda_1=-1$, $\lambda_2=4$ である．すなわち，A の固有値は，〈定理 1・2・2〉のパターン（I）である．よって，求める不動直線は，原点を通る固有ベクトルの方向の2本の直線である．

[研究]

固有値 $\lambda_1=-1$ に対するベクトル $\begin{pmatrix} x_1 \\ y_1 \end{pmatrix}$ を（§1（ポイント II）(p.16) に従って）求めると，

$(2+1)x_1+y_1=3x_1+y_1=0$

$\therefore \begin{pmatrix} x_1 \\ y_1 \end{pmatrix} = k \begin{pmatrix} 1 \\ -3 \end{pmatrix}$ $(k \neq 0)$

固有値 $\lambda_2=4$ に対する固有ベクトル $\begin{pmatrix} x_2 \\ y_2 \end{pmatrix}$ を求めると，

$(2-4)x_2+y_2=-2x_2+y_2=0$

$\therefore \begin{pmatrix} x_2 \\ y_2 \end{pmatrix} = l \begin{pmatrix} 1 \\ 2 \end{pmatrix}$ $(l \neq 0)$

よって，求める直線は，

$3x+y=0$, $2x-y=0$ ……（答）

【別解】 求める不動直線を

$ax+by+c=0$ ……①

とおく．(x, y) をこの直線上の点としたとき，

$\begin{pmatrix} 2 & 1 \\ 6 & 1 \end{pmatrix}\begin{pmatrix} x \\ y \end{pmatrix} = \begin{pmatrix} 2x+y \\ 6x+y \end{pmatrix}$

も，この直線上の点である．よって，

$a(2x+y)+b(6x+y)+c=0$

$\therefore 2(a+3b)x+(a+b)y+c=0$

これは，① と同じ直線を表すから，

$c \neq 0$ のとき，

$a=2(a+3b)$, $b=a+b$ $\therefore a=b=0$ これは不適．

$c=0$ のとき，

$a(a+b)=2(a+3b)b$ $\therefore a^2-ab-6b^2=0$ $(a-3b)(a+2b)=0$

よって， $(a, b, c)=(3, 1, 0), (2, -1, 0)$

ととれる．したがって，

$3x+y=0, 2x-y=0$ ……（答）

§2 不動直線のメカニズム 39

―〈練習 1・2・1〉―

平面上のある直線 l は，行列 $A=\begin{pmatrix} 4 & 2 \\ 1 & 3 \end{pmatrix}$ が表す1次変換 f によってそれ自身にうつる．この直線 l をすべて求めよ．

[解答] 直線 l の方向ベクトルを $\vec{u}=\begin{pmatrix} x \\ y \end{pmatrix}$ とする．$f(\vec{u}) /\!/ \vec{u}$ となる条件は，

$$\begin{pmatrix} x \\ y \end{pmatrix} /\!/ \begin{pmatrix} 4x+2y \\ x+3y \end{pmatrix}$$

$$x(x+3y)-(4x+2y)y=0$$

$$\therefore \quad x^2-xy-2y^2=(x+y)(x-2y)=0$$

よって，求める不動直線の方向ベクトルは2種類存在し，それらは $\begin{pmatrix} 1 \\ -1 \end{pmatrix}$, $\begin{pmatrix} 2 \\ 1 \end{pmatrix}$ である．

ゆえに，不動直線は，次の2種類 l_1, l_2 の形に書ける．

$$l_1: x+y=n, \quad l_2: x-2y=m$$

とおける．次に n, m を決定する．

l_1, l_2 上の点 $(n, 0), (m, 0)$ の f による像 $(4n, n), (4m, m)$ がそれぞれ l_1, l_2 上にある条件は，

$$4n+n=n, \quad 4m-2m=m$$

$$\therefore \quad n=0, \quad m=0$$

よって，求める直線 l_1, l_2 の方程式は，

$$l_1: x+y=0, \quad l_2: x-2y=0 \quad \cdots\cdots(答)$$

〔研究〕

A の固有方程式は，

$$\lambda^2-7\lambda+10=(\lambda-2)(\lambda-5)=0$$

よって，A の固有値は，2と5であり，それらに対応する固有ベクトルはそれぞれ

$$\begin{pmatrix} k \\ -k \end{pmatrix} (k \neq 0), \quad \begin{pmatrix} 2m \\ m \end{pmatrix} (m \neq 0)$$

である．よって，(〈定理1・2・2〉のパターン(I)より) 求める不動直線は，

$$x+y=0, \quad x-2y=0 \quad \cdots\cdots(答)$$

[例題 1・2・3]

1次変換 f を表す行列 A を $A=\begin{pmatrix} 4 & -3 \\ 2 & -1 \end{pmatrix}$ とする．f によって直線上の点がすべて同じ直線上にうつされる直線があればそのすべてを求めよ．

発想法

求める不動直線 l のベクトル表示を $l: \vec{p}=\vec{p_0}+t\vec{u}$ とする（図1(a)）．

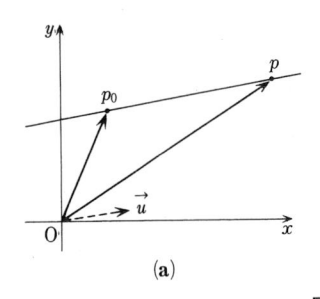

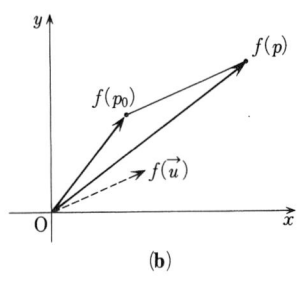

図1

このとき，l の f による像 l' をベクトル表示すると，
$$l': f(\vec{p})=f(\vec{p_0}+t\vec{u})=f(\vec{p_0})+tf(\vec{u})$$
になる（図1(b)）．

l と l' が一致するための $\vec{u}$ と $\vec{p_0}$ の条件を求めればよい．

解答 直線のベクトル方程式を，$\vec{p}=\vec{p_0}+t\vec{u}$ とおく．
$$f(\vec{p})=f(\vec{p_0})+tf(\vec{u})$$
であり，2直線が一致するためには，

(i) それが平行であり，かつ，(ii) 1点を共有すればよい．よって，

直線 $\vec{p}=\vec{p_0}+t\vec{u}$ とその f による像 $f(\vec{p})=f(\vec{p_0})+tf(\vec{u})$ が一致する．

$\iff \begin{cases} (i) & f(\vec{u})\parallel\vec{u} \text{ かつ} \\ (ii) & f(\vec{p_0}) \text{ が直線 } \vec{p}=\vec{p_0}+t\vec{u} \text{ 上の点である．} \end{cases}$

$\iff \begin{cases} (i) & \vec{u} \text{ は，ある実数 } \lambda \text{ に対して } A\vec{u}=\lambda\vec{u},\ \vec{u}\neq\vec{0} \text{ をみたす．} \\ (ii) & \vec{p_0} \text{ は，} (A\vec{p_0}-\vec{p_0})\parallel\vec{u} \text{ をみたす．} \end{cases}$

(i) をみたす $\vec{u}=\begin{pmatrix} x \\ y \end{pmatrix}$，および λ を求める．

$\begin{pmatrix} 4 & -3 \\ 2 & -1 \end{pmatrix}\begin{pmatrix} x \\ y \end{pmatrix}=\lambda\begin{pmatrix} x \\ y \end{pmatrix},\ \begin{pmatrix} x \\ y \end{pmatrix}\neq\vec{0}$

$\iff (4-\lambda)(-1-\lambda)+6=\lambda^2-3\lambda+2=(\lambda-1)(\lambda-2)=0$

よって， $\lambda=1$ または 2

$\lambda=1$ のとき，

$\begin{pmatrix} 3 & -3 \\ 2 & -2 \end{pmatrix} \begin{pmatrix} x \\ y \end{pmatrix} = \begin{pmatrix} 0 \\ 0 \end{pmatrix}$ より，$\vec{u} = \begin{pmatrix} x \\ y \end{pmatrix} = k \begin{pmatrix} 1 \\ 1 \end{pmatrix}$

したがって，$\vec{u_1} = \begin{pmatrix} 1 \\ 1 \end{pmatrix}$ とおく．

$\lambda = 2$ のとき，

$\begin{pmatrix} 2 & -3 \\ 2 & -3 \end{pmatrix} \begin{pmatrix} x \\ y \end{pmatrix} = \begin{pmatrix} 0 \\ 0 \end{pmatrix}$ より，$\vec{u} = \begin{pmatrix} x \\ y \end{pmatrix} = l \begin{pmatrix} 3 \\ 2 \end{pmatrix}$

したがって，$\vec{u_2} = \begin{pmatrix} 3 \\ 2 \end{pmatrix}$ とおく．

よって，求める直線の方向ベクトルは，$\vec{u_1}$ または $\vec{u_2}$ である．

ここで，$\vec{u_1}, \vec{u_2}$ は1次独立であるから，任意のベクトル $\vec{p}$ は適当な実数 α, β を用いて，

$$\vec{p} = \alpha \vec{u_1} + \beta \vec{u_2}$$

と表せる．

(ア) 求める直線の方向ベクトルが $\vec{u_1}$ のとき，

$\vec{p_0} = \alpha \vec{u_1} + \beta \vec{u_2}$ とおくと，

$f(\vec{p_0}) - \vec{p_0} = \alpha \vec{u_1} + 2\beta \vec{u_2} - (\alpha \vec{u_1} + \beta \vec{u_2}) = \beta \vec{u_2}$

かつ

$(f(\vec{p_0}) - \vec{p_0}) // \vec{u_1}$ より，

$\beta = 0 \iff \vec{p_0} = \alpha \vec{u_1}$

したがって，求める直線は，

$\vec{p} = \vec{p_0} + t \vec{u_1} = \alpha \vec{u_1} + t \vec{u_1} = (\alpha + t) \vec{u_1}$ ∴ $y = x$

(イ) 求める直線の方向ベクトルが $\vec{u_2}$ のとき，

$\vec{p_0} = \alpha \vec{u_1} + \beta \vec{u_2}$ とおくと，

$f(\vec{p_0}) - \vec{p_0} = \alpha \vec{u_1} + 2\beta \vec{u_2} - (\alpha \vec{u_1} + \beta \vec{u_2}) = \beta \vec{u_2}$

ゆえに，任意の $\vec{p_0}$ について，$(f(\vec{p_0}) - \vec{p_0}) // \vec{u_2}$ が成り立つ．

したがって，求める直線は，

$\vec{p} = \vec{p_0} + t \vec{u_2}$ （ただし，$\vec{p_0}$ は任意のベクトル）

すなわち，方向ベクトルが $\vec{u_2}$ である任意の直線．

∴ $y = \dfrac{2}{3} x + n$ （n は任意）

(ア)と(イ)より，求める直線は，

$y = x, \quad y = \dfrac{2}{3} x + n$ （n は任意） ……(答)

〔研究〕

A の固有値は1と2であり，対応する固有ベクトルとして，それぞれ $\begin{pmatrix} 1 \\ 1 \end{pmatrix}, \begin{pmatrix} 3 \\ 2 \end{pmatrix}$

がとれる．〈定理 1・2・2〉のパターン(II)より，求める不動直線をベクトル表示すると，

$$\begin{pmatrix} x \\ y \end{pmatrix} = t\begin{pmatrix} 1 \\ 1 \end{pmatrix}, \quad \text{および} \quad \begin{pmatrix} x \\ y \end{pmatrix} = \begin{pmatrix} k_1 \\ k_2 \end{pmatrix} + t\begin{pmatrix} 3 \\ 2 \end{pmatrix}$$

よって，不動直線の式は，

$$y = x, \quad y = \frac{2}{3}x + n \quad (n \text{ は任意}) \quad \cdots\cdots \text{(答)}$$

【別解】 求める不動直線が $y = mx + n$ ……① の形のとき，

$$\begin{pmatrix} 4 & -3 \\ 2 & -1 \end{pmatrix}\begin{pmatrix} x \\ mx+n \end{pmatrix} = \begin{pmatrix} (4-3m)x - 3n \\ (2-m)x - n \end{pmatrix}$$

これは①上にあるから，

$$(2-m)x - n = m\{(4-3m)x - 3n\} + n$$

x についてまとめて，

$$(3m^2 - 5m + 2)x + (3m - 2)n = 0$$

$$\therefore \quad (3m - 2)\{(m-1)x + n\} = 0$$

これが任意の x について成り立つから，

$$m = \frac{2}{3} \quad \text{または} \quad (m, n) = (1, 0)$$

よって①は，

$$y = \frac{2}{3}x + n \ (n \text{ は任意}) \quad \text{または} \quad y = x$$

求める不動直線が，$x = k$ ……② の形のとき，

$$\begin{pmatrix} 4 & -3 \\ 2 & -1 \end{pmatrix}\begin{pmatrix} k \\ y \end{pmatrix} = \begin{pmatrix} 4k - 3y \\ 2k - y \end{pmatrix}$$

$4k - 3y \not\equiv k$ だから，不適．

したがって，

$$y = x, \quad y = \frac{2}{3}x + n \quad (n \text{ は任意}) \quad \cdots\cdots \text{(答)}$$

(注) 求める不動直線を，

$$ax + by + c = 0$$

とおいて解答してもよい．

§2 不動直線のメカニズム 43

―〈練習 1・2・2〉―

1次変換 $\begin{pmatrix} x' \\ y' \end{pmatrix} = \begin{pmatrix} -2 & 5 \\ 3 & -4 \end{pmatrix} \begin{pmatrix} x \\ y \end{pmatrix}$ によって直線 l が l 自身にうつされるとき，この直線 l の方程式を求めよ。　　　　（宇都宮大 教・農 改）

[解答] 直線 l をベクトル表示し，$l : \vec{p} = \vec{p_0} + t\vec{u}$，$\vec{u} = \begin{pmatrix} x \\ y \end{pmatrix}$ とおく．

$f(\vec{p}) = f(\vec{p_0}) + tf(\vec{u})$ だから，l が f の不動直線になるために $f(\vec{u}) \parallel \vec{u}$ が必要である．よって，

$$\begin{pmatrix} -2 & 5 \\ 3 & -4 \end{pmatrix} \begin{pmatrix} x \\ y \end{pmatrix} \parallel \begin{pmatrix} x \\ y \end{pmatrix}$$

$\iff \begin{pmatrix} -2x+5y \\ 3x-4y \end{pmatrix} \parallel \begin{pmatrix} x \\ y \end{pmatrix}$

$\iff x(3x-4y) - (-2x+5y)y = 3x^2 - 2xy - 5y^2 = (3x-5y)(x+y) = 0$

よって，不動直線は，

$$\begin{cases} l_1 : 3x - 5y = n \\ l_2 : x + y = m \end{cases} \quad (n \text{ または } m \text{ のどちらかが } 0)$$

の形をしている．l_1 上の点 $\left(\dfrac{n}{3}, 0\right)$ の f による像 $\left(-\dfrac{2n}{3}, n\right)$ が l_1 上にある条件を求めると，

$3\left(-\dfrac{2n}{3}\right) - 5n = n \quad \therefore \quad n = 0$

また，l_2 上の点 $(m, 0)$ の f による像 $(-2m, 3m)$ が l_2 上にある条件を求めると，

$-2m + 3m = m$

よって，m は任意の実数．

したがって，求める不動直線は，

　　　$l_1 : 3x - 5y = 0, \quad l_2 : x + y = m \quad (m \text{ は任意})$　　　……（答）

（注1） $l_1 : 3x - 5y = n$

　　　　$l_2 : x + y = m$

が求まってから n, m に対する条件を求める際に，この解答のように，点 $\left(\dfrac{n}{3}, 0\right)$，$(m, 0)$ を考えなくても，直接，以下のように求めてもよい．ただし，計算は少したいへんとなる．

$$\begin{pmatrix} x \\ y \end{pmatrix} = -\dfrac{1}{7} \begin{pmatrix} -4 & -5 \\ -3 & -2 \end{pmatrix} \begin{pmatrix} x' \\ y' \end{pmatrix} = \dfrac{1}{7} \begin{pmatrix} 4 & 5 \\ 3 & 2 \end{pmatrix} \begin{pmatrix} x' \\ y' \end{pmatrix}$$

$\therefore \quad x = \dfrac{1}{7}(4x' + 5y'), \quad y = \dfrac{1}{7}(3x' + 2y')$ ……①

①を l_1 の方程式 $3x-5y=n$ に代入して，まとめると，
$$3x'-5y'=-7n$$
これが l_1 と一致するためには，$n=0$
よって，l_1 の方程式は，$3x-5y=0$
①を l_2 の方程式 $x+y=m$ に代入して，まとめると，
$$x'+y'=m$$
これは l_2 と一致するので，m は任意でよい．したがって，求める不動直線が得られる．

(注 2) 〈例題 1・2・3〉の【別解】と同じ方針の解答もつくってみること．

〔研究〕

$A=\begin{pmatrix} -2 & 5 \\ 3 & -4 \end{pmatrix}$ の固有方程式は，

$$\lambda^2+6\lambda-7=(\lambda+7)(\lambda-1)=0 \quad \cdots\cdots ①$$

である．よって，A の固有値は①の解だから，$\lambda_1=1$, $\lambda_2=-7$

$\lambda_1=1$ に対する固有ベクトルの1つ $\vec{u}=\begin{pmatrix} 5 \\ 3 \end{pmatrix}$ の方向をもつ原点を通る直線 l_1 の方程式は，

$$l_1 : 3x-5y=0 \quad \cdots\cdots ②$$

$\lambda_2=-7$ に対する固有ベクトルの1つ $\vec{v}=\begin{pmatrix} 1 \\ -1 \end{pmatrix}$ の方向をもつ原点を通る直線 l_2 の方程式は，

$$l_2 : x+y=0 \quad \cdots\cdots ③$$

平面上の任意の点 P に対して，
$\overrightarrow{OP}=\alpha\vec{u}+\beta\vec{v}$ とすると，
$$\begin{aligned} f(\overrightarrow{OP}) &= f(\alpha\vec{u}+\beta\vec{v}) \\ &= \alpha f(\vec{u})+\beta f(\vec{v}) \\ &= \alpha\vec{u}-7\beta\vec{v} \quad \cdots\cdots ④ \end{aligned}$$

よって，④に従って $f(P)$ を作図すると図1のようになる．

図 1

このことより，求める不動直線は，

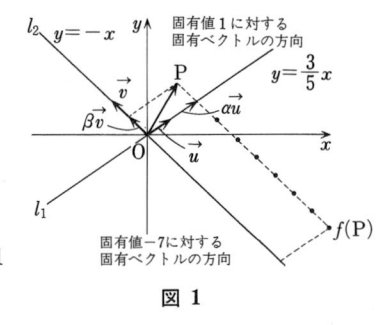

$$y=\frac{3}{5}x \quad \text{と} \quad y=-x+m \quad (m \text{ は任意の実数}) \quad \cdots\cdots (答)$$

---〈練習 1・2・3〉---

行列 $A=\begin{pmatrix} -5 & 6 \\ -3 & 4 \end{pmatrix}$ で定められる平面の1次変換によって，自分自身にうつされる直線 l をすべて求めよ．

[解答] $\det A = -2 \neq 0$ より，行列 A によって，直線は直線にうつされる．

行列 A による点 $\begin{pmatrix} x \\ y \end{pmatrix}$ の像を $\begin{pmatrix} x' \\ y' \end{pmatrix}$ とすると，

$$\begin{pmatrix} x' \\ y' \end{pmatrix} = \begin{pmatrix} -5 & 6 \\ -3 & 4 \end{pmatrix}\begin{pmatrix} x \\ y \end{pmatrix} \iff \begin{cases} x' = -5x + 6y & \cdots\cdots ① \\ y' = -3x + 4y & \cdots\cdots ② \end{cases}$$

直線 l が不動直線であるためには，直線 l の方程式を，

$$ax + by + c = 0 \qquad \cdots\cdots ③$$

とおくとき，l の A による像（直線 l'）の方程式

$$ax' + by' + c = 0 \qquad \cdots\cdots ④$$

が ③ と同じ直線を表すことである．

ここで，④ の x', y' に ①，② を代入すると，

$$a(-5x+6y) + b(-3x+4y) + c = 0$$
$$\iff -(5a+3b)x + (6a+4b)y + c = 0 \qquad \cdots\cdots ④'$$

であるから，次に c が 0 か否かに分けて，③ と ④′ が一致する条件を求める．

(i) $c \neq 0$ のとき；③ と ④′ を比較して，

$$a = -(5a+3b) \quad \text{かつ} \quad b = 6a + 4b$$

を得る．

$$\therefore \ b = -2a$$

よって，求める直線の方程式は，$y = \dfrac{1}{2}x + \alpha$ （α は 0 以外の任意の実数）

(ii) $c = 0$ のとき；③ と ④′ を比較すると，求める条件は，

$$a : -(5a+3b) = b : (6a+4b) \iff a(6a+4b) = -b(5a+3b)$$
$$\iff 3(2a+b)(a+b) = 0$$
$$\iff a = -\dfrac{b}{2} \ \text{または} \ -b$$

よって，求める直線の方程式は，$y = \dfrac{1}{2}x$ または $y = x$

(i), (ii) を合わせて，求める直線の方程式は，

$$\begin{cases} y = \dfrac{1}{2}x + n \quad (n \text{ は任意の実数}) \\ \text{または，} \\ y = x \end{cases} \qquad \cdots\cdots (\text{答})$$

〔研究〕

　この問題の解が，直線 $y=x$ と直線群 $y=\dfrac{x}{2}+n$（n は任意の実数）となることを作図を用いて考察しよう．

　まず，A の固有値 λ と固有ベクトルを求める．A の固有方程式は，
$$\lambda^2+\lambda-2=0$$
すなわち，$\lambda=1, -2$ となり，〈定理 Ⅰ·2·2〉のパターン(Ⅱ)である．$1, -2$ に対応する固有ベクトルの1つは，それぞれ
$$\lambda=1\,;\,\vec{p}=\begin{pmatrix}1\\1\end{pmatrix},\quad \lambda=-2\,;\,\vec{q}=\begin{pmatrix}2\\1\end{pmatrix}$$

　そこで，平面上の任意のベクトル $\vec{r}$ を，
$$\vec{r}=a\vec{p}+b\vec{q} \quad (a,\,b\text{ は実数})$$
とおき，この1次変換を f とすれば，
$$\vec{r'}=f(\vec{r})=f(a\vec{p}+b\vec{q})$$
$$=a\cdot\vec{p}-2b\cdot\vec{q}$$

すなわち，a を固定したとき，$\vec{r}=a\vec{p}+b\vec{q}$ で表される直線（傾きが $\dfrac{1}{2}$ で，点 $(a,\,a)$ を通る直線）は，この1次変換 f に関して不動直線であることがわかる（図1では，直線 l で示されている）．

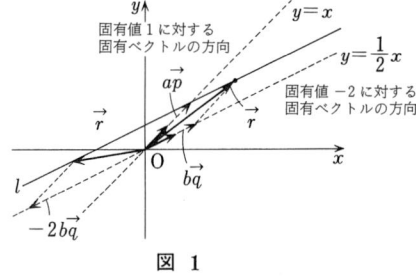

図 1

　よって，直線群 $y=\dfrac{x}{2}+n$（n は任意の実数）は，この1次変換に関して不動直線である．

　また，$b=0$ のとき，$\vec{r}=a\vec{p}$ であり，かつ任意の実数 a に対して，$\vec{r'}=f(\vec{r})=a\vec{p}$ となるから，$y=x$ は，この1次変換に関して不動直線である．

　以上から，この問題の解が，
$$y=x,\quad y=\dfrac{x}{2}+n \quad (n\text{ は任意の実数}) \qquad \cdots\cdots\text{(答)}$$
であることがわかる．

§2 不動直線のメカニズム

[例題 1・2・4]

座標平面において，行列 $A=\begin{pmatrix} -17 & 4 \\ -49 & 11 \end{pmatrix}$ で表される1次変換が与えられている．この変換によって自分自身にうつる直線をすべて求めよ．

発想法

A の固有方程式は，
$$(-17-\lambda)(11-\lambda)-4(-49)=\lambda^2+6\lambda+9=(\lambda+3)^2=0$$
であるから，A の固有値は $\lambda=-3$（重複解）である．よって，$(A+3E)^2=O$ であることを利用すればよい．そのために，任意の $\vec{p_0}$ に対して，$\vec{q_0}=(A+3E)\vec{p_0}$ によって定められるベクトル $\vec{q_0}$ はどんな性質をもつかを調べよ．この方法による解答は [研究] にある．以下は，不動直線を $ax+by+c=0$ とおく解法である．

解答 行列 A に関して，$\det A=9\neq 0$ より，行列 A によって，直線は直線にうつされる．

点 $\begin{pmatrix} x \\ y \end{pmatrix}$ が行列 A で表される1次変換によってうつされる像を $\begin{pmatrix} x' \\ y' \end{pmatrix}$ とすると，

$$\begin{pmatrix} x' \\ y' \end{pmatrix}=\begin{pmatrix} -17 & 4 \\ -49 & 11 \end{pmatrix}\begin{pmatrix} x \\ y \end{pmatrix} \iff \begin{cases} x'=-17x+4y & \cdots\cdots① \\ y'=-49x+11y & \cdots\cdots② \end{cases}$$

直線 l の方程式を，
$$ax+by+c=0 \qquad\qquad\cdots\cdots③$$
とおくとき，直線 l が不動直線であるためには，
$$ax'+by'+c=0 \qquad\qquad\cdots\cdots④$$
が③と同じ直線を表さなければならない．

④に，①，②の x', y' を代入すると，
$$a(-17x+4y)+b(-49x+11y)+c=0$$
$$\iff -(17a+49b)x+(4a+11b)y+c=0 \qquad\cdots\cdots④'$$

$c=0$ であるか否かによって，2つの場合に分けて考える．

(i) $c\neq 0$ のとき；③と④′が一致するための条件は，
$$-(17a+49b)=a \quad\text{かつ}\quad 4a+11b=b$$
でなければならない．
$$\therefore\quad a=0 \quad\text{かつ}\quad b=0$$
となることから，この場合には，求めるべき直線は存在しない．

(ii) $c=0$ のとき；③と④′が一致するための条件は，
$$a(4a+11b)=-b(17a+49b) \iff (2a+7b)^2=0$$
$$\therefore\quad a=-\frac{7}{2}b$$

よって，求める直線の方程式は，

$$y = \frac{7}{2}x \qquad \cdots\cdots(\text{答})$$

〔研究〕〈定理 1・2・2〉のパターン(Ⅲ)である.

　固有値 -3 に対する固有ベクトルを $\vec{u}$ とする．直線 $\vec{p} = \vec{p_0} + t\vec{u}$ が1次変換 A の不動直線であるための必要十分条件は，$(A\vec{p_0} - \vec{p_0}) /\!/ \vec{u}$ である．よって，次に，$(A\vec{p_0} - \vec{p_0}) /\!/ \vec{u}$ であるためのベクトル $\vec{p_0}$ に関する条件を求めてみよう．

　ケーリー・ハミルトンの定理より，

$$(A + 3E)^2 = O$$

よって，任意の $\vec{p_0}$ に対して，

$$(A + 3E)^2 \vec{p_0} = \vec{0}$$

したがって，$\vec{q_0} = (A + 3E)\vec{p_0}$ とおくとき，

$$(A + 3E)\vec{q_0} = \vec{0} \quad \therefore \quad \vec{q_0} /\!/ \vec{u}$$

したがって，任意の $\vec{p_0}$ について，ある実数 t_0 が存在して，

$$\vec{q_0} = (A + 3E)\vec{p_0} = t_0 \vec{u} \quad \therefore \quad A\vec{p_0} = -3\vec{p_0} + t_0 \vec{u}$$

よって，

$$A\vec{p_0} - \vec{p_0} = -3\vec{p_0} + t_0\vec{u} - \vec{p_0} = -4\vec{p_0} + t_0\vec{u}$$

よって，$A\vec{p_0} - \vec{p_0} /\!/ \vec{u}$ であるための条件は，$\vec{p_0} /\!/ \vec{u}$ である．

したがって，不動直線はベクトル方程式

$$\vec{p_0} = s\vec{u}$$

で表される．

　そこで，A の固有値 -3 に対する固有ベクトル $\vec{u} = \begin{pmatrix} u_1 \\ u_2 \end{pmatrix}$ を具体的に求めてみよう．

　§1の(ポイントⅡ)に従って，

$$(-17 + 3)u_1 + 4u_2 = 0 \iff u_2 = \frac{7}{2}u_1$$

$$\iff \vec{u} = \begin{pmatrix} u_1 \\ u_2 \end{pmatrix} = k\begin{pmatrix} 2 \\ 7 \end{pmatrix} \quad (k \neq 0)$$

よって，求める(不動)直線は，　$y = \dfrac{7}{2}x \qquad \cdots\cdots(\text{答})$

(注) 求める不動直線の定義方程式を，

$$y = mx + n,$$
$$x = k$$

とおいて解答してもよい．

§2 不動直線のメカニズム　49

――〈練習 1・2・4〉――

行列 $A=\begin{pmatrix} 4 & 1 \\ -1 & 2 \end{pmatrix}$ によって表される座標平面上の1次変換を f とする．f によって，自分自身にうつされるような直線 l をすべて求めよ．

発想法

〈例題 1・2・4〉の解答の方針とまったく同じであるから，同様な「解答」を各自試みよ．A の固有方程式 $\lambda^2-6\lambda+9=0$ より，A の固有値は3（重複解）であり，ケーリー・ハミルトンの定理より $A^2-6A+9E=(A-3E)^2=O$ であることに注意すると，以下の〔研究〕の別解がつくられる．

〔研究〕

固有値3に対する固有ベクトルを $\vec{u}$ とする．直線 $\vec{p}=\vec{p_0}+t\vec{u}$ が1次変換 A の不動直線であるための必要十分条件は，$(A\vec{p_0}-\vec{p_0})/\!/\vec{u}$ である．

次に $(A\vec{p_0}-\vec{p_0})/\!/\vec{u}$ であるためのベクトル $\vec{p_0}$ に関する条件を求める．

ケーリー・ハミルトンの定理より，

$A^2-6A+9E=(A-3E)^2=O$

よって，任意の $\vec{p_0}$ に対して，

$(A-3E)^2\vec{p_0}=\vec{0}$

したがって，$\vec{q_0}=(A-3E)\vec{p_0}$ とおくとき，

$(A-3E)\vec{q_0}=\vec{0}$　∴ $\vec{q_0}/\!/\vec{u}$

したがって，任意の $\vec{p_0}$ について，ある実数 t_0 が存在して，

$\vec{q_0}=(A-3E)\vec{p_0}=t_0\vec{u}$　∴ $A\vec{p_0}=3\vec{p_0}+t_0\vec{u}$

よって，

$A\vec{p_0}-\vec{p_0}=3\vec{p_0}+t_0\vec{u}-\vec{p_0}=2\vec{p_0}+t_0\vec{u}$

これより，$(A\vec{p_0}-\vec{p_0})/\!/\vec{u}$ であるための条件は，$\vec{p_0}/\!/\vec{u}$ である．よって，不動直線はベクトル方程式 $\vec{p}=s\vec{u}$ で表される．

そこで，A の固有値3に対する固有ベクトル $\vec{u}=\begin{pmatrix} u_1 \\ u_2 \end{pmatrix}$ を具体的に求めてみよう．

§1の（**ポイントⅡ**）に従って，

$(4-3)u_1+u_2=0 \iff u_1+u_2=0$

$\iff \vec{u}=\begin{pmatrix} u_1 \\ u_2 \end{pmatrix}=k\begin{pmatrix} 1 \\ -1 \end{pmatrix}\ (k\neq 0)$

よって，求める（不動）直線は，

$y=-x$　　……(答)

50　第1章　直線のベクトル表示と不動直線のしくみ

[例題 1・2・5]

行列 $A=\begin{pmatrix} 3 & -1 \\ 4 & -1 \end{pmatrix}$ による平面の1次変換 f について，次の各問いに答えよ．

(1) f によって，直線 l が直線 $l':-5x+4y=2$ にうつされるとき，l の方程式を求めよ．

(2) f によって，直線 m が m 自身にうつされるとき，m の方程式を求めよ．

(3) f によって，動かない点（不動点）はどのような図形上にあるか．

[発想法]

f は，xy 平面から $x'y'$ 平面への1次変換であるから，

$$\begin{pmatrix} x' \\ y' \end{pmatrix}=A\begin{pmatrix} x \\ y \end{pmatrix} \iff \begin{cases} x'=3x-y \\ y'=4x-y \end{cases} \quad \cdots\cdots (☆)$$

が成り立つ．$\det A=3(-1)-(-1)4=1\neq 0$ だから，f は "1対1" かつ "上へ" の写像であり，xy 平面上の直線を $x'y'$ 平面上の直線へうつす．

(1) l の f による像が l' であるから，l' は $x'y'$ 平面上の直線であり，その式は
$$l': -5x'+4y'=2$$
である．ところが，x',y' と x,y の間に関係式 (☆) が成り立っているから，l' の原像 l 上の点 (x,y) がどのような方程式をみたすかを探れば，それが答えとなる．

(2) 2つの直線 l_1 と l_2 の式を，
$$l_1: ax+by+c=0$$
$$l_2: a'x+b'y+c'=0$$
とする．このとき，l_1 と l_2 が一致する条件は，

「(i) $ab'-a'b=0$ かつ (ii) l_1 と l_2 が共有点をもつ」

ことである．この事実をつかってみよ．

[解答] $(x,y) \xrightarrow{f} (x',y')$ とおくと，

$$\begin{pmatrix} x' \\ y' \end{pmatrix}=A\begin{pmatrix} x \\ y \end{pmatrix} \quad \cdots\cdots ①$$

よって，

$$\begin{cases} x'=3x-y \\ y'=4x-y \end{cases} \quad \cdots\cdots ②$$

(1) 像 $f(l)$ が l' であるとは，l 上の点 (x,y) に対し，その像である点 (x',y') の各座標 x',y' が直線 l' の式をみたすことである．したがって，
$$-5x'+4y'=2 \quad \cdots\cdots ③$$
の x', y' のところに，それぞれ②の関係式を代入した式が l 上の点 (x,y) のみた

す関係式，すなわち l の方程式である．② を ③ へ代入して，
$$-5(3x-y)+4(4x-y)=2$$
整理して，
　　$l : \boldsymbol{x+y=2}$　　　……(答)

(2) $x=k$ ($=$ 一定) と仮定すると，② より，
　　$x'=3k-y$
y が変化するとき，$x' \neq$ 一定
m は y 軸に平行な直線となるので，不適．よって，
　　$m : y=ax+b$　　　……④
とおくことができる．
$$A^{-1}=\frac{1}{-3+4}\begin{pmatrix}-1 & 1\\ -4 & 3\end{pmatrix}=\begin{pmatrix}-1 & 1\\ -4 & 3\end{pmatrix}$$
であるから，
$$① \iff \begin{pmatrix}x\\ y\end{pmatrix}=A^{-1}\begin{pmatrix}x'\\ y'\end{pmatrix} \quad ……⑤$$
$$\iff \begin{cases}x=-x'+y'\\ y=-4x'+3y'\end{cases} \quad ……⑥$$
⑥ を ④ に代入すると，
$$-4x'+3y'=a(-x'+y')+b$$
となる．すなわち，直線 m の像 m' は，
$$(a-4)x'+(3-a)y'=b$$
をみたす．よって，
　　$m : (a-4)x+(3-a)y=b$　　……⑦
と表される．これが直線 m に一致する条件は，④, ⑦ より，
　　(i) $m \,/\!/\, m'$ かつ (ii) m と m' が共有点をもつ
(i), (ii) を具体的に求めると，
　　(i) $a(3-a)-(-1)(a-4)=0$
　　　　$\therefore \ a^2-4a+4=(a-2)^2=0 \quad \therefore \ a=2$
　　かつ
　　(ii) m 上の点 $B(0, b)$ に注目し，点 B が m' 上にも存在する条件を求める．⑦ より，
　　　　$(3-a)b=b$
しかし，(i) より $a=2$ であるから，この条件は，すべての実数 b において成立する．

これより，求める直線 m の方程式は，
　　$\boldsymbol{y=2x+b}$　（$\boldsymbol{b}$ は任意の実数）　　……(答)

(3) $A\begin{pmatrix}x\\y\end{pmatrix}=\begin{pmatrix}x\\y\end{pmatrix}$ をみたす点 (x, y) の集合を求めるべきである。これは，

$$\begin{pmatrix}3 & -1\\4 & -1\end{pmatrix}\begin{pmatrix}x\\y\end{pmatrix}=\begin{pmatrix}x\\y\end{pmatrix} \iff \begin{cases}3x-y=x\\4x-y=y\end{cases} \iff y=2x$$

より，**直線 $y=2x$**　　……(答)

〔研究〕〈定理 1・2・2〉のパターン(IV)である．

A の固有方程式は，
$$\det A=(3-\lambda)(-1-\lambda)-(-1)4=(\lambda-1)^2=0$$

だから，その解 $\lambda=1$（重複解）が A の固有値である．$\lambda=1$ に対する固有ベクトルを $\vec{v}$ とすれば，$\vec{v}$ は，

$$(A-\lambda E)\vec{v}=(A-1\cdot E)\vec{v}=\begin{pmatrix}2 & -1\\4 & -2\end{pmatrix}\vec{v}=\vec{0}, \quad \vec{v}\neq\vec{0}$$

をみたす．これより，$\vec{v}=\begin{pmatrix}p\\2p\end{pmatrix}$ $(p\neq 0)$ を得る．

求める直線 m をベクトル方程式を用いて，

$$m:\begin{pmatrix}x\\y\end{pmatrix}=t\cdot\vec{m}+\vec{a_0} \quad ……①\quad (t \text{ はパラメータ})$$

とおく．ここに，$\vec{m}$ は直線の方向ベクトル，$\vec{a_0}$ は (m 上の一定点を表す) 位置ベクトルである．

直線 m を f によってうつした直線を m' とすれば，

$$m':\begin{pmatrix}x'\\y'\end{pmatrix}=A(t\cdot\vec{m}+\vec{a_0})$$
$$=tA\vec{m}+A\vec{a_0} \quad\quad ……②$$

題意より，m と m' は一致しなければならないから，それぞれの方向ベクトルが平行でなければならない．すなわち，

$$A\vec{m}=\lambda\vec{m} \quad (\lambda \text{ は } 0 \text{ でない実数の定数})\quad ……③$$

をみたさなければならない．

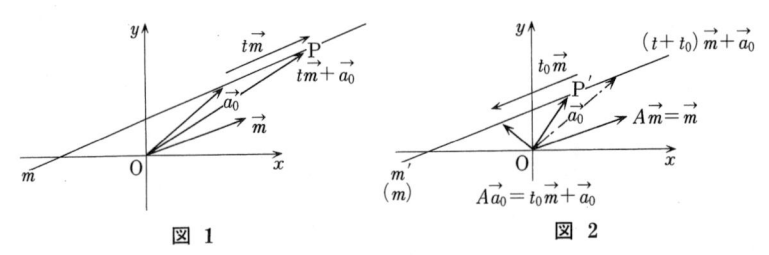

図 1　　　　　　図 2

③は，λ が A の固有値であり，$\vec{m}$ が λ に対する固有ベクトルであることを意味する．

$$\therefore \lambda=1, \vec{m}=\begin{pmatrix}p\\2p\end{pmatrix} \quad (p \neq 0) \quad \cdots\cdots ④$$

また，②の右辺の定ベクトル $\overrightarrow{Aa_0}$ は直線 m 上にあるはずだから，① より，

$$\overrightarrow{Aa_0}=t_0\cdot\vec{m}+\vec{a_0} \quad (t_0 \text{ は実数の定数}) \quad \cdots\cdots ⑤$$

とおける．

逆に，③，④，⑤ が成り立てば，

$$m':\begin{pmatrix}x'\\y'\end{pmatrix}=t\cdot 1\cdot\vec{m}+t_0\cdot\vec{m}+\vec{a_0}=(t+t_0)\vec{m}+\vec{a_0}$$

$t+t_0$ は，すべての実数値をとり得るから，m と m' は一致する．

以上より，求める直線 m は，

$$m:\begin{pmatrix}x\\y\end{pmatrix}=t\begin{pmatrix}p\\2p\end{pmatrix}+\vec{a_0}=s\begin{pmatrix}1\\2\end{pmatrix}+\vec{a_0}$$

s はパラメータ，$\vec{a_0}$ は任意の定ベクトルだから，$\vec{a_0}=\begin{pmatrix}k_1\\k_2\end{pmatrix}$ (k_1, k_2 は任意の実数)

とおくと，直線 m は次のように媒介変数表示できる．

$$m: x=s+k_1, \quad y=2s+k_2$$

よって，

$m: y=2x+k$ （k は任意の実数） ……(答)

[(2) の別解] m の方程式を

$$ax+by+c=0$$

とおく．(x, y) をこの直線上の点とすると，

$$\begin{pmatrix}3 & -1\\4 & -1\end{pmatrix}\begin{pmatrix}x\\y\end{pmatrix}=\begin{pmatrix}3x-y\\4x-y\end{pmatrix}$$

も，この直線上の点だから，

$$a(3x-y)+b(4x-y)+c=0$$
$$\therefore (3a+4b)x-(a+b)y+c=0$$

これも m の方程式である．

よって，

$c \neq 0$ のとき， $a=3a+4b, \quad b=-(a+b)$
$\qquad\qquad\qquad \therefore a=-2b$

$c=0$ のとき， $a(-a-b)=b(3a+4b)$
$\qquad\qquad\qquad \therefore a^2+4ab+4b^2=0$
$\qquad\qquad\qquad \therefore (a+2b)^2=0 \quad \therefore a=-2b$

よって， $(a, b)=(2, -1)$ （c は任意）

ととれ，m の方程式は，

$2x-y+c=0$ （c は任意） ……(答)

〈練習 1・2・5〉

行列 $\begin{pmatrix} a & b \\ c & d \end{pmatrix}$ で表される平面上の1次変換を f, 直線 $y=mx\,(m\neq 0)$ を l とし, f は次の2条件をみたすとする.

(ア) f は l の点を動かさない.

(イ) f は点 $P(1,0)$ を, この点 P を通り l に平行な直線上にうつす.

このとき,

(1) $ad-bc$ を求めよ.

(2) f により平面上の任意の点 Q は, Q を通り l に平行な直線上の点にうつることを示せ.

(東京工大)

発想法

(2) 点 Q の f による像 $f(Q)$ が知りたいのだから, $\overrightarrow{OQ}$ を1次独立な2つのベクトル $\vec{a}, \vec{b}$ の線形1次結合で表現し, その後, f の線形性をつかう, という解法にもちこもう. すなわち, 1次独立な2つのベクトル $\vec{a}, \vec{b}$ を用いて,
$$\overrightarrow{OQ} = \alpha\vec{a} + \beta\vec{b}$$
と表現するわけであるが, $\vec{a}, \vec{b}$ としてどのようなベクトルを選ぶかが大切である. そこで, $\vec{a}, \vec{b}$ として題意に示されているベクトルで特徴のあるものに注目せよ.

まず, (ア)より $\begin{pmatrix} 1 \\ m \end{pmatrix}$ が不動点であることから, $\vec{a} = \begin{pmatrix} 1 \\ m \end{pmatrix}$ としよう. 次に, $\vec{b} = \begin{pmatrix} 1 \\ 0 \end{pmatrix}$ とおこう. すると, (イ)より,
$$f(\vec{b}) = \vec{b} + t\vec{a}$$
という情報が得られる.

また, $m \neq 0$ から $\begin{pmatrix} 1 \\ 0 \end{pmatrix} \not\parallel \begin{pmatrix} 1 \\ m \end{pmatrix}$, すなわち, $\vec{a}$ と $\vec{b}$ は1次独立である.

解答 (1) (ア)より, $\begin{pmatrix} a & b \\ c & d \end{pmatrix}\begin{pmatrix} 1 \\ m \end{pmatrix} = \begin{pmatrix} 1 \\ m \end{pmatrix}$ ……①

(イ)より, $\begin{pmatrix} a & b \\ c & d \end{pmatrix}\begin{pmatrix} 1 \\ 0 \end{pmatrix} = \begin{pmatrix} 1 \\ 0 \end{pmatrix} + s\begin{pmatrix} 1 \\ m \end{pmatrix} = \begin{pmatrix} 1+s \\ sm \end{pmatrix}$ ……②

①, ②より, $\begin{pmatrix} a & b \\ c & d \end{pmatrix}\begin{pmatrix} 1 & 1 \\ m & 0 \end{pmatrix} = \begin{pmatrix} 1 & 1+s \\ m & sm \end{pmatrix}$

$m \neq 0$ より, 両辺の右から $\begin{pmatrix} 1 & 1 \\ m & 0 \end{pmatrix}^{-1} = -\dfrac{1}{m}\begin{pmatrix} 0 & -1 \\ -m & 1 \end{pmatrix}$ を乗じ,

$\begin{pmatrix} a & b \\ c & d \end{pmatrix} = \dfrac{-1}{m}\begin{pmatrix} 1 & 1+s \\ m & sm \end{pmatrix}\begin{pmatrix} 0 & -1 \\ -m & 1 \end{pmatrix}$

$$= \begin{pmatrix} 1+s & -\dfrac{s}{m} \\ sm & 1-s \end{pmatrix}$$

よって， $ad-bc=1-s^2+s^2=1$ ……(答)

(2) $m \neq 0$ なので，ベクトル $\begin{pmatrix} 1 \\ 0 \end{pmatrix}$ と $\begin{pmatrix} 1 \\ m \end{pmatrix}$ は1次独立である．

よって，

$$\overrightarrow{OQ} = x\begin{pmatrix} 1 \\ 0 \end{pmatrix} + y\begin{pmatrix} 1 \\ m \end{pmatrix}$$

と表せる．

(イ)より， $f\begin{pmatrix} 1 \\ 0 \end{pmatrix} = \begin{pmatrix} 1 \\ 0 \end{pmatrix} + t\begin{pmatrix} 1 \\ m \end{pmatrix}$ だから，

$$\begin{aligned}
f(\overrightarrow{OQ}) &= xf\begin{pmatrix} 1 \\ 0 \end{pmatrix} + yf\begin{pmatrix} 1 \\ m \end{pmatrix} \\
&= x\left\{\begin{pmatrix} 1 \\ 0 \end{pmatrix} + t\begin{pmatrix} 1 \\ m \end{pmatrix}\right\} + y\begin{pmatrix} 1 \\ m \end{pmatrix} \\
&= x\begin{pmatrix} 1 \\ 0 \end{pmatrix} + y\begin{pmatrix} 1 \\ m \end{pmatrix} + xt\begin{pmatrix} 1 \\ m \end{pmatrix} \\
&= \overrightarrow{OQ} + xt\begin{pmatrix} 1 \\ m \end{pmatrix}
\end{aligned}$$

図 1

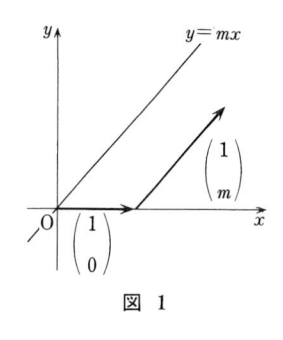

よって，点 Q は，Q を通り l に平行な直線上の点にうつる．

〔研究〕

$$\begin{pmatrix} a & b \\ c & d \end{pmatrix} = \begin{pmatrix} 1+s & -\dfrac{s}{m} \\ sm & 1-s \end{pmatrix} \quad \text{より，}$$

$a+d=2, \quad ad-bc=1$

ゆえに， $\begin{pmatrix} a & b \\ c & d \end{pmatrix}$ の固有方程式は，

$\lambda^2 - 2\lambda + 1 = (\lambda-1)^2 = 0$

よって， $\begin{pmatrix} a & b \\ c & d \end{pmatrix}$ は〈定理 1・2・2〉のパターン(IV)である．

[例題 1・2・6]

1次変換 $\begin{pmatrix} x' \\ y' \end{pmatrix} = \begin{pmatrix} 2 & 1 \\ 6 & 3 \end{pmatrix} \begin{pmatrix} x \\ y \end{pmatrix}$ によって，ある種の直線は，1点にうつされるという．どんな直線か．このとき，全平面はどんな図形にうつされるか．また，この1次変換によって不動な直線を求めよ．

[発想法]

行列の中にある2つの列ベクトル $\begin{pmatrix} 2 \\ 6 \end{pmatrix}$, $\begin{pmatrix} 1 \\ 3 \end{pmatrix}$ の間に成り立つ関係 $\begin{pmatrix} 2 \\ 6 \end{pmatrix} = 2\begin{pmatrix} 1 \\ 3 \end{pmatrix}$ に注意し，それを解法に活かそう．

[解答] $\begin{pmatrix} x' \\ y' \end{pmatrix} = \begin{pmatrix} 2 & 1 \\ 6 & 3 \end{pmatrix} \begin{pmatrix} x \\ y \end{pmatrix} = x\begin{pmatrix} 2 \\ 6 \end{pmatrix} + y\begin{pmatrix} 1 \\ 3 \end{pmatrix} = 2x\begin{pmatrix} 1 \\ 3 \end{pmatrix} + y\begin{pmatrix} 1 \\ 3 \end{pmatrix} = (2x+y)\begin{pmatrix} 1 \\ 3 \end{pmatrix}$

により，直線 $2x+y=n$（n は任意の実数）は，1点 $(n, 3n)$ にうつされる．したがって，全平面は直線 $y=3x$ にうつされる．

任意の直線上の点は，直線 $y=3x$ 上の点にうつされるから，不動直線として可能なものは，直線 $y=3x$ のみである．一方，

$$\begin{pmatrix} 2 & 1 \\ 6 & 3 \end{pmatrix} \begin{pmatrix} x \\ 3x \end{pmatrix} = \begin{pmatrix} 5x \\ 15x \end{pmatrix}$$

よって，$y=3x$ は不動直線である．

$\begin{cases} \text{直線 } 2x+y=n \text{（nは任意の実数）は，1点 $(n, 3n)$ にうつされる} \\ \text{平面全体の像は　直線 } y=3x \text{ にうつされる} \\ \text{不動直線は } y=3x \text{ である} \end{cases}$ ……(答)

〔研究〕〈定理 1・2・2〉のパターン(V)である．

$A = \begin{pmatrix} 2 & 1 \\ 6 & 3 \end{pmatrix}$ とする．A の固有方程式は，

$(2-\lambda)(3-\lambda) - 6 = \lambda^2 - 5\lambda = \lambda(\lambda-5) = 0$

よって，A の固有値は，$\lambda_1 = 0$ と $\lambda_2 = 5$ の2個である．

$\lambda_1 = 0$ に対する固有ベクトルは $\vec{x_1} = \begin{pmatrix} l \\ -2l \end{pmatrix}$ ($l \neq 0$) であり，

$\lambda_2 = 5$ に対する固有ベクトルは $\vec{x_2} = \begin{pmatrix} k \\ 3k \end{pmatrix}$ ($k \neq 0$) である．

よって，この1次変換 A のしくみは次のようになる．

平面上の任意の点 P に対し，

$\overrightarrow{OP} = \vec{u} + \vec{v}$

ただし，$\vec{u}, \vec{v}$ はそれぞれ固有値 5, 0 に対する固有ベクトルの1つとする（図1）．

$$A(\overrightarrow{OP}) = A\vec{u} + A\vec{v} = 5\vec{u} + 0\cdot\vec{v} = 5\vec{u}$$

すなわち，直線 $y=-2x+n$ 上の点はすべて，直線 $y=3x$ 上の点 $(n, 3n)$ にうつる（図2）．

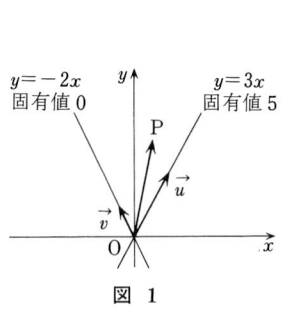

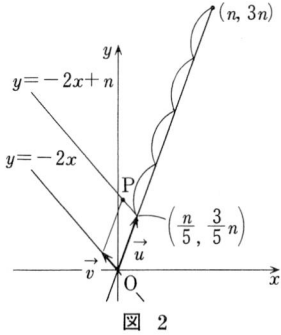

図 1

図 2

(注) 不動直線のみを問題とするなら，次のようにしてもよい．行列 $\begin{pmatrix} 2 & 1 \\ 6 & 3 \end{pmatrix}$ は，可逆でないことに注意せよ．

不動直線が， $y = mx + n$ ……①

の形のとき，

$$\begin{pmatrix} 2 & 1 \\ 6 & 3 \end{pmatrix}\begin{pmatrix} x \\ mx+n \end{pmatrix} = \begin{pmatrix} (m+2)x+n \\ (3m+6)x+3n \end{pmatrix} \quad \cdots\cdots ②$$

これは①上にあるから，

$$(3m+6)x + 3n = m\{(m+2)x + n\} + n$$

x についてまとめて，

$$(m^2 - m - 6)x + (m-2)n = 0$$
$$(m-3)(m+2)x + (m-2)n = 0$$

これが任意の x について成り立つから，

$m = 3, -2$ かつ $n = 0$

よって，①は $y = 3x$ または $y = -2x$

$y = 3x$ のとき，②より，像も直線 $y = 3x$ である．$y = -2x$ のとき，②より，像は原点となり不適．

不動直線が $x = k$ の形のとき，

$$\begin{pmatrix} 2 & 1 \\ 6 & 3 \end{pmatrix}\begin{pmatrix} k \\ y \end{pmatrix} = \begin{pmatrix} 2k+y \\ 6k+3y \end{pmatrix}$$

$2k + y \neq k$ だから，不適である．

したがって，不動直線は， $\boldsymbol{y = 3x}$ ……（答）

§3 行列の n 乗の求め方のカラクリ

べき零行列やべき等行列を利用する

行列 A が**べき零**であるとは，A が $A^2 = O$ をみたすことである．たとえば，

$$\begin{pmatrix} 0 & 0 \\ b & 0 \end{pmatrix}, \quad \begin{pmatrix} a & b \\ -\dfrac{a^2}{b} & -a \end{pmatrix}$$

などは，べき零行列である．一般に，A がべき零行列ならば，$A^n = O$ ($n = 2, 3, \cdots$) が成り立つ．

〈定理 1・3・1〉

行列 $A = \begin{pmatrix} a & b \\ c & d \end{pmatrix}$ について，A がべき零行列（すなわち，$A^2 = O$）である必要十分条件は，

$\quad a + d = 0$ かつ $ad - bc = 0$

が成り立つことである．

【証明】 $A^2 = \begin{pmatrix} a & b \\ c & d \end{pmatrix}\begin{pmatrix} a & b \\ c & d \end{pmatrix}$

$\qquad = \begin{pmatrix} a^2 + bc & b(a+d) \\ c(a+d) & bc + d^2 \end{pmatrix} = \begin{pmatrix} 0 & 0 \\ 0 & 0 \end{pmatrix} = O$

となるための必要十分条件は，

$\quad a^2 + bc = 0 \quad \cdots\cdots ①\qquad b(a+d) = 0 \quad \cdots\cdots ②$

$\quad c(a+d) = 0 \quad \cdots\cdots ③\qquad bc + d^2 = 0 \quad \cdots\cdots ④$

のすべてが成立することである．

①～④が成り立つとする．

②と③から，$a + d = 0$ と $a + d \neq 0$ の場合に分けて考える．

(i) $a + d = 0$ の場合

①, ④ともに，

$\quad ad - bc = 0$

と書き直せる．

(ii) $a + d \neq 0$ の場合

②, ③より，$\quad b = c = 0$

よって，①, ④より，

$\quad a = d = 0$

これは $a + d \neq 0$ に矛盾する．

したがって，$a+d=0$，$ad-bc=0$ が成立している．
逆に，$a+d=0$，$ad-bc=0$ が成り立つとする．
$a+d=0$ より，②，③ は成立し，
$\quad a^2+bc=-(ad-bc)=0$
$\quad bc+d^2=-(ad-bc)=0$
したがって，①，④ も成り立つ．

(注) ケーリー・ハミルトンの定理をつかった別証明もできる．各自試みよ．

　一般に，2つの行列 X, Y に対し，交換法則：$XY=YX$ は成り立たない．しかし，とくに $X=kE$ の場合については，交換法則が成立していることは明らかであり，したがって，この場合には二項定理
$\quad (X+Y)^n = X^n + {}_nC_1 X^{n-1}Y + {}_nC_2 X^{n-2}Y^2 + \cdots\cdots + Y^n$
も成立する．

　以下の〈定理 1・3・2〉，〈定理 1・3・3〉をはじめとし，多くの問題のなかで二項定理を用いるが，「$X=kE$ の場合に二項定理が成立する」ことに基づいている．

〈定理 1・3・2〉
　与えられた行列 A が，べき零行列 B と単位行列 E を用いて，
$\quad A = pE + qB \quad (p, q\text{ は実数}) \ \cdots\cdots(*)$
のように分解されるならば，
$\quad A^n = p^n E + np^{n-1} qB$
である．

　以下の証明では二項定理をつかうが，数学的帰納法によって証明してもよい．

【証明】 $B^m = O$ ($m = 2, 3, \cdots\cdots$) を考慮して，二項定理より，
$\quad A^n = (pE + qB)^n$
$\qquad = p^n E + np^{n-1} qB + \dfrac{n(n-1)}{2} p^{n-2} q^2 B^2 + \cdots\cdots + q^n B^n$
$\qquad = p^n E + np^{n-1} qB$

(注) 実際には，B がべき零であれば qB もべき零であるので，$(*)$ において，qB を改めて B とおけば，$A^n = p^n E + np^{n-1} B$ となる．
　なお，$A - pE = B$ より，$\det(A - pE) = \det B = 0$ ($\because$ B に対し〈定理 1・3・1〉を適用) よって，p は A の固有値である ($A - pE = qB$ のままで考えることもできる)．

　行列 A が**べき等**であるとは，A が $A^2 = A$ をみたすことである．A がべき等行

列であり，かつ $A \neq kE$ ならば，A は射影を表す行列である（第2章§3参照）．A がべき等行列ならば，$A^n = A$ ($n = 2, 3, \cdots\cdots$) である．

〈定理 1・3・3〉
　与えられた行列 A が，単位行列 E とべき等行列 B を用いて，
$$A = pE + qB \quad (p, q \text{ は実数}) \quad \cdots\cdots(*)$$
の形に分解されるとき，
$$A^n = p^n E + \{(p+q)^n - p^n\} B$$
である．

【証明】 $B^m = B$ ($m = 2, 3, \cdots\cdots$) に注意して，$(*)$ の右辺を二項展開すると，
$$A^n = (pE + qB)^n$$
$$= p^n E + \sum_{i=1}^{n} {}_n C_i p^{n-i} q^i B^i$$
$$= p^n E + \left(\sum_{i=1}^{n} {}_n C_i p^{n-i} q^i \right) B$$
$$= p^n E + \{(p+q)^n - p^n\} B$$

(注) B がべき零の場合とは異なり，一般に B がべき等であっても qB はべき等とはならない．したがって，$(*)$ の qB を「改めて B と書く」ことはできない．

ケーリー・ハミルトンの定理を利用する方法

　ケーリー・ハミルトンの定理から，行列 $A = \begin{pmatrix} a & b \\ c & d \end{pmatrix}$ の n 乗を求める次の公式が得られる．

〈定理 1・3・4〉
(a) $\det A = ad - bc = 0$ のとき，
$$A^n = (a+d)^{n-1} A \quad (n = 2, 3, \cdots\cdots)$$
(b) A の固有値 α, β (α, β は $x^2 - (a+d)x + ad - bc = 0$ の解) が相異なるとき，
$$A^n = \frac{(\alpha^n - \beta^n) A - (\alpha^n \beta - \alpha \beta^n) E}{\alpha - \beta}$$
(c) A の固有値 α が重複解のとき，
$$A^n = \alpha^n E + n\alpha^{n-1}(A - \alpha E)$$

【証明】 (a) **$\det A = ad - bc = 0$ のとき，**
　　ケーリー・ハミルトンの定理より，
$$A^2 = (a+d) A$$

よって，
$$A^n = (a+d)A^{n-1} = \cdots\cdots = (a+d)^{n-1}A \quad (n=2, 3, \cdots\cdots)$$

(b) A が相異なる2つの固有値をもつとき，

A の固有値を $\alpha, \beta \ (\alpha \neq \beta)$ とすれば，ケーリー・ハミルトンの定理より，
$$A^2 - (\alpha+\beta)A + \alpha\beta E = O \quad \cdots\cdots ①$$

したがって，
$$A(A - \alpha E) = \beta(A - \alpha E) \quad \cdots\cdots ①'$$

この両辺の左から，A をかけて，
$$A \cdot A(A - \alpha E) = A \cdot \beta(A - \alpha E)$$
$$= \beta A(A - \alpha E)$$
$$= \beta^2(A - \alpha E) \quad (\because \ ①' \text{より})$$
$$\therefore \ A^2(A - \alpha E) = \beta^2(A - \alpha E)$$

よって，一般に，次式が成り立つ．
$$A^n(A - \alpha E) = \beta^n(A - \alpha E) \quad \cdots\cdots ②$$

同様に，
$$A^n(A - \beta E) = \alpha^n(A - \beta E) \quad \cdots\cdots ③$$

③ $-$ ②より，
$$(\alpha - \beta)A^n = (\alpha^n - \beta^n)A - (\alpha^n\beta - \alpha\beta^n)E$$

よって，この両辺を $\alpha - \beta \ (\neq 0)$ でわって求める式を得る．

(c) 固有値 α が重複解のとき，
$$(A - \alpha E)^2 = O$$

すなわち，$A - \alpha E$ はべき零行列である．〈**定理 Ⅰ・3・2**〉より，
$$A^n = (\alpha E + (A - \alpha E))^n$$
$$= \alpha^n E + n\alpha^{n-1}(A - \alpha E)$$

行列の対角化と三角化

$\begin{pmatrix} \alpha & 0 \\ 0 & \beta \end{pmatrix}$ などのように，主対角線以外がともに0である行列を，**対角行列**という．また，$\begin{pmatrix} \alpha & \beta \\ 0 & \gamma \end{pmatrix}, \begin{pmatrix} \alpha & 0 \\ \beta & \gamma \end{pmatrix}$ のように，主対角線を境にして一方の側の成分が0である行列を**三角行列**という．

対角行列や特殊な形をした三角行列は，2乗，3乗，……と実際に計算することによって，一般の n 乗の形を推測できる．したがって，これらの行列の n 乗を数学的帰納法で証明することができる．では，次の例でこのことを試みてみよう．

（例）次の行列の n 乗を求めよ．

(1) $A = \begin{pmatrix} \alpha & 0 \\ 0 & \beta \end{pmatrix}$ (2) $B = \begin{pmatrix} \alpha & p \\ 0 & \alpha \end{pmatrix}$

（解）(1) $A = \begin{pmatrix} \alpha & 0 \\ 0 & \beta \end{pmatrix}$

$$A^2 = \begin{pmatrix} \alpha & 0 \\ 0 & \beta \end{pmatrix} \begin{pmatrix} \alpha & 0 \\ 0 & \beta \end{pmatrix} = \begin{pmatrix} \alpha^2 & 0 \\ 0 & \beta^2 \end{pmatrix}$$

よって，$A^3 = \begin{pmatrix} \alpha^2 & 0 \\ 0 & \beta^2 \end{pmatrix} \begin{pmatrix} \alpha & 0 \\ 0 & \beta \end{pmatrix} = \begin{pmatrix} \alpha^3 & 0 \\ 0 & \beta^3 \end{pmatrix}$

$$\vdots$$

$A^n = \begin{pmatrix} \alpha^n & 0 \\ 0 & \beta^n \end{pmatrix}$ と推測できるので，数学的帰納法で正しいことを示そう．

$n=1$ のときには明らかであり，$n=k$ $(k \geq 1)$ のときに $A^k = \begin{pmatrix} \alpha^k & 0 \\ 0 & \beta^k \end{pmatrix}$ であると仮定すると，

$$A^{k+1} = AA^k = \begin{pmatrix} \alpha & 0 \\ 0 & \beta \end{pmatrix} \begin{pmatrix} \alpha^k & 0 \\ 0 & \beta^k \end{pmatrix}$$
$$= \begin{pmatrix} \alpha^{k+1} & 0 \\ 0 & \beta^{k+1} \end{pmatrix}$$

よって，示された．

(2) $B = \begin{pmatrix} \alpha & p \\ 0 & \alpha \end{pmatrix}$

$$B^2 = \begin{pmatrix} \alpha & p \\ 0 & \alpha \end{pmatrix} \begin{pmatrix} \alpha & p \\ 0 & \alpha \end{pmatrix} = \begin{pmatrix} \alpha^2 & 2\alpha p \\ 0 & \alpha^2 \end{pmatrix}$$

$$B^3 = \begin{pmatrix} \alpha^2 & 2\alpha p \\ 0 & \alpha^2 \end{pmatrix} \begin{pmatrix} \alpha & p \\ 0 & \alpha \end{pmatrix} = \begin{pmatrix} \alpha^3 & 3\alpha^2 p \\ 0 & \alpha^3 \end{pmatrix}$$

$$\vdots$$

$$B^n = \begin{pmatrix} \alpha^n & n\alpha^{n-1} p \\ 0 & \alpha^n \end{pmatrix}$$

と推測できるので，数学的帰納法で正しいことを示そう．

§3 行列の n 乗の求め方のカラクリ　63

$$B^k = \begin{pmatrix} a^k & ka^{k-1}p \\ 0 & a^k \end{pmatrix} \text{ と仮定すると,}$$

$$B^{k+1} = BB^k = \begin{pmatrix} a & p \\ 0 & a \end{pmatrix}\begin{pmatrix} a^k & ka^{k-1}p \\ 0 & a^k \end{pmatrix}$$

$$= \begin{pmatrix} a^{k+1} & (k+1)a^k p \\ 0 & a^{k+1} \end{pmatrix}$$

よって，示された．

上の例のように，対角行列や特殊な形をした三角行列の n 乗を求めることはやさしい．一般の形の行列 A についても，ある適当な行列 P を用いて，P や P^{-1} を A の左側，右側にかけることによって対角行列や特殊な形の三角行列に直せ，その結果，A^n が求められることが多い．この事実に関するカラクリを以下で考察しよう．

行列 A を，逆行列が存在する行列 P を用いて，

$$A = P\begin{pmatrix} \alpha & 0 \\ 0 & \beta \end{pmatrix} P^{-1} \quad (\alpha, \beta \text{ は実数}) \quad \cdots\cdots(*)$$

と変形することを，行列 A を **対角化する** といい，A が $(*)$ に変形できるとき，行列 A は **対角化可能** であるという．

〈命題 1・3・1〉 行列 A が適当な行列 P を用いて，

$$A = P\begin{pmatrix} \alpha & 0 \\ 0 & \beta \end{pmatrix} P^{-1} \quad (\alpha, \beta \text{ は実数})$$

と変形できるとき，α, β は A の固有値である．

【証明】 α, β が A の固有方程式 $\lambda^2 - (\mathrm{Tr}\, A)\lambda + \det A = 0$ の2解（すなわち，A の固有値）であることを示せばよい．

$A = P\begin{pmatrix} \alpha & 0 \\ 0 & \beta \end{pmatrix} P^{-1}$ であることと，一般に，任意の行列 A, B に対して $\det AB = \det A \cdot \det B = \det BA$ である（〈命題 1・1・1〉）ことから，

$$\det A = \det P\begin{pmatrix} \alpha & 0 \\ 0 & \beta \end{pmatrix} P^{-1} = \det PP^{-1}\begin{pmatrix} \alpha & 0 \\ 0 & \beta \end{pmatrix}$$

$$= \det \begin{pmatrix} \alpha & 0 \\ 0 & \beta \end{pmatrix} = \alpha\beta$$

同様に，Tr $AB=$ Tr BA であることから，

$$\text{Tr}\, A = \text{Tr}\, PP^{-1}\begin{pmatrix} \alpha & 0 \\ 0 & \beta \end{pmatrix} = \text{Tr}\begin{pmatrix} \alpha & 0 \\ 0 & \beta \end{pmatrix} = \alpha+\beta$$

よって，A の固有方程式は，

$$x^2-(\text{Tr}\, A)x+\det A = x^2-(\alpha+\beta)x+\alpha\beta = (x-\alpha)(x-\beta)=0$$

である．したがって，α, β は A の固有値である．

〈定理 1・3・5〉（対角化定理）
　行列 A が異なる 2 つの実数の固有値をもてば，A は対角化可能である．

【証明】　A の固有値を $\alpha, \beta(\alpha\neq\beta)$ とし，α, β に対応する固有ベクトルの 1 つをそれぞれ $\vec{u}, \vec{v}$ とする．このとき，

$A\vec{u}=\alpha\vec{u}$, $A\vec{v}=\beta\vec{v}$ であり，行列 P を $P=(\vec{u}\ \vec{v})$ とおけば，

$$AP=(A\vec{u}\ A\vec{v})=(\alpha\vec{u}\ \beta\vec{v})$$

$$=(\vec{u}\ \vec{v})\begin{pmatrix}\alpha & 0 \\ 0 & \beta\end{pmatrix}=P\begin{pmatrix}\alpha & 0 \\ 0 & \beta\end{pmatrix}$$

ここで，$\vec{u}$ と $\vec{v}$ は 1 次独立（〈定理 1・1・2〉）だから，$P=(\vec{u}\ \vec{v})$ は逆行列をもつ．

$$\therefore\ A=P\begin{pmatrix}\alpha & 0 \\ 0 & \beta\end{pmatrix}P^{-1}$$

したがって，行列 A は対角化可能である．

〈命題 1・3・2〉　$A\neq kE$ であって，行列 A が重複解の固有値をもつとき，A は対角化可能でない．

【証明】　A が重複解の固有値 α をもち，対角化可能であるとする．このとき，逆行列が存在する適当な行列 P を用いて，

$$A=P\begin{pmatrix}\alpha & 0 \\ 0 & \alpha\end{pmatrix}P^{-1}$$

と変形でき，

$$A=P\cdot\alpha E\cdot P^{-1}=\alpha E$$

となる．これは，$A\neq kE$ の仮定に反する．よって，A は対角化可能でない．

〈命題 1・3・3〉　A の固有値が実数でないとき，A は対角化可能でない．

【証明】　背理法によって証明する．A が対角化可能であるとする．すなわち，A は逆行列が存在する適当な行列 P を用いて，

$$A=P\begin{pmatrix}\alpha & 0 \\ 0 & \beta\end{pmatrix}P^{-1}\quad (\alpha, \beta\ \text{は実数})$$

と変形できるとする．すると，〈命題 1・3・1〉より，A は実数の固有値をもつことに

なり矛盾．したがって，行列 A は対角化可能でない．

〈命題 1・3・2〉，〈命題 1・3・3〉で示したように，固有値が重複解であったり（ただし，kE のときは除く），実数でない行列 A は対角化できない．しかし，そのようなときでも，適当な行列 P を用いて A を特殊な三角行列，または拡大直交行列（相似拡大・回転）に変換することができることを，以下の定理〈**定理 1・3・6**〉，〈定理 1・3・8〉は示している．

〈**定理 1・3・6**〉（三角化定理）

$A \neq kE$ であり，A が重複解の固有値 α をもつとき，逆行列が存在する適当な行列 P を用いて，
$$A = P \begin{pmatrix} \alpha & 1 \\ 0 & \alpha \end{pmatrix} P^{-1}$$
と変形できる．

【証明】 A の固有値 α の固有ベクトルと1次独立な（向きの異なる）ベクトルを1つとり，それを $\vec{u}$ とする．ここで，$\vec{v}$ を次のように定義する．
$$(A - \alpha E)\vec{u} = \vec{v} \quad\quad\quad \cdots\cdots ①$$
このとき，$\vec{u}$ は A の固有ベクトルでないから，$\vec{v} \neq \vec{0}$ である．
$(A - \alpha E)^2 = O$ より，$\quad A(A - \alpha E) = \alpha(A - \alpha E)$
$\quad \therefore A(A - \alpha E)\vec{u} = \alpha(A - \alpha E)\vec{u} \quad \therefore A\vec{v} = \alpha \vec{v} \quad \cdots\cdots ②$
また①より，$\quad A\vec{u} = \alpha \vec{u} + \vec{v} \quad\quad\quad \cdots\cdots ③$
ここで，$P = (\vec{v} \ \vec{u})$ とおけば，②，③より，
$$AP = A(\vec{v} \ \vec{u}) = (A\vec{v} \ A\vec{u}) = (\alpha \vec{v} \ \vec{v} + \alpha \vec{u})$$
$$= (\vec{v} \ \vec{u}) \begin{pmatrix} \alpha & 1 \\ 0 & \alpha \end{pmatrix} = P \begin{pmatrix} \alpha & 1 \\ 0 & \alpha \end{pmatrix}$$

①，②より，$\vec{v}$ は A の固有値 α の固有ベクトルであり，$\vec{u}$ は $\vec{v}$ と向きが異なるようにとってあるから，行列 $P = (\vec{v} \ \vec{u})$ は逆行列をもち，
$$A = P \begin{pmatrix} \alpha & 1 \\ 0 & \alpha \end{pmatrix} P^{-1}$$

行列 A を上の形に変形することを，行列 A を**三角化する**という．

〈定理 1・3・6〉および p.62 の例 (2) の結果より，直ちに次の結果を得る．

〈**定理 1・3・7**〉

$A \neq kE$ であり，A の固有値が α（重複解）とする．固有値 α の固有ベクトルと1

次独立な任意のベクトルを $\vec{u}$ とし，$\vec{v}=(A-\alpha E)\vec{u}$ とする．

このとき，行列 $P=(\vec{v}\ \vec{u})$ に対し，

$$A^n = P\begin{pmatrix} \alpha^n & n\alpha^{n-1} \\ 0 & \alpha^n \end{pmatrix}P^{-1}$$

である．

　上述の〈定理 1・3・6〉，〈定理 1・3・7〉は，行列 A を三角化するときに，三角行列の $(1,2)$ 成分を 1 とする場合について述べたものである．しかし，実際には，$(1,2)$ 成分を 1 とする必要がないことが多く，このときには，A の固有値（重複解）α に対する固有ベクトルの 1 つを $\vec{v}$，$\vec{v}$ と 1 次独立な任意のベクトルを $\vec{u}$ として，$P=(\vec{u}\ \vec{v})$ ととれば，

$$P^{-1}AP = \begin{pmatrix} \alpha & p \\ 0 & \alpha \end{pmatrix}$$

なる形に表される（この事実は各自，[例題 1・3・4]を通して確認せよ）．このとき，p.62 の例 (2) の結果より，

$$A^n = P\begin{pmatrix} \alpha^n & n\alpha^{n-1}p \\ 0 & \alpha^n \end{pmatrix}P^{-1}$$

となる．なお，P をつくるときの $\vec{u}$ は，$\vec{v}$ と 1 次独立でありさえすればよいので，その後の計算が簡単になるように，$\vec{u} = \begin{pmatrix} 1 \\ 0 \end{pmatrix}$ または $\begin{pmatrix} 0 \\ 1 \end{pmatrix}$ などととるとよい．

〈定理 1・3・8〉

　A の固有値を $\alpha \pm \beta i$ とする．このとき，逆行列が存在する適当な行列 P を用いて，

$$A = P\begin{pmatrix} \alpha & -\beta \\ \beta & \alpha \end{pmatrix}P^{-1}$$

と変形できる．

【証明】　固有値が虚数であるから，成分が複素数である行列，ベクトルを考える．

　$A = \begin{pmatrix} a & b \\ c & d \end{pmatrix}$ の固有値を $\alpha+\beta i$ とすると，

$$A\begin{pmatrix} z_1 \\ z_2 \end{pmatrix} = (\alpha+\beta i)\begin{pmatrix} z_1 \\ z_2 \end{pmatrix}$$

をみたす成分が複素数であるベクトル $\vec{z}=\begin{pmatrix}z_1\\z_2\end{pmatrix}$ $(\neq \vec{0})$ が存在する.

ここで, $z_1=x_1+iy_1$, $z_2=x_2+iy_2$ $(x_1, x_2, y_1, y_2$ は実数$)$
$$\vec{u}=\begin{pmatrix}x_1\\x_2\end{pmatrix}, \quad \vec{v}=\begin{pmatrix}y_1\\y_2\end{pmatrix}$$
とおけば,
$$\begin{pmatrix}z_1\\z_2\end{pmatrix}=\begin{pmatrix}x_1+iy_1\\x_2+iy_2\end{pmatrix}=\vec{u}+i\vec{v}$$

したがって, $A\begin{pmatrix}z_1\\z_2\end{pmatrix}=(\alpha+\beta i)\begin{pmatrix}z_1\\z_2\end{pmatrix}$ より,
$$A(\vec{u}+i\vec{v})=(\alpha+\beta i)(\vec{u}+i\vec{v})=(\alpha\vec{u}-\beta\vec{v})+i(\beta\vec{u}+\alpha\vec{v})$$
よって, 実部と虚部を比べることにより,
$$A\vec{u}=\alpha\vec{u}-\beta\vec{v}, \quad A\vec{v}=\beta\vec{u}+\alpha\vec{v}$$
を得る.

次に, $\vec{u}, \vec{v}$ が1次独立であることを証明する.
$\vec{u}, \vec{v}$ が1次独立でない, すなわち $\vec{u}=\lambda\vec{v}$ が成り立つ ($\vec{v}=\vec{0}$ とすると $\vec{u}$ も $\vec{0}$ となり, $\vec{z}=\vec{0}$ となってしまうから, $\vec{v}\neq\vec{0}$ である) と仮定する.
$$A\vec{u}=\alpha\vec{u}-\beta\vec{v}=\alpha\lambda\vec{v}-\beta\vec{v}=(\alpha\lambda-\beta)\vec{v} \quad \cdots\cdots ①$$
また仮定より,
$$A\vec{u}=\lambda A\vec{v}=\lambda(\beta\vec{u}+\alpha\vec{v})=\lambda(\beta\lambda+\alpha)\vec{v} \quad \cdots\cdots ②$$
①, ②および $\vec{v}\neq\vec{0}$ より,
$$\alpha\lambda-\beta=\lambda(\beta\lambda+\alpha) \quad \therefore \quad \beta(\lambda^2+1)=0$$
ここで λ は実数であるから, $\lambda^2+1\neq 0$. したがって, $\beta=0$ となり, これは行列 A の固有値が実数でないことに矛盾する. したがって, $\vec{u}, \vec{v}$ は1次独立である.

ここで, $P=(\vec{v}\ \vec{u})$ とおく. このとき,
$$AP=A(\vec{v}\ \vec{u})=(\alpha\vec{v}+\beta\vec{u}\ \ -\beta\vec{v}+\alpha\vec{u})$$
$$=(\vec{v}\ \vec{u})\begin{pmatrix}\alpha&-\beta\\\beta&\alpha\end{pmatrix}=P\begin{pmatrix}\alpha&-\beta\\\beta&\alpha\end{pmatrix}$$
$$\therefore \quad A=P\begin{pmatrix}\alpha&-\beta\\\beta&\alpha\end{pmatrix}P^{-1}$$

(注) $\begin{pmatrix}\alpha&-\beta\\\beta&\alpha\end{pmatrix}=k\begin{pmatrix}\cos\theta&-\sin\theta\\\sin\theta&\cos\theta\end{pmatrix}$

$\left(\text{ただし}, \ k=\sqrt{\alpha^2+\beta^2}, \ \cos\theta=\dfrac{\alpha}{k}, \ \sin\theta=\dfrac{\beta}{k}\right)$

と変形できる (第2章§1参照). したがって, A の固有値が実数でないとき, 行列 A は逆行列が存在する適当な行列 P と, 回転を表す行列 $R(\theta)$ を用いて,
$$A = kPR(\theta)P^{-1}$$
と変形できる.
　　$(R(\theta))^n = R(n\theta)$ だから, 　　$A^n = k^n PR(n\theta)P^{-1}$
となり, A^n が計算できる.

〈定理 1・3・9〉

行列 A の相異なる2つの実数の固有値を α, β $(\alpha \neq \beta)$ とし,
$$\alpha P + \beta Q = A, \quad P + Q = E \quad \cdots\cdots(*)$$
となるように P, Q を決める.

このとき,

(1)　$P^2 = P, \quad Q^2 = Q, \quad PQ = QP = O$

(2)　$A^n = \alpha^n P + \beta^n Q$

である.

【証明】 (1) $(*)$ より,
$$P = \frac{1}{\alpha - \beta}(A - \beta E), \quad Q = \frac{-1}{\alpha - \beta}(A - \alpha E)$$
$$PQ = \frac{-1}{(\alpha-\beta)^2}(A - \beta E)(A - \alpha E) = \frac{-1}{(\alpha-\beta)^2}\{A^2 - (\alpha+\beta)A + \alpha\beta E\}$$
ケーリー・ハミルトンの定理より, 　　$PQ = O$
上の証明で α と β を交換すれば, $QP = O$ が示せる.
また, $P = E - Q$ より,
$$P^2 = P(E - Q) = P - PQ = P - O = P$$
この P^2 の証明で P と Q を交換すれば, $Q^2 = Q$ が示される.

(2)　$n=1$ のときは明らかであり, $n \geq 2$ のときには, 二項定理により, $A^n = (\alpha P + \beta Q)^n$ の右辺を展開すると,
$$A^n = (\alpha P + \beta Q)^n$$
$$= \sum_{r=0}^{n} {}_nC_r (\alpha P)^r \cdot (\beta Q)^{n-r}$$
$$= (\beta Q)^n + n\alpha P \cdot (\beta Q)^{n-1} + \cdots\cdots + n(\alpha P)^{n-1}\beta Q + (\alpha P)^n$$
$$= (\beta Q)^n + PQ(n\alpha\beta^{n-1}Q^{n-2} + \cdots\cdots + n\alpha^{n-1}\beta P^{n-2}) + (\alpha P)^n$$
$$= (\beta Q)^n + (\alpha P)^n$$
$$= \beta^n Q + \alpha^n P$$

(注)　(2) は数学的帰納法を用いても証明できる.

[例題 1・3・1]

$A = \begin{pmatrix} -4 & -9 \\ 4 & 8 \end{pmatrix}$ とする．

(1) $A = kE + N$, $N^2 = O$ をみたす実数 k と行列 N を求めよ．ただし，E は単位行列，O は零行列である．

(2) A^n を求めよ．

[解答] (1) $N = A - kE = \begin{pmatrix} -4-k & -9 \\ 4 & 8-k \end{pmatrix}$

$N \neq kE$ であるから，このもとでケーリー・ハミルトンの定理を用い，
$N^2 = O \iff \operatorname{Tr} N = 0$ かつ $\det N = 0$
$\iff -4 - k + 8 - k = 0$ かつ $(-4-k)(8-k) + 36 = 0$
$\iff k = 2$ ……(答)

よって，$N = \begin{pmatrix} -6 & -9 \\ 4 & 6 \end{pmatrix}$ ……(答)

(2) 二項定理より，
$A^n = (2E + N)^n = 2^n E + n \cdot 2^{n-1} N$
$= \begin{pmatrix} 2^n & 0 \\ 0 & 2^n \end{pmatrix} + \begin{pmatrix} -3n \cdot 2^n & -9n \cdot 2^{n-1} \\ n \cdot 2^{n+1} & 3n \cdot 2^n \end{pmatrix}$
$= \begin{pmatrix} (1-3n)2^n & -9n \cdot 2^{n-1} \\ n \cdot 2^{n+1} & (1+3n)2^n \end{pmatrix}$ ……(答)

(注) 上述の解答では，(1) の k (および N) が 1 通りに定まることが同時に示されているが，「唯一性」を示す必要がなければ次のように k を定めることもできる．

ケーリー・ハミルトンの定理より，
$A^2 - 4A + 4E = O$ ∴ $(A - 2E)^2 = O$
$N = A - 2E$ とおくと，$A = 2E + N$, $N^2 = O$
よって，$k = 2$, $N = A - 2E$ とおけば十分．
また，この後，二項定理をつかわないで，
$A^2 = (2E + N)^2 = 4E + 4N = 2^2 E + 2 \cdot 2N$
∴ $A^3 = A^2 \cdot A = (4E + 4N)(2E + N) = 8E + 12N = 2^3 E + 3 \cdot 2^2 N$
これらより，
$A^n = 2^n E + n \cdot 2^{n-1} N$
と推定し，これを数学的帰納法で証明してもよい．

[例題 1・3・2]

$a, b, d, \alpha, \beta, \delta$ は定数で, $\beta \neq 0$, $\alpha + \beta = \delta$ である. また, $A = \begin{pmatrix} a & b \\ 0 & d \end{pmatrix}$, $B = \begin{pmatrix} \alpha & \beta \\ 0 & \delta \end{pmatrix}$ とおいたとき, $AB = BA$ であるとする. このとき, a, b, d の間に成り立つ関係を求め, A^n を a, d を用いて表せ. (早稲田大 教・改)

発想法 前半より得られる条件をみたす A の形に注意せよ. $A = aE + \beta B$ (a, β はスカラー, B はべき等行列) と表せる.

解答 $A = \begin{pmatrix} a & b \\ 0 & d \end{pmatrix}$, $B = \begin{pmatrix} \alpha & \beta \\ 0 & \delta \end{pmatrix}$ について,

$$AB = \begin{pmatrix} a & b \\ 0 & d \end{pmatrix}\begin{pmatrix} \alpha & \beta \\ 0 & \delta \end{pmatrix} = \begin{pmatrix} a\alpha & a\beta + b\delta \\ 0 & d\delta \end{pmatrix}$$

$$BA = \begin{pmatrix} \alpha & \beta \\ 0 & \delta \end{pmatrix}\begin{pmatrix} a & b \\ 0 & d \end{pmatrix} = \begin{pmatrix} a\alpha & b\alpha + d\beta \\ 0 & d\delta \end{pmatrix}$$

である.

よって, $AB = BA$ が成り立つとき, 両辺の行列の $(1, 2)$ 成分に注目して,

$a\beta + b\delta = b\alpha + d\beta$ ……①

条件 $\alpha + \beta = \delta$ を①に代入し,

$a\beta + b(\alpha + \beta) = b\alpha + d\beta$

$\therefore \quad a\beta + b\beta = d\beta$ ……②

$\beta \neq 0$ より, ②の両辺を β でわって, $\boldsymbol{a + b = d}$ ……③ ……(答)

③より,

$$A = \begin{pmatrix} a & b \\ 0 & a+b \end{pmatrix} = \begin{pmatrix} a & 0 \\ 0 & a \end{pmatrix} + \begin{pmatrix} 0 & b \\ 0 & b \end{pmatrix}$$

と表されることから, $E = \begin{pmatrix} 1 & 0 \\ 0 & 1 \end{pmatrix}$, $B = \begin{pmatrix} 0 & 1 \\ 0 & 1 \end{pmatrix}$

とおけば, $B^2 = B$ である. よって,

$B^n = B \quad (n = 2, 3, \cdots\cdots)$

このとき,

$A^n = (aE + bB)^n$

$$= a^n E + \sum_{r=1}^{n} {}_nC_r a^{n-r} b^r B^r$$
$$= a^n E + \{(a+b)^n - a^n\} B$$
$$= a^n E + (d^n - a^n) B$$

よって，
$$A^n = a^n \begin{pmatrix} 1 & 0 \\ 0 & 1 \end{pmatrix} + (d^n - a^n) \begin{pmatrix} 0 & 1 \\ 0 & 1 \end{pmatrix}$$
$$= \begin{pmatrix} \boldsymbol{a^n} & \boldsymbol{d^n - a^n} \\ \boldsymbol{0} & \boldsymbol{d^n} \end{pmatrix} \quad \cdots\cdots(答)$$

(注1) A^n を a, d を用いて表すことだが，A^2, A^3 を計算することにより，
$$A^n = \begin{pmatrix} a^n & d^n - a^n \\ 0 & d^n \end{pmatrix}$$
と推定できるので，これを数学的帰納法によって証明してもよい．

(注2) 行列の積の定義より，
$$A^n = \begin{pmatrix} a^n & b_n \\ 0 & d^n \end{pmatrix}$$
なる形になることだけはすぐにわかる．よって，b_n を a, d を用いて表せばよい．
b_n は，前半の結果をつかって次のように求められる．

$b=0$ のとき，$a=d$ で，
$$A = \begin{pmatrix} a & 0 \\ 0 & a \end{pmatrix}$$
よって，$b_n = 0$ である．

$b \neq 0$ のとき，
$$A A^n = A^n A \ (= A^{n+1})$$
よって，前半の A を A^n，B を A として，
$$a^n + b_n = d^n$$
$$\therefore \ b_n = d^n - a^n$$
これは，$b=0$ のときも含む．したがって，
$$A^n = \begin{pmatrix} \boldsymbol{a^n} & \boldsymbol{d^n - a^n} \\ \boldsymbol{0} & \boldsymbol{d^n} \end{pmatrix} \quad \cdots\cdots(答)$$

〈練習 1・3・1〉

$A = \begin{pmatrix} 3 & -4 \\ 1 & -1 \end{pmatrix}$ とする。このとき，A^n を求めよ。

[解答] ケーリー・ハミルトンの定理をつかうと，$A^2 - 2A + E = O$

∴ $(A-E)^2 = O$ （すなわち，$A-E$ はべき零行列である．）……①

二項定理を用いて，
$$A^n = \{(A-E) + E\}^n$$
$$= {}_nC_0 E^n + {}_nC_1(A-E)E^{n-1} + {}_nC_2(A-E)^2 E^{n-2} + \cdots + {}_nC_n(A-E)^n$$

ここで①を用いると，$(A-E)^k = O \ (k \geq 2)$ により，
$$A^n = E^n + {}_nC_1(A-E)E^{n-1}$$
$$= E + n(A-E)$$
$$= \begin{pmatrix} 2n+1 & -4n \\ n & -2n+1 \end{pmatrix} \quad \cdots\cdots \text{(答)}$$

【別解】 ケーリー・ハミルトンの定理より，
$$A^2 - 2A + E = O$$
∴ $A^2 = 2A - E$
∴ $A^3 = (2A-E)A = 2A^2 - A$
$$= 2(2A-E) - A = 3A - 2E$$

よって，
$$A^n = nA - (n-1)E$$

と推定できる．これを数学的帰納法によって証明する．

$A^n = nA - (n-1)E$ を仮定して，
$$A^{n+1} = \{nA - (n-1)E\}A = nA^2 - (n-1)A$$
$$= n(2A-E) - (n-1)A = (n+1)A - nE$$

したがって，証明された．

∴ $A^n = n\begin{pmatrix} 3 & -4 \\ 1 & -1 \end{pmatrix} - (n-1)\begin{pmatrix} 1 & 0 \\ 0 & 1 \end{pmatrix}$

$$= \begin{pmatrix} 2n+1 & -4n \\ n & -2n+1 \end{pmatrix} \quad \cdots\cdots \text{(答)}$$

(注) ここでは，ケーリー・ハミルトンの定理を「次数下げ公式」としてつかっている．

A^2, A^3, A^4 を計算して，
$$A^n = \begin{pmatrix} 2n+1 & -4n \\ n & -2n+1 \end{pmatrix}$$

と推定し，これを数学的帰納法により証明してもよい．

[例題 1・3・3]

$A = \begin{pmatrix} 4 & -\sqrt{2} \\ \sqrt{2} & 1 \end{pmatrix}$ とする．このとき，A^n を次の各問いに従って求めよ．

(1) A の固有値 $\lambda_1, \lambda_2 \ (\lambda_1 < \lambda_2)$，および固有ベクトル $\vec{x_1} = \begin{pmatrix} x_1 \\ y_1 \end{pmatrix}, \vec{x_2} = \begin{pmatrix} x_2 \\ y_2 \end{pmatrix}$ を求めよ．

ただし，$\begin{cases} x_1{}^2 + y_1{}^2 = 1, & x_1 > 0 \\ x_2{}^2 + y_2{}^2 = 1, & x_2 > 0 \end{cases}$ となるようにせよ．

(2) (1)で求めた x_1, y_1, x_2, y_2 をつかって，

$P = \begin{pmatrix} x_1 & x_2 \\ y_1 & y_2 \end{pmatrix}$ をつくる．

P の逆行列 P^{-1} を求めよ．

(3) $B = P^{-1}AP$ とする．B を求めよ．

(4) $B^n = P^{-1}A^nP$ が成り立つことを証明し，A^n を求めよ（n は正の整数）．

発想法

A の固有値は2と3だから，〈定理 1・3・5〉のように対角化できる．具体的な行列 A に関して，〈定理 1・3・5〉の証明に従って誘導して A^n を求めさせる問題である．

解答 (1) A の固有方程式は，$\lambda^2 - 5\lambda + 6 = 0$ である．

これを解いて，　　$\lambda_1 = 2, \ \lambda_2 = 3$　　……(答)

固有値2に対する固有ベクトル $\begin{pmatrix} x \\ y \end{pmatrix}$ は，$2x - \sqrt{2}y = 0$ をみたすべきことから，

$\begin{pmatrix} x \\ y \end{pmatrix} = \begin{pmatrix} s \\ \sqrt{2}s \end{pmatrix} \quad (s \neq 0)$

これと，$s^2 + 2s^2 = 1$ より，$s = \dfrac{1}{\sqrt{3}}$　（∵ $x > 0$）

∴ $\begin{pmatrix} x_1 \\ y_1 \end{pmatrix} = \begin{pmatrix} \dfrac{\sqrt{3}}{3} \\ \dfrac{\sqrt{6}}{3} \end{pmatrix}$　　……(答)

固有値3に対する固有ベクトル $\begin{pmatrix} x \\ y \end{pmatrix}$ は，$x - \sqrt{2}y = 0$ をみたすべきことから，

$$\begin{pmatrix} x \\ y \end{pmatrix} = \begin{pmatrix} \sqrt{2}t \\ t \end{pmatrix}$$

$(\sqrt{2}t)^2 + t^2 = 1$ かつ, $\sqrt{2}t > 0$ より,

$$t = \frac{1}{\sqrt{3}} \quad \therefore \quad \begin{pmatrix} x_2 \\ y_2 \end{pmatrix} = \begin{pmatrix} \frac{\sqrt{6}}{3} \\ \frac{\sqrt{3}}{3} \end{pmatrix} \quad \cdots\cdots(答)$$

(2) $P = \begin{pmatrix} \frac{\sqrt{3}}{3} & \frac{\sqrt{6}}{3} \\ \frac{\sqrt{6}}{3} & \frac{\sqrt{3}}{3} \end{pmatrix}$ より,

$$P^{-1} = \frac{1}{\frac{1}{3} - \frac{2}{3}} \begin{pmatrix} \frac{\sqrt{3}}{3} & -\frac{\sqrt{6}}{3} \\ -\frac{\sqrt{6}}{3} & \frac{\sqrt{3}}{3} \end{pmatrix} = \begin{pmatrix} -\sqrt{3} & \sqrt{6} \\ \sqrt{6} & -\sqrt{3} \end{pmatrix} \quad \cdots\cdots(答)$$

(3) $B = P^{-1}AP$

$$= \begin{pmatrix} -\sqrt{3} & \sqrt{6} \\ \sqrt{6} & -\sqrt{3} \end{pmatrix} \begin{pmatrix} 4 & -\sqrt{2} \\ \sqrt{2} & 1 \end{pmatrix} \begin{pmatrix} \frac{\sqrt{3}}{3} & \frac{\sqrt{6}}{3} \\ \frac{\sqrt{6}}{3} & \frac{\sqrt{3}}{3} \end{pmatrix} = \begin{pmatrix} 2 & 0 \\ 0 & 3 \end{pmatrix} \quad \cdots\cdots(答)$$

(4) 数学的帰納法で示す.

$n=1$ のとき, $B = P^{-1}AP$ は成り立つ.

$n=k$ のとき, $B^k = P^{-1}A^kP$ が成り立つとする.

このとき,

$B^{k+1} = B \cdot B^k = (P^{-1}AP)(P^{-1}A^kP) = (P^{-1}APP^{-1}A^kP) = P^{-1}A^{k+1}P$

よって, $B^n = P^{-1}A^nP$ である.

したがって,

$$A^n = PB^nP^{-1} = \begin{pmatrix} \frac{\sqrt{3}}{3} & \frac{\sqrt{6}}{3} \\ \frac{\sqrt{6}}{3} & \frac{\sqrt{3}}{3} \end{pmatrix} \begin{pmatrix} 2 & 0 \\ 0 & 3 \end{pmatrix}^n \begin{pmatrix} -\sqrt{3} & \sqrt{6} \\ \sqrt{6} & -\sqrt{3} \end{pmatrix}$$

$$= \begin{pmatrix} \frac{\sqrt{3}}{3} & \frac{\sqrt{6}}{3} \\ \frac{\sqrt{6}}{3} & \frac{\sqrt{3}}{3} \end{pmatrix} \begin{pmatrix} 2^n & 0 \\ 0 & 3^n \end{pmatrix} \begin{pmatrix} -\sqrt{3} & \sqrt{6} \\ \sqrt{6} & -\sqrt{3} \end{pmatrix}$$

$$= \begin{pmatrix} -2^n + 2 \cdot 3^n & \sqrt{2} \cdot 2^n - \sqrt{2} \cdot 3^n \\ -\sqrt{2} \cdot 2^n + \sqrt{2} \cdot 3^n & 2 \cdot 2^n - 3^n \end{pmatrix} \quad \cdots\cdots(答)$$

(**注 1**) (1)〜(4)に従わないで，A^n を求めるなら，〈定理 1・3・4〉の(b)の証明に従って，以下のように解答できる．

ケーリー・ハミルトンの定理より，
$$A^2 - 5A + 6E = 0$$
$$\therefore\ A(A - 2E) = 3(A - 2E)$$
$$\therefore\ A^n(A - 2E) = 3^n(A - 2E) \quad \cdots\cdots ①$$

同様に，
$$A^n(A - 3E) = 2^n(A - 3E) \quad \cdots\cdots ②$$

① − ② より，
$$A^n = (3^n - 2^n)A - (2 \cdot 3^n - 3 \cdot 2^n)E$$
$$= (3^n - 2^n)\begin{pmatrix} 4 & -\sqrt{2} \\ \sqrt{2} & 1 \end{pmatrix} - (2 \cdot 3^n - 3 \cdot 2^n)\begin{pmatrix} 1 & 0 \\ 0 & 1 \end{pmatrix}$$
$$= \begin{pmatrix} \mathbf{2 \cdot 3^n - 2^n} & \mathbf{\sqrt{2}(2^n - 3^n)} \\ \mathbf{\sqrt{2}(3^n - 2^n)} & \mathbf{2^{n+1} - 3^n} \end{pmatrix} \quad \cdots\cdots(答)$$

(**注 2**) なお，(注 1)と同様，(1)〜(4)の誘導が与えられていないときには，固有値，固有ベクトルを「対角化」のためにつかう代わりに，次のようにつかうと A^n が速く導ける．ただし，以下では簡単のため固有ベクトルの大きさを 1 とはしていない．

固有値 2 に対する固有ベクトルとして $\vec{u} = \begin{pmatrix} 1 \\ \sqrt{2} \end{pmatrix}$ をとると，

$$A\begin{pmatrix} 1 \\ \sqrt{2} \end{pmatrix} = 2\begin{pmatrix} 1 \\ \sqrt{2} \end{pmatrix},\ A^2\begin{pmatrix} 1 \\ \sqrt{2} \end{pmatrix} = A \cdot 2\begin{pmatrix} 1 \\ \sqrt{2} \end{pmatrix} = 2A\begin{pmatrix} 1 \\ \sqrt{2} \end{pmatrix} = 2^2\begin{pmatrix} 1 \\ \sqrt{2} \end{pmatrix},\ \cdots\cdots$$

より，
$$A^n\begin{pmatrix} 1 \\ \sqrt{2} \end{pmatrix} = 2^n\begin{pmatrix} 1 \\ \sqrt{2} \end{pmatrix} \quad \cdots\cdots ①$$

固有値 3 に対する固有ベクトルとして $\vec{v} = \begin{pmatrix} \sqrt{2} \\ 1 \end{pmatrix}$ をとると，同様にして，

$$A^n\begin{pmatrix} \sqrt{2} \\ 1 \end{pmatrix} = 3^n\begin{pmatrix} \sqrt{2} \\ 1 \end{pmatrix} \quad \cdots\cdots ②$$

①, ② より，
$$A^n\begin{pmatrix} 1 & \sqrt{2} \\ \sqrt{2} & 1 \end{pmatrix} = \begin{pmatrix} 2^n & 3^n\sqrt{2} \\ 2^n\sqrt{2} & 3^n \end{pmatrix} \quad \cdots\cdots ③$$

$$\therefore\ A^n = \begin{pmatrix} 2^n & 3^n\sqrt{2} \\ 2^n\sqrt{2} & 3^n \end{pmatrix}\begin{pmatrix} 1 & \sqrt{2} \\ \sqrt{2} & 1 \end{pmatrix}^{-1} = \begin{pmatrix} 2^n & 3^n\sqrt{2} \\ 2^n\sqrt{2} & 3^n \end{pmatrix}\begin{pmatrix} -1 & \sqrt{2} \\ \sqrt{2} & -1 \end{pmatrix}$$

$$= \begin{pmatrix} \mathbf{2 \cdot 3^n - 2^n} & \mathbf{\sqrt{2}(2^n - 3^n)} \\ \mathbf{\sqrt{2}(3^n - 2^n)} & \mathbf{2^{n+1} - 3^n} \end{pmatrix} \quad \cdots\cdots(答)$$

(**注 3**) 行列の対角化の幾何学的な意味は次のようになる．

平面上の点は通常，
$$\begin{pmatrix} 1 \\ 0 \end{pmatrix}, \begin{pmatrix} 0 \\ 1 \end{pmatrix} \text{を基本ベクトルとする座標系} \qquad \cdots\cdots ①$$

において，座標 $\begin{pmatrix} x \\ y \end{pmatrix}$ を用いて表現する．

しかし，1次変換を考察する際に，その1次変換を表す行列が相異なる2つの固有値 α, β をもつ場合には，それぞれの固有値に対する固有ベクトル

$$\vec{x_1} = \begin{pmatrix} x_1 \\ y_1 \end{pmatrix}, \vec{x_2} = \begin{pmatrix} x_2 \\ y_2 \end{pmatrix} \text{を基本ベクトルとする座標系} \qquad \cdots\cdots ②$$

をとると都合がよい．

(i) このときの座標 $\begin{pmatrix} x \\ y \end{pmatrix}$ (次ページの図1参照) は，

$$\begin{pmatrix} x \\ y \end{pmatrix} = X \begin{pmatrix} x_1 \\ y_1 \end{pmatrix} + Y \begin{pmatrix} x_2 \\ y_2 \end{pmatrix} \qquad \cdots\cdots ③$$

によってきまる．③ より，

$$\begin{pmatrix} x \\ y \end{pmatrix} = \begin{pmatrix} x_1 & x_2 \\ y_1 & y_2 \end{pmatrix} \begin{pmatrix} X \\ Y \end{pmatrix} \quad \therefore \quad \begin{pmatrix} X \\ Y \end{pmatrix} = \begin{pmatrix} x_1 & x_2 \\ y_1 & y_2 \end{pmatrix}^{-1} \begin{pmatrix} x \\ y \end{pmatrix}$$

であるから，

$$\begin{pmatrix} x_1 & x_2 \\ y_1 & y_2 \end{pmatrix}^{-1} \text{は，"座標系①から座標系②への座標変換"} \qquad \cdots\cdots ④$$

を表す行列

と考えることができる．

(ii) また，
$$A(X\vec{x_1} + Y\vec{x_2}) = XA\vec{x_1} + YA\vec{x_2} = X\alpha\vec{x_1} + Y\beta\vec{x_2} = (\alpha X)\vec{x_1} + (\beta Y)\vec{x_2}$$

$$\begin{pmatrix} \alpha X \\ \beta Y \end{pmatrix} = \begin{pmatrix} \alpha & 0 \\ 0 & \beta \end{pmatrix} \begin{pmatrix} X \\ Y \end{pmatrix}$$

より，座標系を②にとっておけば，1次変換 f は $\begin{pmatrix} \alpha & 0 \\ 0 & \beta \end{pmatrix}$ で表されることがわかる．

(iii) $\begin{pmatrix} \alpha X \\ \beta Y \end{pmatrix}$ なる点が，座標系①においてどのように表されるのかは，④ の逆変換を施して調べればよい．逆変換を表す行列は，

$$\left(\begin{pmatrix} x_1 & x_2 \\ y_1 & y_2 \end{pmatrix}^{-1} \right)^{-1} = \begin{pmatrix} x_1 & x_2 \\ y_1 & y_2 \end{pmatrix}$$

である．

以上の考察を図にまとめると図1のようになる．

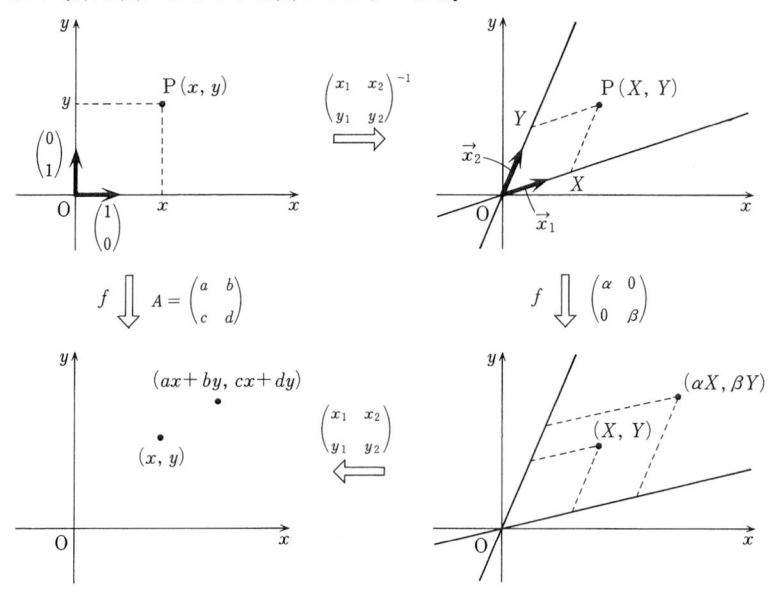

図 1

すなわち，$\begin{pmatrix} X \\ Y \end{pmatrix}$ を $\vec{x_1}$ 方向に α 倍，$\vec{x_2}$ 方向に β 倍した点 $\begin{pmatrix} \alpha X \\ \beta Y \end{pmatrix}$ が，$\begin{pmatrix} X \\ Y \end{pmatrix}$ に対して1次変換 f を施したときの像の，座標系②における座標である．

図1より，

$$A\begin{pmatrix} x \\ y \end{pmatrix} = \begin{pmatrix} x_1 & x_2 \\ y_1 & y_2 \end{pmatrix}\begin{pmatrix} \alpha & 0 \\ 0 & \beta \end{pmatrix}\begin{pmatrix} x_1 & x_2 \\ y_1 & y_2 \end{pmatrix}^{-1}\begin{pmatrix} x \\ y \end{pmatrix}$$

(iii) 座標を戻す　(ii) f　(i) 座標変換

$$\therefore \quad A = \begin{pmatrix} x_1 & x_2 \\ y_1 & y_2 \end{pmatrix}\begin{pmatrix} \alpha & 0 \\ 0 & \beta \end{pmatrix}\begin{pmatrix} x_1 & x_2 \\ y_1 & y_2 \end{pmatrix}^{-1}$$

また，f を n 回施すことを表す行列は，①では A^n，②では $\begin{pmatrix} \alpha & 0 \\ 0 & \beta \end{pmatrix}^n = \begin{pmatrix} \alpha^n & 0 \\ 0 & \beta^n \end{pmatrix}$ であることから，図1において，f を $\underbrace{f \circ f \circ \cdots \cdots \circ f}_{n \text{個}}$ で置き換えることを考えて，

$$A^n = \begin{pmatrix} x_1 & x_2 \\ y_1 & y_2 \end{pmatrix}\begin{pmatrix} \alpha^n & 0 \\ 0 & \beta^n \end{pmatrix}\begin{pmatrix} x_1 & x_2 \\ y_1 & y_2 \end{pmatrix}^{-1}$$

$$= P\begin{pmatrix} \alpha^n & 0 \\ 0 & \beta^n \end{pmatrix}P^{-1} \quad 《ただし，P = \begin{pmatrix} x_1 & x_2 \\ y_1 & y_2 \end{pmatrix}》$$

78　第1章　直線のベクトル表示と不動直線のしくみ

〈練習 1・3・2〉

$A = \begin{pmatrix} \frac{7}{10} & \frac{1}{5} \\ \frac{3}{4} & \frac{1}{2} \end{pmatrix}$, $P = \begin{pmatrix} a & -2 \\ 3 & b \end{pmatrix}$ とする.

次の各問いに答えよ.

(1) $P^{-1}AP = \begin{pmatrix} 1 & 0 \\ 0 & \frac{1}{5} \end{pmatrix}$ となるように実数 a, b を求めよ.

(2) 行列 A^n を求めよ.（n は正の整数）

(3) 平面上で点 (x_{n-1}, y_{n-1}) は, 行列 A によって表される1次変換によって, 点 (x_n, y_n) にうつるという（$n=1, 2, \cdots\cdots$）. n を限りなく大きくすると, 点 (x_n, y_n) はどんな点に近づくか. ただし, $x_0=0$, $y_0=1$ とする.

発想法

(1), (2)　A の固有値は 1 と $\frac{1}{5}$ であるから,〈**定理 1・3・5**〉により対角化できる. ここでは, 誘導によって対角化させている.

(3)　行列の n 乗の応用として, 1次変換によって定まる点列の極限点を求めさせている.

解答　(1) $P^{-1}AP = \begin{pmatrix} 1 & 0 \\ 0 & \frac{1}{5} \end{pmatrix}$ より, $AP = P\begin{pmatrix} 1 & 0 \\ 0 & \frac{1}{5} \end{pmatrix}$

これに, A, P を代入して計算すると,

$\begin{pmatrix} \frac{7}{10}a + \frac{3}{5} & -\frac{7}{5} + \frac{b}{5} \\ \frac{3}{4}a + \frac{3}{2} & -\frac{3}{2} + \frac{b}{2} \end{pmatrix} = \begin{pmatrix} a & -\frac{2}{5} \\ 3 & \frac{b}{5} \end{pmatrix}$

これより, $a=2$, $b=5$ ……（答）

(2) (1)より,

$P = \begin{pmatrix} 2 & -2 \\ 3 & 5 \end{pmatrix}$, $P^{-1} = \frac{1}{16}\begin{pmatrix} 5 & 2 \\ -3 & 2 \end{pmatrix}$

このとき, $A = P\begin{pmatrix} 1 & 0 \\ 0 & \frac{1}{5} \end{pmatrix}P^{-1}$

となることから，

$$A^n = \left(P\begin{pmatrix} 1 & 0 \\ 0 & \frac{1}{5} \end{pmatrix}P^{-1}\right)\left(P\begin{pmatrix} 1 & 0 \\ 0 & \frac{1}{5} \end{pmatrix}P^{-1}\right)\cdots\cdots\left(P\begin{pmatrix} 1 & 0 \\ 0 & \frac{1}{5} \end{pmatrix}P^{-1}\right)$$

$$= P\begin{pmatrix} 1 & 0 \\ 0 & \frac{1}{5} \end{pmatrix}^n P^{-1}$$

数学的帰納法によって，$\begin{pmatrix} 1 & 0 \\ 0 & \frac{1}{5} \end{pmatrix}^n = \begin{pmatrix} 1 & 0 \\ 0 & \frac{1}{5^n} \end{pmatrix}$ より，

$$A^n = \begin{pmatrix} 2 & -2 \\ 3 & 5 \end{pmatrix}\begin{pmatrix} 1 & 0 \\ 0 & \frac{1}{5^n} \end{pmatrix}\begin{pmatrix} \frac{5}{16} & \frac{1}{8} \\ -\frac{3}{16} & \frac{1}{8} \end{pmatrix}$$

$$= \begin{pmatrix} \frac{1}{8}\left(5+\frac{3}{5^n}\right) & \frac{1}{4}\left(1-\frac{1}{5^n}\right) \\ \frac{15}{16}\left(1-\frac{1}{5^n}\right) & \frac{1}{8}\left(3+\frac{1}{5^{n-1}}\right) \end{pmatrix} \qquad \cdots\cdots(答)$$

(3) $\begin{pmatrix} x_n \\ y_n \end{pmatrix} = A\begin{pmatrix} x_{n-1} \\ y_{n-1} \end{pmatrix}$ より，

$$\begin{pmatrix} x_n \\ y_n \end{pmatrix} = A^n\begin{pmatrix} x_0 \\ y_0 \end{pmatrix} = A^n\begin{pmatrix} 0 \\ 1 \end{pmatrix}$$

(2)より，

$$A^n\begin{pmatrix} 0 \\ 1 \end{pmatrix} = \begin{pmatrix} \frac{1}{4}\left(1-\frac{1}{5^n}\right) \\ \frac{1}{8}\left(3+\frac{1}{5^{n-1}}\right) \end{pmatrix}$$

$$\therefore \lim_{n\to\infty} x_n = \frac{1}{4},\ \lim_{n\to\infty} y_n = \frac{3}{8}$$

よって，求める点は，$\left(\dfrac{1}{4},\ \dfrac{3}{8}\right)$ ……(答)

(注) (1)をつかわずに，[例題 Ⅱ・3・3]の(注)と同じ方法で，A^n を求めてみよ．

[例題 1・3・4]

行列 $A=\begin{pmatrix} 2 & 3 \\ -3 & -4 \end{pmatrix}$ の固有値と，それに対応する固有ベクトルを求めよ．

また，逆行列をもつ行列 P を適当に選んで，
$$P^{-1}AP$$
を三角行列にかえ，A^n を求めよ．

発想法

A の固有値は -1 の重複解であるから，〈命題 1・3・2〉によって対角化はできない．しかし，〈定理 1・3・6〉によって三角化できる．行列 P のつくり方として，〈定理 1・3・6〉と少し異なるが，固有値 -1 に対する固有ベクトルの1つを $\vec{v}$ とし，$\vec{v}$ と1次独立な任意のベクトルを $\vec{u}$ として，$P=(\vec{v}\ \vec{u})$ としてもよい．以下の解答は，この方針にのっとっている．

なお，〈定理 1・3・6〉，〈定理 1・3・7〉と同様に解答するのならば，

$$\vec{u}=\begin{pmatrix} 1 \\ 0 \end{pmatrix}, \quad \vec{v}=(A+E)\vec{u}=\begin{pmatrix} 3 \\ -3 \end{pmatrix} \quad \text{より,}$$

$$P=\begin{pmatrix} 3 & 1 \\ -3 & 0 \end{pmatrix}, \quad P^{-1}AP=\begin{pmatrix} -1 & 1 \\ 0 & -1 \end{pmatrix}$$

とすればよい．

解答 A の固有方程式は，
$$\lambda^2+2\lambda+1=0$$
である．

よって，A の固有値は -1（重複解）であり，-1 に対する固有ベクトルは，

$\begin{pmatrix} t \\ -t \end{pmatrix}$ （t は0以外の任意の実数）である． ……（答）

ここで，$\begin{pmatrix} 1 \\ -1 \end{pmatrix}$（固有ベクトルの1つ）と1次独立なベクトル $\begin{pmatrix} 1 \\ 0 \end{pmatrix}$ を用いて，

$$P=\begin{pmatrix} 1 & 1 \\ -1 & 0 \end{pmatrix}$$

とする．このとき，

$$P^{-1}=\begin{pmatrix} 0 & -1 \\ 1 & 1 \end{pmatrix}$$

$$P^{-1}AP = \begin{pmatrix} 0 & -1 \\ 1 & 1 \end{pmatrix} \begin{pmatrix} 2 & 3 \\ -3 & -4 \end{pmatrix} \begin{pmatrix} 1 & 1 \\ -1 & 0 \end{pmatrix}$$

$$= \begin{pmatrix} -1 & 3 \\ 0 & -1 \end{pmatrix} \quad\quad \cdots\cdots(答)$$

したがって,

$$(P^{-1}AP)^n = P^{-1}A^nP$$

$$= \begin{pmatrix} (-1)^n & 3n(-1)^{n-1} \\ 0 & (-1)^n \end{pmatrix}$$

$$\therefore \quad A^n = P \begin{pmatrix} (-1)^n & 3n(-1)^{n-1} \\ 0 & (-1)^n \end{pmatrix} P^{-1}$$

$$= \begin{pmatrix} 1 & 1 \\ -1 & 0 \end{pmatrix} \begin{pmatrix} (-1)^n & 3n(-1)^{n-1} \\ 0 & (-1)^n \end{pmatrix} \begin{pmatrix} 0 & -1 \\ 1 & 1 \end{pmatrix}$$

$$= \begin{pmatrix} (-1)^{n-1}(3n-1) & (-1)^{n-1} \cdot 3n \\ (-1)^{n-1}(-3n) & (-1)^{n-1}(-3n-1) \end{pmatrix} \quad\quad \cdots\cdots(答)$$

(注) 問いの誘導にのらなくても,本問の A^n は計算できる.
以下は,[例題 1・3・1],[例題 1・3・2],〈練習 1・3・1〉の解法と同じである.

ケーリー・ハミルトンの定理より,

$$A^2 + 2A + E = O$$

$$\therefore \quad (A+E)^2 = O$$

$N = A + E$ とおくと,

$A = -E + N$ で, $N^2 = O$

よって,二項定理より,

$$A^n = (-E+N)^n = (-E)^n + {}_nC_1(-E)^{n-1}N$$

$$= (-1)^{n-1}(-E + nN)$$

$$= (-1)^{n-1} \left\{ \begin{pmatrix} -1 & 0 \\ 0 & -1 \end{pmatrix} + n \begin{pmatrix} 3 & 3 \\ -3 & -3 \end{pmatrix} \right\}$$

$$= (-1)^{n-1} \begin{pmatrix} 3n-1 & 3n \\ -3n & -3n-1 \end{pmatrix} \quad\quad \cdots\cdots(答)$$

[例題 1・3・5]

$A = \begin{pmatrix} a & b \\ 0 & d \end{pmatrix}$, $a \neq d$ とする.

$A = aX + dY$, $X + Y = E$ となるように行列 X, Y をきめるとき, $A^n = a^n X + d^n Y$ であることを示せ. 　　　　　　　　　(室蘭工大)

[発想法]

A は相異なる実数の固有値 a と d をもつ. この行列 A に対して, 〈定理 1・3・9〉の結果を導かせる問題である.

[解答] ケーリー・ハミルトンの定理より,

$A = \begin{pmatrix} a & b \\ 0 & d \end{pmatrix}$ のとき,

$\quad A^2 - (a+d)A + adE = O$ ……(*)

が成り立つ.

$\quad aX + dY = A$, $X + Y = E$ から,

$\quad\quad -(a-d)Y = A - aE$ ……①

$\quad\quad (a-d)X = A - dE$ ……②

①×②より,

$\quad\quad -(a-d)^2 XY = (A - aE)(A - dE)$

$\quad\quad\quad\quad\quad\quad = A^2 - (a+d)A + adE$

$a \neq d$ だから, (*) より, $XY = O$ である.

よって, $X + Y = E$ と $XY = O$ より,

$\quad X^2 = X^2 + XY = X(X+Y) = X$

$\quad Y^2 = XY + Y^2 = (X+Y)Y = Y$

したがって,

$\quad X^n = X$, $Y^n = Y$ $(n = 2, 3, \cdots\cdots)$

また, $X = (X+Y)X = X^2 + YX$ だから, $X = X^2$ より, 　　$YX = O$

よって,

$\quad A^n = (aX + dY)^n = a^n X + d^n Y$

である.

§3 行列の n 乗の求め方のカラクリ　83

⟨練習 $\mathbb{1}\cdot 3\cdot 3$⟩

$A=\dfrac{1}{2}\begin{pmatrix} a+b & a-b \\ a-b & a+b \end{pmatrix}$ のとき，A^n を求めよ．

（奈良教育大）

発想法

A の固有値は a, b である．$A=aP+bQ$，$P+Q=E$ をみたすような行列 P, Q を求めると，

$$P=\dfrac{1}{2}\begin{pmatrix} 1 & 1 \\ 1 & 1 \end{pmatrix},\quad Q=\dfrac{1}{2}\begin{pmatrix} 1 & -1 \\ -1 & 1 \end{pmatrix}$$

である．

よって，⟨定理 $\mathbb{1}\cdot 3\cdot 9$⟩ より，$A^n=a^nP+b^nQ$ と書ける．

解答　$A=\dfrac{a}{2}\begin{pmatrix} 1 & 1 \\ 1 & 1 \end{pmatrix}+\dfrac{b}{2}\begin{pmatrix} 1 & -1 \\ -1 & 1 \end{pmatrix}$ と書ける．

いま，$P=\dfrac{1}{2}\begin{pmatrix} 1 & 1 \\ 1 & 1 \end{pmatrix},\ Q=\dfrac{1}{2}\begin{pmatrix} 1 & -1 \\ -1 & 1 \end{pmatrix}$ とおくと，

$$P+Q=E,\quad PQ=O$$

であるから，

$P^2+PQ=P(P+Q)=P$ より，$P^2=P$　∴ $P^k=P\ (k\geq 2)$
$P^2+QP=(P+Q)P=P$ より，$QP=O$
$PQ+Q^2=(P+Q)Q=Q$ より，$Q^2=Q$　∴ $Q^k=Q\ (k\geq 2)$

よって，

$$A^n=(aP+bQ)^n=a^nP+b^nQ$$
$$=\dfrac{a^n}{2}\begin{pmatrix} 1 & 1 \\ 1 & 1 \end{pmatrix}+\dfrac{b^n}{2}\begin{pmatrix} 1 & -1 \\ -1 & 1 \end{pmatrix}$$
$$=\dfrac{1}{2}\begin{pmatrix} a^n+b^n & a^n-b^n \\ a^n-b^n & a^n+b^n \end{pmatrix}\quad\cdots\cdots\text{(答)}$$

（注）いろいろな別解が考えられる．以下にその方針を書いたので，各自試みよ．

(1) A^2, A^3 を計算し，A^n の形を推定し，これを数学的帰納法で証明する．

(2) ⟨定理 $\mathbb{1}\cdot 3\cdot 4$⟩ の証明に従って計算する．

　なお，$a=b$ のときには(c)に従って計算するまでもない．$a\neq b$ の場合について(b)に従って計算すればよい．

(3) $a\neq b$ のとき，⟨定理 $\mathbb{1}\cdot 3\cdot 5$⟩ の証明に従って計算する．

[例題 1・3・6]

行列 N は，$N \neq O$，$N^2 = O$ をみたす．

$N\vec{v} \neq \vec{0}$ なるベクトル $\vec{v}$ をとり，$N\vec{v} = \begin{pmatrix} a \\ b \end{pmatrix}$，$\vec{v} = \begin{pmatrix} c \\ d \end{pmatrix}$ とおく．

(1) 行列 $P = \begin{pmatrix} a & c \\ b & d \end{pmatrix}$ は可逆である(逆行列をもつ)ことを示し，行列 $P^{-1}NP$ を求めよ．

(2) 平面全体の N によって表される1次変換による像を求めよ．

(3) N によって表される1次変換によって原点にうつされる点の全体はどのような図形か．

【解答】 (1) 行列 P が可逆であることを示すためには，$\vec{v}$ と $N\vec{v}$ が平行でないことを示せばよい．

$\vec{v} \neq \vec{0}$，$N\vec{v} \neq \vec{0}$ だから，$\vec{v}$ と $N\vec{v}$ が平行であるとすると，$N\vec{v} = a\vec{v}$ ($a \neq 0$) となる実数 a が存在する．

このとき，
$$\vec{0} = O\vec{v} = N^2\vec{v} = N(a\vec{v}) = aN\vec{v}$$

よって，$N\vec{v} = \vec{0}$ となり矛盾するので，$P = (N\vec{v} \ \vec{v})$ は可逆である．

$N\begin{pmatrix} a \\ b \end{pmatrix} = NN\vec{v} = \begin{pmatrix} 0 \\ 0 \end{pmatrix}$，$N\begin{pmatrix} c \\ d \end{pmatrix} = \begin{pmatrix} a \\ b \end{pmatrix}$ より，

$N\begin{pmatrix} a & c \\ b & d \end{pmatrix} = \begin{pmatrix} 0 & a \\ 0 & b \end{pmatrix}$，すなわち $NP = \begin{pmatrix} 0 & a \\ 0 & b \end{pmatrix}$

$\therefore \ P^{-1}NP = \dfrac{1}{ad-bc}\begin{pmatrix} d & -c \\ -b & a \end{pmatrix}\begin{pmatrix} 0 & a \\ 0 & b \end{pmatrix}$

$\qquad = \dfrac{1}{ad-bc}\begin{pmatrix} 0 & ad-bc \\ 0 & 0 \end{pmatrix}$

$\qquad = \begin{pmatrix} 0 & 1 \\ 0 & 0 \end{pmatrix}$ ……(答)

(2), (3) $NP = \begin{pmatrix} 0 & a \\ 0 & b \end{pmatrix}$ より，

$N = \begin{pmatrix} 0 & a \\ 0 & b \end{pmatrix} P^{-1} = \dfrac{1}{ad-bc}\begin{pmatrix} 0 & a \\ 0 & b \end{pmatrix}\begin{pmatrix} d & -c \\ -b & a \end{pmatrix}$

$\qquad = \dfrac{1}{ad-bc}\begin{pmatrix} -ab & a^2 \\ -b^2 & ab \end{pmatrix}$

よって，

$$N\begin{pmatrix} x \\ y \end{pmatrix} = \frac{1}{ad-bc}\begin{pmatrix} a(-bx+ay) \\ b(-bx+ay) \end{pmatrix}$$

$$= \frac{-bx+ay}{ad-bc}\begin{pmatrix} a \\ b \end{pmatrix}$$

よって，Nによる平面全体の像は，原点を通り$\begin{pmatrix} a \\ b \end{pmatrix}$を方向ベクトルとする直線だから，**直線 $ay=bx$** ……(答)

また，Nによって，原点にうつされるのは，$-bx+ay=0$ より，

直線 $ay=bx$ ……(答)

(注) 解答方法は，〈定理 1・3・6〉(三角化定理)の証明と同様である．本問では，$N^2 = O$ なる行列Nによって表される1次変換の図形的意味が問題となっている．

第2章　1次変換の幾何学的考察のしかた

　本章では，「1次変換のしくみは，"幾何学的に解明せよ"」をスローガンに，入試に頻出する1次変換の重要な族について学習することにしよう．それらの族とは，等長および等角1次変換〔回転，折り返し（線対称移動），回転と相似拡大の合成，折り返しと相似拡大の合成〕，対称行列によって表される1次変換，正射影，斜射影である．すなわち，本章の達成目標は，次に示す〔実力診断テスト〕に1分以内で解答することができるようになることともいえる．本章の最後の節では，さらに1次変換によって図形がどのように変化するかを，とくに面積比と図形の向きに焦点をあわせて考察する．

　それでは，まず，実力診断テストから始めよう．

〔実力診断テスト〕
　次の(1)～(7)に示す行列が表す1次変換によって，図aに示す図形はどのような図形にうつるか図示せよ．

(1) $\begin{pmatrix} \frac{3}{4} & \frac{\sqrt{3}}{4} \\ \frac{\sqrt{3}}{4} & \frac{1}{4} \end{pmatrix}$
(2) $\begin{pmatrix} \frac{1}{2} & \frac{\sqrt{3}}{2} \\ \frac{\sqrt{3}}{2} & -\frac{1}{2} \end{pmatrix}$

(3) $\begin{pmatrix} \frac{5}{4} & -\frac{\sqrt{3}}{4} \\ -\frac{\sqrt{3}}{4} & \frac{7}{4} \end{pmatrix}$
(4) $\begin{pmatrix} \frac{1}{2} & \frac{3}{8} \\ \frac{2}{3} & \frac{1}{2} \end{pmatrix}$

図 a

(5) $\begin{pmatrix} 0 & \frac{1}{2} \\ \frac{1}{2} & 0 \end{pmatrix}$
(6) $\begin{pmatrix} 1 & -\sqrt{3} \\ \sqrt{3} & 1 \end{pmatrix}$
(7) $\begin{pmatrix} \frac{\sqrt{3}}{2} & -\frac{1}{2} \\ \frac{1}{2} & \frac{\sqrt{3}}{2} \end{pmatrix}$

答えは次のようになる．

(1) 直線 $y=\frac{x}{\sqrt{3}}$ への正射影　　(2) 直線 $y=\frac{x}{\sqrt{3}}$ に関する折り返し

(3) 直線 $y=-\frac{x}{\sqrt{3}}$ 方向へ2倍拡大

第2章　1次変換の幾何学的考察のしかた　87

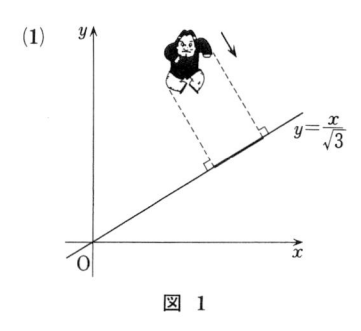

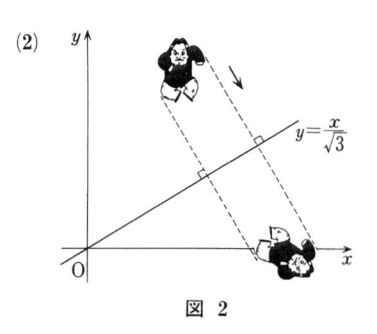

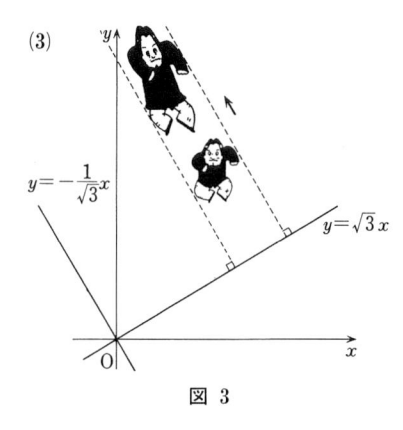

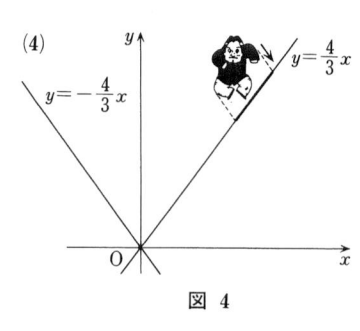

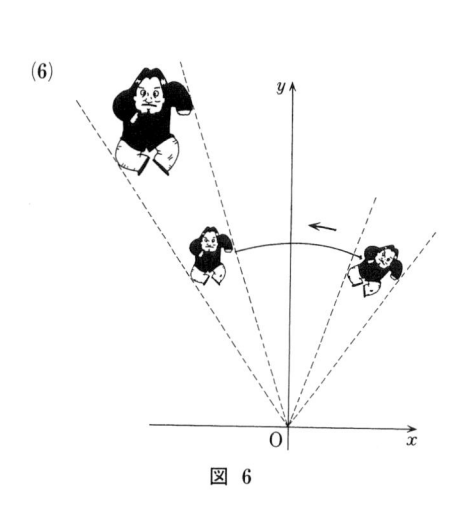

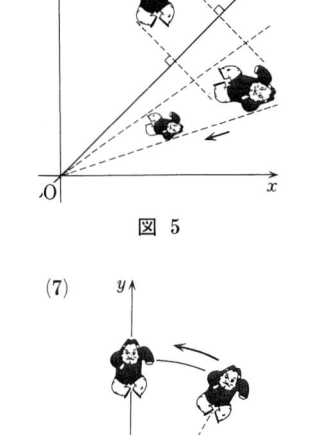

(1) 図 1：$y = \dfrac{x}{\sqrt{3}}$

(2) 図 2：$y = \dfrac{x}{\sqrt{3}}$

(3) 図 3：$y = -\dfrac{1}{\sqrt{3}}x$、$y = \sqrt{3}\,x$

(4) 図 4：$y = -\dfrac{4}{3}x$、$y = \dfrac{4}{3}x$

(5) 図 5：$y = x$

(6) 図 6

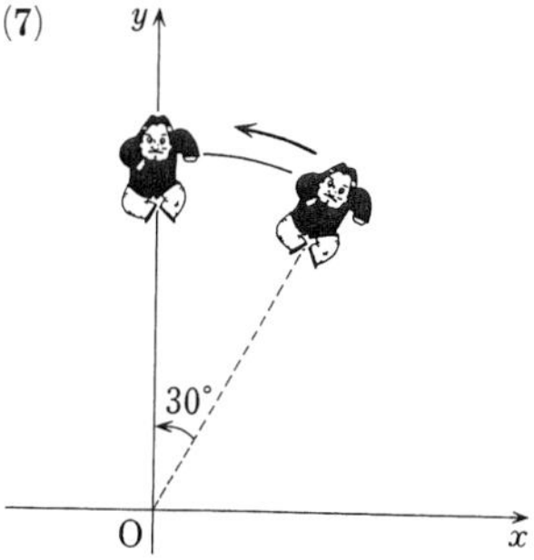

(7) 図 7：$30°$

(4) 直線 $y=\dfrac{4x}{3}$ への直線 $y=-\dfrac{4x}{3}$ 方向に沿った斜射影

(5) 直線 $y=x$ に関する折り返しと，原点に関する $\dfrac{1}{2}$ 縮小の合成

(6) 原点を中心とする 60° 回転と，原点に関する 2 倍拡大の合成

(7) 原点を中心とする 30° 回転

(1)〜(7) の行列がどのような 1 次変換を表しているのか 1 分以内にわかるためには，いろいろな方法があるが，たとえば，おのおのの行列を $\begin{pmatrix} a & b \\ c & d \end{pmatrix}$ とおくとき，以下のように a, b, c, d のみたす関係を求め，それらの関係から，各行列が表す 1 次変換がどのようなものであるのかを判断できればよい．

(1) $a+d=1$, $ad-bc=0$, $b=c$ かつ $\dfrac{b}{a}=\dfrac{1}{\sqrt{3}}$

(2) $a+d=0$, $b=c$, $a^2+b^2=1$ かつ $\cos\theta=\dfrac{1}{2}$, $\sin\theta=\dfrac{\sqrt{3}}{2}$ より， $\theta=60°$

(3) $b=c$, $a+d=3$, $ad-bc=2$ ($\Longrightarrow$ 固有値は 1 と 2)

 かつ $\left(\dfrac{5}{4}-2\right)x-\dfrac{\sqrt{3}}{4}y=0$ ($\Longrightarrow$ 直線 $\sqrt{3}x+y=0$) は，固有値 2 の固有ベクトル $\begin{pmatrix} 1 \\ -\sqrt{3} \end{pmatrix}$ に平行．

(4) $a+d=1$, $ad-bc=0$, $b\ne c$ かつ $\dfrac{c}{a}=\dfrac{4}{3}$, $-\dfrac{a}{b}=-\dfrac{4}{3}$

(5) $\begin{pmatrix} a & b \\ c & d \end{pmatrix}=\dfrac{1}{2}\begin{pmatrix} 0 & 1 \\ 1 & 0 \end{pmatrix}=\dfrac{1}{2}\begin{pmatrix} \cos 90° & \sin 90° \\ \sin 90° & -\cos 90° \end{pmatrix}$

 $y=(\tan 45°)x=x$

(6) $a=d$, $c=-b$, $\sqrt{a^2+b^2}=2$ より， $\begin{pmatrix} a & b \\ c & d \end{pmatrix}=2\begin{pmatrix} \dfrac{1}{2} & -\dfrac{\sqrt{3}}{2} \\ \dfrac{\sqrt{3}}{2} & \dfrac{1}{2} \end{pmatrix}$

 $\cos\theta=\dfrac{1}{2}$, $\sin\theta=\dfrac{\sqrt{3}}{2}$ より， $\theta=60°$

(7) $a=d$, $c=-b$, $a^2+b^2=1$ かつ $\cos\theta=\dfrac{\sqrt{3}}{2}$, $\sin\theta=\dfrac{1}{2}$ より， $\theta=30°$

§1 合同(等長)1次変換と相似(等角)1次変換を表す行列の判定法とそれらの性質の利用

入試に頻出する1次変換のなかに，回転，線対称移動(折り返し)，およびそれらの相似拡大との合成がある．

本節では，これらの1次変換について学ぶことにしよう．これらの1次変換はどれも顕著な幾何学的性質をもつので，これらの1次変換に関する問題を図形的に分析することは解法のうえで肝要である．

平面全体から平面全体への写像 f を考える．

f を任意の点 P に対して，P を原点のまわりに反時計まわりに θ 回転させた点 P′ にうつす写像とする．このとき，$f : P \to P'$ を**原点のまわりの θ 回転**を表す写像という(図 A(a))．

原点を通る直線 l と，x 軸の正方向とのなす角が θ であるとする．任意の点 P に対して，P の l に関して対称な点を P′ とする．このとき，P を P′ にうつす写像を f とする．$f : P \to P'$ を(原点を通る)**直線 l に関する線対称移動**(または**折り返し**)を表す写像という(図 A(b))．

k を任意の実数の定数とする．任意の点 P に対し，点 P′ を $\overrightarrow{OP'}=k\overrightarrow{OP}$ をみたす点とする．このとき，P を P′ にうつす写像を f とする．$f : P \to P'$ を **k 倍の相似拡大**を表す写像という(図 A(c))．

これら3種の写像は，それぞれ $\begin{pmatrix} \cos\theta & -\sin\theta \\ \sin\theta & \cos\theta \end{pmatrix}$，$\begin{pmatrix} \cos 2\theta & \sin 2\theta \\ \sin 2\theta & -\cos 2\theta \end{pmatrix}$ (p.93

〈定理 2・1・3〉参照．定理において θ を 2θ としてみよ)，$\begin{pmatrix} k & 0 \\ 0 & k \end{pmatrix}=kE$ (E は単位行列)で表されるので，いずれも1次変換である．

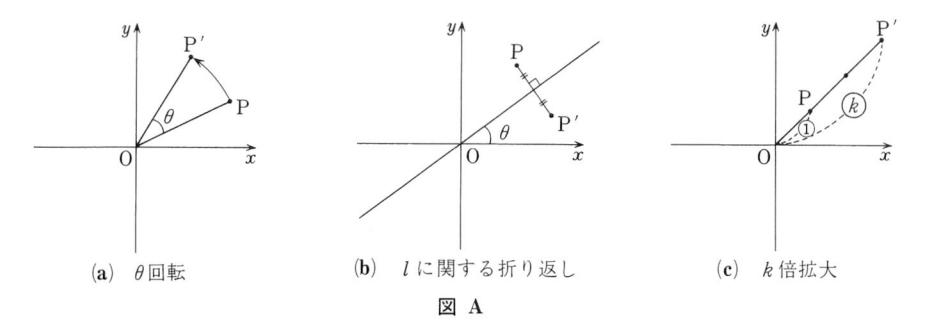

(a) θ 回転　　(b) l に関する折り返し　　(c) k 倍拡大

図 A

$A = \begin{pmatrix} a & b \\ c & d \end{pmatrix}$ の**転置行列** ${}^t\!A$ とは，A の行と列を入れ換えた行列，すなわち，${}^t\!A = \begin{pmatrix} a & c \\ b & d \end{pmatrix}$ をいう．

A が逆行列をもち，$A^{-1} = {}^t\!A$ のとき，A を**直交行列**とよぶ（どうして「直交」なのかは以下に述べる）．

A が直交行列のとき，
$${}^t\!AA = A^{-1}A = E = \begin{pmatrix} 1 & 0 \\ 0 & 1 \end{pmatrix}$$

一方，
$${}^t\!AA = \begin{pmatrix} a^2+c^2 & ab+cd \\ ab+cd & b^2+d^2 \end{pmatrix}$$

であるから，${}^t\!AA = E$ である条件は，両辺の行列の各成分を比較して，
$$\begin{cases} a^2+c^2 = b^2+d^2 = 1 \\ ab+cd = 0 \end{cases}$$

すなわち，A が直交行列であるのは，A の2つの列ベクトル $\begin{pmatrix} a \\ c \end{pmatrix}$, $\begin{pmatrix} b \\ d \end{pmatrix}$ のおのおのの大きさが1で，それらが互いに「直交」していることである．

次に，直交行列が表す1次変換はどのような性質をもつかを調べよう．

〈定理 2・1・1〉

次の (i), (ii), (iii) は同値である．

(i) f は，直交行列 $A = \begin{pmatrix} a & b \\ c & d \end{pmatrix}$ によって表される1次変換である．

(ii) f は，任意の2点間の距離を不変に保つ1次変換である．

(iii) f は，"原点のまわりの回転移動" または "原点を通る直線に関する対称移動 (折り返し)" である．

【証明】 2点 P, Q の f による像をそれぞれ P′, Q′ とする．(i) $\Longleftrightarrow$ (ii)，および (i) $\Longleftrightarrow$ (iii) を示せば十分である．

(i) $\Longleftrightarrow$ (ii) を示す．

P(x, y), Q(u, v) とおく．このとき，
P′$(ax+by, \ cx+dy)$, Q′$(au+bv, \ cu+dv)$ より，
$$PQ^2 = (u-x)^2 + (v-y)^2$$

$$\begin{aligned}P'Q'^2 &= \{(au+bv)-(ax+by)\}^2+\{(cu+dv)-(cx+dy)\}^2\\ &= a^2(u-x)^2+2ab(u-x)(v-y)+b^2(v-y)^2\\ &\quad +c^2(u-x)^2+2cd(u-x)(v-y)+d^2(v-y)^2\\ \therefore\ P'Q'^2-PQ^2 &= (a^2+c^2-1)(u-x)^2+2(ab+cd)(u-x)(v-y)\\ &\quad +(b^2+d^2-1)(v-y)^2 \quad \cdots\cdots\text{①}\end{aligned}$$

① 式＝0 が任意の x, y, u, v で成り立つことより, (ii) の条件は,
$$a^2+c^2=b^2+d^2=1,\ ab+cd=0$$
である．これは，(i) の条件に一致するので示された．

(i) $\Longrightarrow$ (ii) を示す．a, b, c, d が次の条件をみたすとする．
$$a^2+c^2=b^2+d^2=1,\ ab+cd=0$$
これより，a, b, c, d は適当な実数 $\alpha, \beta\ (0\le\alpha,\beta<2\pi)$ を用いて,
$$a=\cos\alpha,\ c=\sin\alpha,\ b=\cos\beta,\ d=\sin\beta$$
と書ける．ところで,
$$ab+cd=0\iff\begin{pmatrix}a\\c\end{pmatrix}\cdot\begin{pmatrix}b\\d\end{pmatrix}=0\iff\begin{pmatrix}a\\c\end{pmatrix}\perp\begin{pmatrix}b\\d\end{pmatrix}$$
$$\iff\begin{pmatrix}b\\d\end{pmatrix}=\pm\begin{pmatrix}\cos\frac{\pi}{2} & -\sin\frac{\pi}{2}\\ \sin\frac{\pi}{2} & \cos\frac{\pi}{2}\end{pmatrix}\begin{pmatrix}a\\c\end{pmatrix}$$

が成り立つから,
$$\begin{pmatrix}\cos\beta\\ \sin\beta\end{pmatrix}=\pm\begin{pmatrix}0 & -1\\ 1 & 0\end{pmatrix}\begin{pmatrix}\cos\alpha\\ \sin\alpha\end{pmatrix}=\begin{pmatrix}-\sin\alpha\\ \cos\alpha\end{pmatrix}\text{ または }\begin{pmatrix}\sin\alpha\\ -\cos\alpha\end{pmatrix}$$

よって,
$A=\begin{pmatrix}a & b\\ c & d\end{pmatrix}$ が $a^2+c^2=b^2+d^2=1,\ ab+cd=0$ をみたす．

$\iff A=\begin{pmatrix}\cos\alpha & -\sin\alpha\\ \sin\alpha & \cos\alpha\end{pmatrix}\ \cdots\cdots(*)$ または

$\begin{pmatrix}\cos\alpha & \sin\alpha\\ \sin\alpha & -\cos\alpha\end{pmatrix}\ \cdots\cdots(**)$ と書ける．

ところで, $\begin{pmatrix}\cos\alpha & -\sin\alpha\\ \sin\alpha & \cos\alpha\end{pmatrix}$ は原点のまわりの α だけ回転する回転移動であり，$\begin{pmatrix}\cos\alpha & \sin\alpha\\ \sin\alpha & -\cos\alpha\end{pmatrix}$ は原点を通り x 軸の正方向とのなす角 $\frac{\alpha}{2}$ なる直線
$$\left(\sin\frac{\alpha}{2}\right)x-\left(\cos\frac{\alpha}{2}\right)y=0$$
に関しての線対称移動 (折り返し) である (p.93 〈**定理 2・1・3**〉参照) から, (i) $\Longrightarrow$ (ii) が示せた．

(iii) ⟹ (i) は，直接計算によって容易に示せる．

(注) 次の行列は，上述の2種類の形(*), (**)の行列と，対応する成分の符号が回転や対称移動を表す行列の成分と一見異なるように見えるかもしれないが，実は回転や対称移動を表す行列なので，まちがえないようにせよ．

$$\begin{pmatrix} \cos\theta & \sin\theta \\ -\sin\theta & \cos\theta \end{pmatrix}$$

の形の行列は"回転"(原点のまわりの$-\theta$回転)を表す．また，

$$\begin{pmatrix} \cos\theta & -\sin\theta \\ -\sin\theta & -\cos\theta \end{pmatrix}$$

の形の行列は，原点を通り，x軸の正方向とのなす角$\dfrac{-\theta}{2}$の直線に関する"対称移動"を表す．

〈定理 2・1・1〉の(i), (iii)により，直交行列が表す1次変換は任意の三角形をそれに合同な三角形にうつすことがわかる．したがって，直交行列の表す1次変換を**合同1次変換**とか**等長1次変換**ともいう．

〈定理 2・1・2〉

角度を変えない1次変換 f (すなわち，任意の2点 P, Q に対して，∠POQ=∠f(P)Of(Q)) は，等長(合同)1次変換(回転または対称移動)と相似拡大(kEで定まる1次変換)の合成であり，またそのときに限る．

【証明】 行列 $A = \begin{pmatrix} a & b \\ c & d \end{pmatrix}$ の表す1次変換 f が角度を保つとき，直交するベクトルの組

$$\begin{pmatrix} \cos\theta \\ \sin\theta \end{pmatrix}, \begin{pmatrix} -\sin\theta \\ \cos\theta \end{pmatrix}$$

の像

$$\begin{pmatrix} a\cos\theta + b\sin\theta \\ c\cos\theta + d\sin\theta \end{pmatrix}, \begin{pmatrix} -a\sin\theta + b\cos\theta \\ -c\sin\theta + d\cos\theta \end{pmatrix}$$

は，任意のθで直交しなければならない．したがって，これらの内積をとって，

$(a\cos\theta + b\sin\theta)(-a\sin\theta + b\cos\theta)$
$\quad + (c\cos\theta + d\sin\theta)(-c\sin\theta + d\cos\theta) = 0$

$\therefore \dfrac{1}{2}(b^2+d^2-a^2-c^2)\sin 2\theta + (ab+cd)\cos 2\theta = 0$ ……①

①が任意のθで成り立つから，とくに$\theta = 0, \dfrac{\pi}{4}$のときを考えて，

$ab+cd=0, \quad b^2+d^2=a^2+c^2$ ……②

が必要．

§1 合同(等長)1次変換と相似(等角)1次変換を表す行列の判定法とそれらの性質の利用　　93

逆に, 行列 A の成分が ② をみたすとき,
$$b^2+d^2=a^2+c^2=k^2$$
とおくと, 任意のベクトル $\vec{u}=\begin{pmatrix}x\\y\end{pmatrix}$, $\vec{v}=\begin{pmatrix}u\\v\end{pmatrix}$ について,
$$|A\vec{u}|^2=(ax+by)^2+(cx+dy)^2=k^2(x^2+y^2)$$
$$|A\vec{v}|^2=(au+bv)^2+(cu+dv)^2=k^2(u^2+v^2)$$
$$A\vec{u}\cdot A\vec{v}=(ax+by)(au+bv)+(cx+dy)(cu+dv)$$
$$=k^2(xu+yv)$$
より, $\vec{u},\vec{v}$ のなす角を θ, $A\vec{u},A\vec{v}$ のなす角を θ' とすると,
$$\cos\theta'=\frac{A\vec{u}\cdot A\vec{v}}{|A\vec{u}||A\vec{v}|}=\frac{k^2(xu+yv)}{k^2\sqrt{x^2+y^2}\sqrt{u^2+v^2}}$$
$$=\frac{xu+yv}{\sqrt{x^2+y^2}\sqrt{u^2+v^2}}=\frac{\vec{u}\cdot\vec{v}}{|\vec{u}||\vec{v}|}=\cos\theta$$

したがって, ② をみたす行列 A の表す1次変換 f は角度を保つ.

$a^2+c^2=b^2+d^2=k^2$ とおくと, 適当な α,β $(0\leq\alpha,\beta<2\pi)$ を用いて,
$$\begin{pmatrix}a\\c\end{pmatrix}=\begin{pmatrix}k\cos\alpha\\k\sin\alpha\end{pmatrix},\quad \begin{pmatrix}b\\d\end{pmatrix}=\begin{pmatrix}k\cos\beta\\k\sin\beta\end{pmatrix}$$
と書ける. $ab+cd=0$ より, $(\cos\beta,\sin\beta)=\pm(-\sin\alpha,\cos\alpha)$ だから,
$$A=\begin{pmatrix}a & b\\c & d\end{pmatrix}\text{ が }a^2+c^2=b^2+d^2=k^2,\ ab+cd=0\text{ をみたす.}$$
$$\iff A=k\begin{pmatrix}\cos\alpha & -\sin\alpha\\\sin\alpha & \cos\alpha\end{pmatrix}\left(=(kE)\begin{pmatrix}\cos\alpha & -\sin\alpha\\\sin\alpha & \cos\alpha\end{pmatrix}\right)\text{ または}$$
$$k\begin{pmatrix}\cos\alpha & \sin\alpha\\\sin\alpha & -\cos\alpha\end{pmatrix}\left(=(kE)\begin{pmatrix}\cos\alpha & \sin\alpha\\\sin\alpha & -\cos\alpha\end{pmatrix}\right)\text{ と書ける.}$$
$\iff A$ の表す1次変換 f は〝回転と相似拡大の合成〟
または〝対称移動と相似拡大の合成〟である.

A が表す1次変換 f が〝回転と相似拡大の合成〟または〝対称移動と相似拡大の合成〟のとき, 1次変換 f が角度を変えないことは明らかである.

（注）前半で, $A=\begin{pmatrix}a & b\\c & d\end{pmatrix}$ とおくとき,

A の表す1次変換が角度を保つ $\iff \begin{cases}a^2+c^2=b^2+d^2\\ab+cd=0\end{cases}$

を証明した. 「$\Longleftarrow$」の証明は問題ないだろう.「$\Longrightarrow$」の証明を, 角度 $90°$ という特別な場合を考えて証明していること (Ⅰ の第 5 章参照) に注目せよ.

次の事実が成り立つので, 角度を変えない1次変換を**相似1次変換**とか**等角1次変換**という.

"1次変換 f が平面上の任意の三角形をそれに相似な三角形にうつすとき, f は角度を変えない1次変換である."

【証明】 原点 O を頂点とする任意の二等辺三角形 OAB (OA=OB) をとる.
 $f(A)=A'$, $f(B)=B'$ とすると,
  $\triangle OAB \sim \triangle OA'B'$
O が $\triangle OA'B'$ の頂点, つまり $OA'=OB'$ なら, $\angle AOB=\angle A'OB'$ となり, f は角度を変えない. O が $\triangle OA'B'$ の頂点でないとき, つまり $OA' \neq OB'$ のとき,

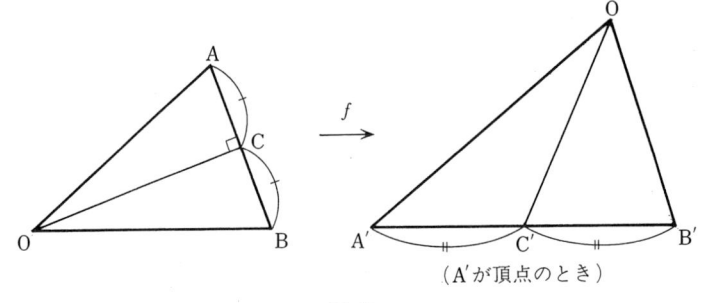

図 B

辺 AB の中点を C とし, $f(C)=C'$ とする. f は1次変換だから, C' は辺 A'B' の中点である. このとき, $\triangle OAC$ は直角三角形だが, この f による像 $\triangle OA'C'$ は直角三角形でない (図B). これは, f が相似変換であるとの仮定に反する.

〈定理 2・1・3〉
 原点を通る直線を l とし, l と x 軸の正方向とのなす角を $\dfrac{\theta}{2}$ とする. 平面上の各点 $P(x, y)$ に対し, P を l に関して対称な点 $P'(x', y')$ にうつす写像を f とする. このとき, f は1次変換であり, f は行列 $\begin{pmatrix} \cos\theta & \sin\theta \\ \sin\theta & -\cos\theta \end{pmatrix}$ によって表される.

【証明】 PP' の中点を M とすると (図C),
  $M\left(\dfrac{x'+x}{2}, \dfrac{y'+y}{2}\right)$

(i) M は l 上の点だから,
  $\dfrac{x'+x}{2} : \dfrac{y'+y}{2} = \cos\dfrac{\theta}{2} : \sin\dfrac{\theta}{2}$
  $\therefore \ x'\sin\dfrac{\theta}{2} - y'\cos\dfrac{\theta}{2}$
   $= -x\sin\dfrac{\theta}{2} + y\cos\dfrac{\theta}{2}$ ……①

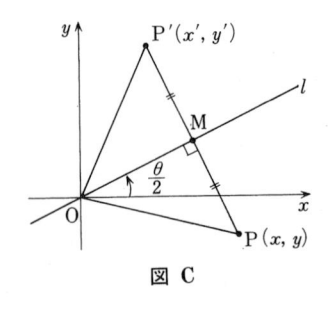

図 C

(ii) $PP' \perp l$ より,

$$(x'-x,\ y'-y) \cdot \left(\cos\frac{\theta}{2},\ \sin\frac{\theta}{2}\right) = 0$$

$$\therefore\ x'\cos\frac{\theta}{2} + y'\sin\frac{\theta}{2} = x\cos\frac{\theta}{2} + y\sin\frac{\theta}{2} \quad \cdots\cdots ②$$

①, ②より,

$$B = \begin{pmatrix} \sin\frac{\theta}{2} & -\cos\frac{\theta}{2} \\ \cos\frac{\theta}{2} & \sin\frac{\theta}{2} \end{pmatrix},\ C = \begin{pmatrix} -\sin\frac{\theta}{2} & \cos\frac{\theta}{2} \\ \cos\frac{\theta}{2} & \sin\frac{\theta}{2} \end{pmatrix}$$

とすると,

$$B\begin{pmatrix} x' \\ y' \end{pmatrix} = C\begin{pmatrix} x \\ y \end{pmatrix}$$

$$\therefore\ \begin{pmatrix} x' \\ y' \end{pmatrix} = B^{-1}C\begin{pmatrix} x \\ y \end{pmatrix}$$

$$= \begin{pmatrix} \cos^2\frac{\theta}{2} - \sin^2\frac{\theta}{2} & 2\cos\frac{\theta}{2}\sin\frac{\theta}{2} \\ 2\cos\frac{\theta}{2}\sin\frac{\theta}{2} & -\cos^2\frac{\theta}{2} + \sin^2\frac{\theta}{2} \end{pmatrix}\begin{pmatrix} x \\ y \end{pmatrix}$$

$$= \begin{pmatrix} \cos\theta & \sin\theta \\ \sin\theta & -\cos\theta \end{pmatrix}\begin{pmatrix} x \\ y \end{pmatrix}$$

となり, 確かに f は1次変換であり, f を表す行列は,

$$A = \begin{pmatrix} \cos\theta & \sin\theta \\ \sin\theta & -\cos\theta \end{pmatrix}$$

である.

$a^2 + b^2 = c^2 + d^2 = k^2 (k > 0),\ ab + cd = 0$ ならば, それぞれ適当な θ を用いて,

$$\begin{pmatrix} a & -b \\ b & a \end{pmatrix} = k\begin{pmatrix} \cos\theta & -\sin\theta \\ \sin\theta & \cos\theta \end{pmatrix}\ \left(= \begin{pmatrix} k & 0 \\ 0 & k \end{pmatrix}\begin{pmatrix} \cos\theta & -\sin\theta \\ \sin\theta & \cos\theta \end{pmatrix} \right),$$

$$\begin{pmatrix} a & b \\ b & -a \end{pmatrix} = k\begin{pmatrix} \cos\theta & \sin\theta \\ \sin\theta & -\cos\theta \end{pmatrix}\ \left(= \begin{pmatrix} k & 0 \\ 0 & k \end{pmatrix}\begin{pmatrix} \cos\theta & \sin\theta \\ \sin\theta & -\cos\theta \end{pmatrix} \right)$$

と表せることから, 前者は, 回転と k 倍の相似拡大の積, 後者は, 線対称移動と k 倍の相似拡大の合成になる.

すなわち, 行列 $A = \begin{pmatrix} a & b \\ c & d \end{pmatrix}$ が与えられたとき, a, b, c, d が

$$a^2 + c^2 = b^2 + d^2 = k^2\ (k > 0),\ ab + cd = 0$$

をみたすとする．このとき，行列 A によって表される1次変換 f は，次のどちらかのタイプになる．

$\det A = ad - bc > 0$ ならば，(k 倍の相似拡大)∘(回転)（ただし，∘ は写像の合成を表すものとする．）（図 D(a)）

$\det A = ad - bc < 0$ ならば，(k 倍の相似拡大)∘(線対称移動)（図 D(b)）

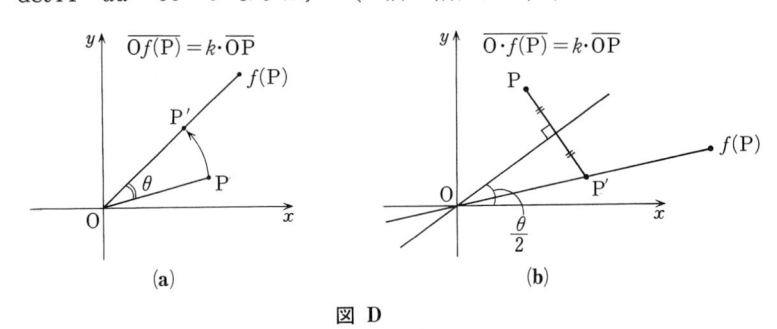

図 D

次に，回転と対称移動（折り返し）の間に成り立つ関係について調べよう．

〈定理 2・1・4〉

原点を通る直線を l とし，l と x 軸の正方向とのなす角を θ とする．

任意の点 P に対し，P を x 軸に関して対称な点にうつす1次変換を g とする．

任意の点 P に対し，P を l に関して対称な点にうつす1次変換を h とする．

また，任意の点 P に対し，P を原点のまわりに 2θ 回転した点にうつす1次変換を $R_{2\theta}$ とする．

このとき，h は "x 軸に関しての対称移動（折り返し）g と 2θ 回転 $R_{2\theta}$ との合成"である．

すなわち，　　$h = R_{2\theta} \cdot g$

【証明】〈定理 2・1・3〉より，h は $\begin{pmatrix} \cos 2\theta & \sin 2\theta \\ \sin 2\theta & -\cos 2\theta \end{pmatrix}$ で表される．等式

$$\begin{pmatrix} \cos 2\theta & \sin 2\theta \\ \sin 2\theta & -\cos 2\theta \end{pmatrix} = \begin{pmatrix} \cos 2\theta & -\sin 2\theta \\ \sin 2\theta & \cos 2\theta \end{pmatrix} \begin{pmatrix} 1 & 0 \\ 0 & -1 \end{pmatrix}$$

が成立し，この右辺の第1因子は $R_{2\theta}$ を，第2因子は g を表す．したがって，

$h = R_{2\theta} \cdot g$

が成り立つ．

［図形での解説］

点 P の x 軸に関する対称点を $P_1(x_1, y_1)$ とし，l に関する対称点を $P_2(x_2, y_2)$ とす

る．このとき，P_2 は P_1 を原点のまわりに 2θ 回転させた点である（図 E 参照）．

よって，$\begin{pmatrix} x_2 \\ y_2 \end{pmatrix} = \begin{pmatrix} \cos 2\theta & -\sin 2\theta \\ \sin 2\theta & \cos 2\theta \end{pmatrix} \begin{pmatrix} x_1 \\ y_1 \end{pmatrix}$

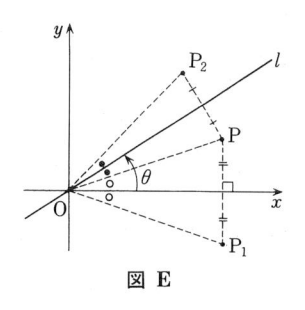

ここで，$P(x, y)$ とすると，

$\begin{pmatrix} x_1 \\ y_1 \end{pmatrix} = \begin{pmatrix} 1 & 0 \\ 0 & -1 \end{pmatrix} \begin{pmatrix} x \\ y \end{pmatrix}$

だから，

$\begin{pmatrix} x_2 \\ y_2 \end{pmatrix} = \begin{pmatrix} \cos 2\theta & -\sin 2\theta \\ \sin 2\theta & \cos 2\theta \end{pmatrix} \begin{pmatrix} x_1 \\ y_1 \end{pmatrix}$

$= \begin{pmatrix} \cos 2\theta & -\sin 2\theta \\ \sin 2\theta & \cos 2\theta \end{pmatrix} \begin{pmatrix} 1 & 0 \\ 0 & -1 \end{pmatrix} \begin{pmatrix} x \\ y \end{pmatrix}$

$= \begin{pmatrix} \cos 2\theta & \sin 2\theta \\ \sin 2\theta & -\cos 2\theta \end{pmatrix} \begin{pmatrix} x \\ y \end{pmatrix}$

図 E

次のことは容易にわかろう．

θ 回転を表す行列を R とする．このとき，

$R = \begin{pmatrix} \cos \theta & -\sin \theta \\ \sin \theta & \cos \theta \end{pmatrix}$ であるから，$\det R = \cos^2 \theta + \sin^2 \theta = 1$

折り返しを表す行列を S とする．このとき，

$S = \begin{pmatrix} \cos \theta & \sin \theta \\ \sin \theta & -\cos \theta \end{pmatrix}$ であるから，$\det S = -(\cos^2 \theta + \sin^2 \theta) = -1$

すなわち，A が直交行列で，$\det A = 1$ ならば回転を表す行列であり，$\det A = -1$ ならば線対称移動を表す行列である．

上述の事実より，原点を通る 2 つの直線 l_1, l_2 のおのおのに関する折り返しをそれぞれ f, g とすると，f と g の合成 $f \circ g$ は回転移動にほかならないことがわかる．

つまり，f を表す行列を S とし，g を表す行列を T とすると，双方とも対称移動であるから，

$\det S = \det T = -1$

ここで，行列式について注意しておく．

〈命題 2・1・1〉

任意の 2 つの行列を P, Q とする．このとき，

$\det PQ = (\det P)(\det Q)$

が成り立つ．

【証明】 $P\begin{pmatrix} a & b \\ c & d \end{pmatrix}$, $Q=\begin{pmatrix} a' & b' \\ c' & d' \end{pmatrix}$ とする．

$$\det PQ = \det \begin{pmatrix} aa'+bc' & ab'+bd' \\ ca'+dc' & cb'+dd' \end{pmatrix}$$
$$=(aa'+bc')(cb'+dd')-(ab'+bd')(ca'+dc')$$
$$=(ad-bc)(a'd'-b'c')$$
$$=(\det P)(\det Q)$$

この命題より，

$\det S \cdot T = (-1)^2 = 1$

よって，$f \circ g$ は回転である．

この節では，固有値，固有ベクトルについてはまったく考えないが，少し注意しておこう．行列 $\begin{pmatrix} a & b \\ b & -a \end{pmatrix}$ は対称行列の1つで，一般の対称行列の固有値，固有ベクトルについては§2で扱う．

行列 $\begin{pmatrix} a & -b \\ b & a \end{pmatrix}$ の固有値は $a \pm bi$ となり，$b \neq 0$ のとき固有ベクトルをつかって図形的に考えることはできない．しかし，「k 倍。回転」の形なので，図形的に解釈することができる．

回転を表す行列のときは，

$A = \begin{pmatrix} \cos\theta & -\sin\theta \\ \sin\theta & \cos\theta \end{pmatrix}$

だから，A の固有方程式は，

$\lambda^2 - 2\cos\theta \cdot \lambda + (\cos^2\theta + \sin^2\theta) = 0$

∴ $\lambda^2 - 2\cos\theta \cdot \lambda + 1 = 0$ ……(∗)

である．これに判別式を用いると，

$\dfrac{D}{4} = \cos^2\theta - 1$

である．$-1 \leq \cos\theta \leq 1$ であることから，

$\dfrac{D}{4} = \cos^2\theta - 1 \leq 0$

となる．これより，$\dfrac{D}{4} = 0$ のときは，(∗)は重複解 $\lambda = \cos\theta$ をもち，固有ベク

トルが存在する．そのような θ は，
$$\cos^2\theta - 1 = 0 \iff \cos^2\theta = 1 \iff \cos\theta = \pm 1$$
$$\therefore\ \theta = n\pi$$
である．このとき，A は次の行列に特定される．
(i) n が偶数のとき，
$$A = \begin{pmatrix} 1 & 0 \\ 0 & 1 \end{pmatrix}$$
となり，A は恒等変換を表す．
(ii) n が奇数のとき，
$$A = \begin{pmatrix} -1 & 0 \\ 0 & -1 \end{pmatrix}$$
となり，A は，原点に関する点対称移動を表す．

次に，対称移動を表す行列
$$A = \begin{pmatrix} \cos 2\theta & \sin 2\theta \\ \sin 2\theta & -\cos 2\theta \end{pmatrix}$$
の固有方程式は，
$$\lambda^2 - (\cos 2\theta - \cos 2\theta)\lambda + (-\cos^2 2\theta - \sin^2 2\theta) = 0 \quad \text{より}, \quad \lambda^2 - 1 = 0$$
であるから，固有値は $\lambda = \pm 1$ である．
(i) $\lambda = 1$ のとき，固有ベクトルは，
$$(\cos 2\theta - 1)x + \sin 2\theta \cdot y = 0 \quad \text{より},$$
$$-2\sin^2\theta \cdot x + 2\sin\theta\cos\theta \cdot y = 0$$
で与えられる．
(ii) $\lambda = -1$ のとき，固有ベクトルは，
$$(\cos 2\theta + 1)x + \sin 2\theta \cdot y = 0 \quad \text{より},$$
$$2\cos^2\theta \cdot x + 2\sin\theta\cos\theta \cdot y = 0$$
で与えられる．
$$(\sin\theta\cos\theta,\ \sin^2\theta) = \sin\theta(\cos\theta,\ \sin\theta),$$
$$(-\sin\theta\cos\theta,\ \cos^2\theta) = \cos\theta(-\sin\theta,\ \cos\theta)$$
だから，固有ベクトルとして，
$\lambda = 1$ に対して，$(\cos\theta,\ \sin\theta)$
$\lambda = -1$ に対して，$(-\sin\theta,\ \cos\theta)$
がとれる．

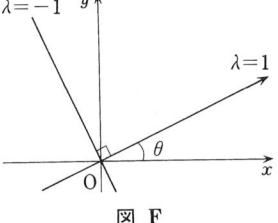

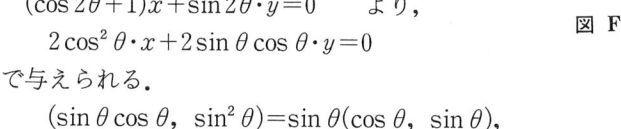

図 F

[例題 2・1・1]

$$A=\begin{pmatrix} 1 & 2 \\ 0 & 1 \end{pmatrix}, \quad B=\begin{pmatrix} \frac{\sqrt{3}}{2} & -\frac{1}{2} \\ \frac{1}{2} & \frac{\sqrt{3}}{2} \end{pmatrix}$$

$C=BAB^{-1}$ とし，C が表す平面上の1次変換を f とする．f によって動かない点の集合 $\{P \mid f(P)=P\}$ を l とするとき，次の各問いに答えよ．

(1) l は直線であることを示せ．
(2) 点 $P(0, 3)$ と点 $f(P)$ との距離を求めよ．
(3) 点 $P(0, 3)$ と直線 l との距離を求めよ．
(4) 直線 l から r の距離にある点 Q をとるとき，点 Q と $f(Q)$ との距離 s を r を用いて表せ．

発想法

(1) $A=\begin{pmatrix} 1 & 2 \\ 0 & 1 \end{pmatrix}$ によって表される1次変換 g を幾何学的に表現するとどうなるかを，まず考えよう．

$$\begin{pmatrix} x' \\ y' \end{pmatrix} = \begin{pmatrix} 1 & 2 \\ 0 & 1 \end{pmatrix}\begin{pmatrix} x \\ y \end{pmatrix} \iff \begin{cases} x' = x + 2y \\ y' = y \end{cases} \quad \cdots\cdots(\star)$$

であるから，($\star$) の第2式に注目すると，点 $P(x, y)$ と点 $P'(x', y')$ の y 成分が等しいので，P は x 軸に平行に移動して，$g(P)=P'$ にうつる．また，($\star$) の第1式に注目すれば，P の g による x 座標の変化は $2y$ である．よって，この状態を図示すると，図1のようになる．このことにより，g によって動かない点の y 座標は 0 である．すなわち，不動点の集合は x 軸である．

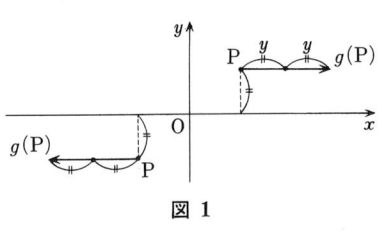

図 1

(2) B が原点のまわり $\frac{\pi}{6}$ の回転を表すことから，B^{-1} は原点のまわり $-\frac{\pi}{6}$ の回転を表す．$P(0, 3)$ は，B^{-1} により図2の P' へうつる．P' から x 軸に下ろした垂線の足を H とする．$\triangle OP'H$ は $\angle P'OH = \frac{\pi}{3}$ の

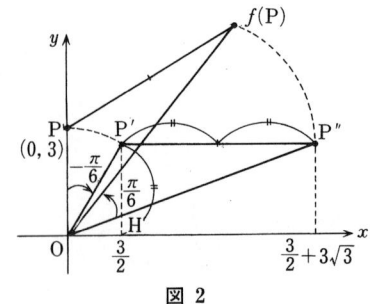

図 2

§1 合同(等長)1次変換と相似(等角)1次変換を表す行列の判定法とそれらの性質の利用　　101

直角三角形であり，OP′=OP=3 である．

よって，P′$\left(\dfrac{3}{2}, \dfrac{3\sqrt{3}}{2}\right)$ で，(☆)より P′ は A により，

$$P''\left(\dfrac{3}{2}+3\sqrt{3}, \dfrac{3\sqrt{3}}{2}\right)$$

へうつる．P″ を $\dfrac{\pi}{6}$ 回転したものが $f(\mathrm{P})$ だから，△$f(\mathrm{P})$PO≡△P″P′O (∵ OP=OP′, O$f(\mathrm{P})$=OP″, ∠PO$f(\mathrm{P})$=$\dfrac{\pi}{6}$+∠P′O$f(\mathrm{P})$=∠P′OP″) であることに注意すれば，

$$\overline{\mathrm{P}f(\mathrm{P})}=\overline{\mathrm{P}'\mathrm{P}''}=2\cdot\overline{\mathrm{P}'\mathrm{H}}=2\cdot\dfrac{3\sqrt{3}}{2}=3\sqrt{3} \quad\cdots\cdots(答)$$

(3) P より l ((1)により $l: y=\dfrac{\sqrt{3}}{3}x$ が得られる)への垂線の足を Q とする (図3).

直角三角形 OQP で，∠OPQ=$\dfrac{\pi}{6}$，$\overline{\mathrm{OP}}=3$ であるから P と l との距離は，

$$3\cdot\cos\dfrac{\pi}{6}=\dfrac{3\sqrt{3}}{2} \quad\cdots\cdots(答)$$

図3

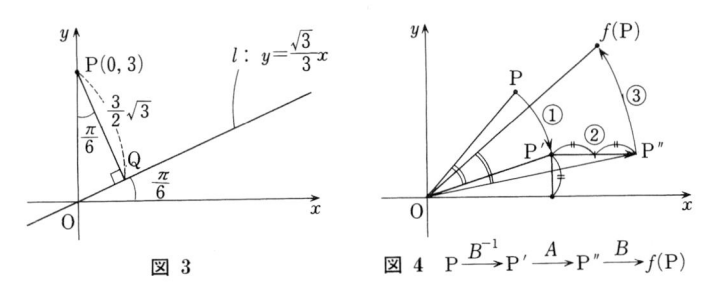

図4　P $\xrightarrow{B^{-1}}$ P′ $\xrightarrow{A}$ P″ $\xrightarrow{B}$ $f(\mathrm{P})$

行列 B によって表される1次変換は $\dfrac{\pi}{6}$ 回転である．だから，1次変換 $f: C=BAB^{-1}$ のシステムは図4のようになる．すなわち，点 P は図4のように変化しながら，像 $f(\mathrm{P})$ にうつる．

解答　((2), (3)は，「発想法」と同じなので省略する．)

(1)　$B=\begin{pmatrix} \cos\dfrac{\pi}{6} & -\sin\dfrac{\pi}{6} \\ \sin\dfrac{\pi}{6} & \cos\dfrac{\pi}{6} \end{pmatrix}$

よって，B は $\dfrac{\pi}{6}$ の回転を表す1次変換である．

A によって表される1次変換による不動点

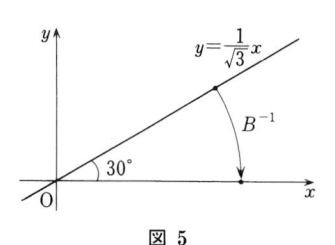

図5

の集合は x 軸 $(y=0)$ である。

よって，$C=BAB^{-1}$ により，P が C によって不動な点であるための必要十分条件は，P を原点を中心とし，$-\dfrac{\pi}{6}$ 回転したとき，x 軸上にあることである（図5）．すなわち，点 P が直線 $y=\dfrac{1}{\sqrt{3}}x$ 上にあるときである．

(4) まず B^{-1} によって，点 Q が $-\dfrac{\pi}{6}$ 回転されて，点 Q′ へうつされる（l は x 軸にうつる）．

ゆえに，Q′ と x 軸との距離は r であり，Q′ は (x', r) または $(x', -r)$ と表すことができる．よって，A によって，Q′ が Q″ にうつされるとき，

$$A\begin{pmatrix} x' \\ \pm r \end{pmatrix}=\begin{pmatrix} x'\pm 2r \\ \pm r \end{pmatrix} \quad \text{(複号同順)}$$

であるから，$\overline{Q'Q''}=2r$ である（すなわち，図6のように Q″ は Q′ を x 軸方向へ $2r$ だけ平行移動した点である）．

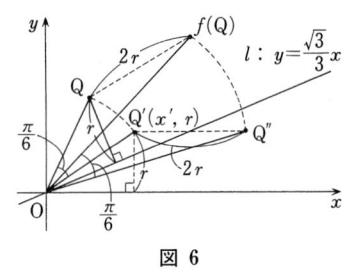

図 6

$\dfrac{\pi}{6}$ の回転で Q′, Q″ は，それぞれ Q, $f(Q)$ へうつされる．回転移動しても，2 点間の距離は変わらないので，

$$\overline{Qf(Q)}=\overline{Q'Q''}=s=2r \qquad \cdots\cdots \text{(答)}$$

【別解】（計算による解法）

(1) $B^{-1}=\begin{pmatrix} \dfrac{\sqrt{3}}{2} & -\dfrac{1}{2} \\ \dfrac{1}{2} & \dfrac{\sqrt{3}}{2} \end{pmatrix}^{-1}=\begin{pmatrix} \dfrac{\sqrt{3}}{2} & \dfrac{1}{2} \\ -\dfrac{1}{2} & \dfrac{\sqrt{3}}{2} \end{pmatrix}$ より，

$C=BAB^{-1}$

$=\begin{pmatrix} \dfrac{\sqrt{3}}{2} & -\dfrac{1}{2} \\ \dfrac{1}{2} & \dfrac{\sqrt{3}}{2} \end{pmatrix}\begin{pmatrix} 1 & 2 \\ 0 & 1 \end{pmatrix}\begin{pmatrix} \dfrac{\sqrt{3}}{2} & \dfrac{1}{2} \\ -\dfrac{1}{2} & \dfrac{\sqrt{3}}{2} \end{pmatrix}$

$=\begin{pmatrix} 1-\dfrac{\sqrt{3}}{2} & \dfrac{3}{2} \\ -\dfrac{1}{2} & 1+\dfrac{\sqrt{3}}{2} \end{pmatrix}$

§1 合同(等長)1次変換と相似(等角)1次変換を表す行列の判定法とそれらの性質の利用　103

$$C\begin{pmatrix}x\\y\end{pmatrix}=\begin{pmatrix}x\\y\end{pmatrix} \quad \text{より},$$

$$\begin{pmatrix}1-\frac{\sqrt{3}}{2} & \frac{3}{2}\\ -\frac{1}{2} & 1+\frac{\sqrt{3}}{2}\end{pmatrix}\begin{pmatrix}x\\y\end{pmatrix}=\begin{pmatrix}x\\y\end{pmatrix}$$

これを解いて，　　$l : y=\dfrac{1}{\sqrt{3}}x$　　……(答)

(2) O を原点とする．このとき，

$$\overrightarrow{Pf(P)}=\overrightarrow{Of(P)}-\overrightarrow{OP}=C\begin{pmatrix}0\\3\end{pmatrix}-E\begin{pmatrix}0\\3\end{pmatrix}=(C-E)\begin{pmatrix}0\\3\end{pmatrix}$$

$$=\begin{pmatrix}-\frac{\sqrt{3}}{2} & \frac{3}{2}\\ -\frac{1}{2} & \frac{\sqrt{3}}{2}\end{pmatrix}\begin{pmatrix}0\\3\end{pmatrix}=\begin{pmatrix}\frac{9}{2}\\ \frac{3\sqrt{3}}{2}\end{pmatrix}$$

$$\therefore \quad \overline{Pf(P)}=|\overrightarrow{Pf(P)}|=3\sqrt{3} \quad \text{……(答)}$$

(3) 点 (0, 3) から直線 $\sqrt{3}x-3y=0$ までの距離は，ヘッセの公式より，

$$\frac{|\sqrt{3}\cdot 0-3\cdot 3|}{\sqrt{3+9}}=\frac{3\sqrt{3}}{2} \quad \text{……(答)}$$

(4) 題意より，点 Q は直線

$$y=\frac{1}{\sqrt{3}}x\pm\frac{2}{\sqrt{3}}r$$

すなわち，$\begin{pmatrix}x\\y\end{pmatrix}=\pm\dfrac{2r}{3\sqrt{3}}\begin{pmatrix}0\\3\end{pmatrix}+t\begin{pmatrix}\sqrt{3}\\1\end{pmatrix}$ 上にある．

また，$C\begin{pmatrix}\sqrt{3}\\1\end{pmatrix}=\begin{pmatrix}\sqrt{3}\\1\end{pmatrix}$ であるから，

$$f(Q)=\pm\frac{2r}{3\sqrt{3}}C\begin{pmatrix}0\\3\end{pmatrix}+tC\begin{pmatrix}\sqrt{3}\\1\end{pmatrix}=\pm\frac{2r}{3\sqrt{3}}C\begin{pmatrix}0\\3\end{pmatrix}+t\begin{pmatrix}\sqrt{3}\\1\end{pmatrix}$$

である．このとき，

$$\overrightarrow{Qf(Q)}=\overrightarrow{Of(Q)}-\overrightarrow{OQ}$$

$$=\left\{\pm\frac{2r}{3\sqrt{3}}C\begin{pmatrix}0\\3\end{pmatrix}+t\begin{pmatrix}\sqrt{3}\\1\end{pmatrix}\right\}-\left\{\pm\frac{2r}{3\sqrt{3}}\begin{pmatrix}0\\3\end{pmatrix}+t\begin{pmatrix}\sqrt{3}\\1\end{pmatrix}\right\}$$

$$=\pm\frac{2r}{3\sqrt{3}}(C-E)\begin{pmatrix}0\\3\end{pmatrix}=\pm\frac{2r}{3\sqrt{3}}\overrightarrow{Pf(P)}$$

$$\therefore \quad s=\overline{Qf(Q)}=|\overrightarrow{Qf(Q)}|=\frac{2r}{3\sqrt{3}}\overline{Pf(P)}$$

(2)より，　　$s=2r$　　……(答)

〈練習 2・1・1〉

$$R=\begin{pmatrix} \cos\theta & -\sin\theta \\ \sin\theta & \cos\theta \end{pmatrix}, \quad S=\begin{pmatrix} \cos 2\theta & \sin 2\theta \\ \sin 2\theta & -\cos 2\theta \end{pmatrix}, \quad J=\begin{pmatrix} 1 & 0 \\ 0 & -1 \end{pmatrix}$$

とおく．

次の行列を $R^k J$ または R^k (k は整数) の形に表せ．

(1) S (2) JR (3) JS (4) SR

発想法

$R=\begin{pmatrix} \cos\theta & -\sin\theta \\ \sin\theta & \cos\theta \end{pmatrix}$ は，θ 回転を表す行列である．

$S=\begin{pmatrix} \cos 2\theta & \sin 2\theta \\ \sin 2\theta & -\cos 2\theta \end{pmatrix}$ は，x 軸の正方向と θ の角をなし原点を通る直線 l (すなわち，$l: \sin\theta \cdot x - \cos\theta \cdot y = 0$) に関する対称移動を表す．

$J=\begin{pmatrix} 1 & 0 \\ 0 & -1 \end{pmatrix}$ は，$\begin{pmatrix} 1 & 0 \\ 0 & -1 \end{pmatrix}\begin{pmatrix} x \\ y \end{pmatrix} = \begin{pmatrix} x \\ -y \end{pmatrix}$ (または，S で $\theta=0$ のとき) より，x 軸に関しての対称移動である．

〈定理 2・1・4〉を用いれば，対称移動 S は，"x 軸に関する対称移動 J" と "2θ 回転 R^2" の合成だから， $S=R^2 J$

このことを知っていれば，見通しよく変形できる．

解答 (1) $\begin{pmatrix} \cos 2\theta & \sin 2\theta \\ \sin 2\theta & -\cos 2\theta \end{pmatrix}\begin{pmatrix} x \\ y \end{pmatrix}$

$=\begin{pmatrix} x \cdot \cos 2\theta + y \cdot \sin 2\theta \\ x \cdot \sin 2\theta - y \cdot \cos 2\theta \end{pmatrix}$

$=\begin{pmatrix} x \cdot \cos 2\theta - (-y) \cdot \sin 2\theta \\ x \cdot \sin 2\theta + (-y) \cdot \cos 2\theta \end{pmatrix}$

$=\begin{pmatrix} \cos 2\theta & -\sin 2\theta \\ \sin 2\theta & \cos 2\theta \end{pmatrix}\begin{pmatrix} x \\ -y \end{pmatrix}$

$=\begin{pmatrix} \cos 2\theta & -\sin 2\theta \\ \sin 2\theta & \cos 2\theta \end{pmatrix}\begin{pmatrix} 1 & 0 \\ 0 & -1 \end{pmatrix}\begin{pmatrix} x \\ y \end{pmatrix}$

$=\begin{pmatrix} \cos\theta & -\sin\theta \\ \sin\theta & \cos\theta \end{pmatrix}\begin{pmatrix} \cos\theta & -\sin\theta \\ \sin\theta & \cos\theta \end{pmatrix}\begin{pmatrix} 1 & 0 \\ 0 & -1 \end{pmatrix}\begin{pmatrix} x \\ y \end{pmatrix}$

$=R^2 J \begin{pmatrix} x \\ y \end{pmatrix}$

∴ $S = \boldsymbol{R^2 J}$ ……(答)

§1 合同(等長)1次変換と相似(等角)1次変換を表す行列の判定法とそれらの性質の利用 105

(2) 任意の点 (x, y) に対して,

$$JR\begin{pmatrix}x\\y\end{pmatrix}=\begin{pmatrix}1 & 0\\0 & -1\end{pmatrix}\begin{pmatrix}\cos\theta & -\sin\theta\\\sin\theta & \cos\theta\end{pmatrix}\begin{pmatrix}x\\y\end{pmatrix}=\begin{pmatrix}\cos\theta & -\sin\theta\\-\sin\theta & -\cos\theta\end{pmatrix}\begin{pmatrix}x\\y\end{pmatrix}$$

$$=\begin{pmatrix}\cos\theta & \sin\theta\\-\sin\theta & \cos\theta\end{pmatrix}\begin{pmatrix}1 & 0\\0 & -1\end{pmatrix}\begin{pmatrix}x\\y\end{pmatrix}$$

$\begin{pmatrix}\cos\theta & \sin\theta\\-\sin\theta & \cos\theta\end{pmatrix}=\begin{pmatrix}\cos(-\theta) & -\sin(-\theta)\\\sin(-\theta) & \cos(-\theta)\end{pmatrix}=R^{-1}$ だから,

$$JR\begin{pmatrix}x\\y\end{pmatrix}=R^{-1}J\begin{pmatrix}x\\y\end{pmatrix}$$

$\therefore\ JR=\boldsymbol{R^{-1}J}$ ……(答)

(3) $JS=JR^2J$ ($\because$ (1)より)
 $=R^{-1}JRJ$ ($\because$ (2)より)
 $=R^{-2}J^2$ ($\because$ (2)より)
 $=\boldsymbol{R^{-2}}$ ($\because\ J^2=E$) ……(答)

(4) $SR=R^2JR$ ($\because$ (1)より)
 $=R^2R^{-1}J$ ($\because$ (2)より)
 $=\boldsymbol{RJ}$ ……(答)

〔図形的解法〕

行列 R, S, J が表す1次変換は,その形よりそれぞれ,θ 回転(図1(a)),直線 l ($l:\sin\theta\cdot x-\cos\theta\cdot y=0$) に関する対称移動(図1(b)),$x$ 軸に関する対称移動(図1(c))である.

図 1

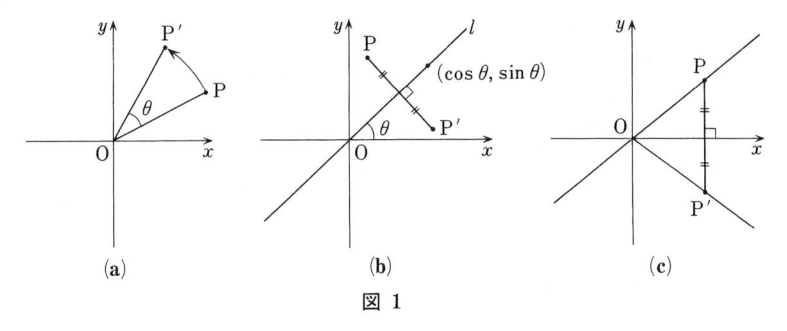

(1) 〈定理 2・1・4〉より $S=R^2J$ であることはわかるが,$S=R^2J$ が成り立つことを,〈定理 2・1・4〉の図よりも見づらいかもしれないが,別の図(図2)を用いて確認しておこう.

点 P を x 軸に関して対称移動した像を P′($=J(P)$) とし,P′ を 2θ 回転した像を P″($=R^2J(P)$)
とする.

このとき，図2より $2\gamma+\beta=\alpha$, $\theta=\alpha-\gamma$ であるから，
$$\angle P''OP' = \alpha+\beta = 2(\alpha-\gamma) = 2\theta$$
である．よって，P″ は P を直線 l に関して対称移動した像（$S(P)$）と一致する（図2）．

(2) いまの R, S, J に関しての幾何学的な意味から JR を分析すると，JR による1次変換は，点 P を "θ 回転させて，その後，x 軸に関して対称に折り返す" $\iff$ 点 P を "x 軸に関して対称に折り返した後，$(-\theta)$ 回転させる"（図3）．

よって，$\qquad \boldsymbol{JR=R^{-1}J} \qquad$ ……(答)

(3) (1)より，$JS=JR^2J$ である．
そこで，$JR^2J=R^{-2}$ であることを幾何学的に示そう．
$$X_0 \xrightarrow{J} X_1 \xrightarrow{R^2} X_2 \xrightarrow{J} X_3$$
のようにうつるとする（図4）．
$\angle X_0 O x = \alpha$ とすると，
$$\begin{aligned}\angle X_3 O X_0 &= \angle X_0 O x + \angle X_3 O x \\ &= \alpha + (2\theta - \alpha) \\ &= 2\theta\end{aligned}$$
すなわち，X_0 を (-2θ) 回転させた点が X_3 である．

(4) (1)より，$SR=R^2JR$ である．
そこで，$R^2JR=RJ$ であることを幾何学的に示そう．
$$X_0 \xrightarrow{R} X_1 \xrightarrow{J} X_2 \xrightarrow{R^2} X_3$$
とうつる（図5）とすると，
$$\begin{aligned}\angle X_0 O X_3 &= \angle X_0 O x + \angle x O X_3 \\ &= \alpha + (\alpha + \theta - 2\theta) \\ &= 2\alpha - \theta\end{aligned}$$
である．これは，点 X_0 を x 軸に関して対称に折り返し（すなわち，(-2α) 回転させて），さらに θ 回転させた点が X_3 であることを示している．

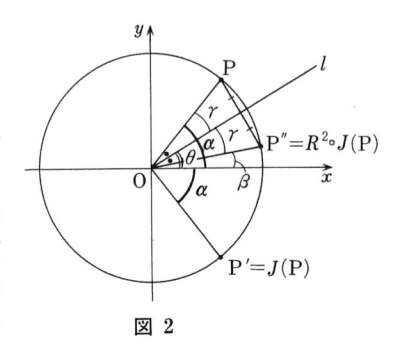

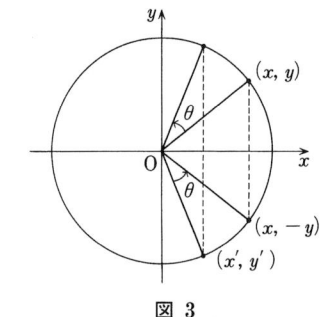

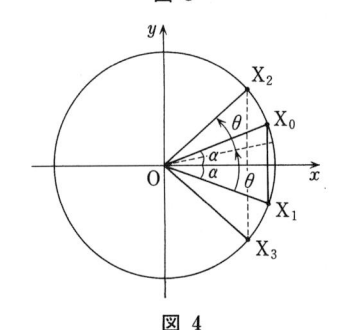

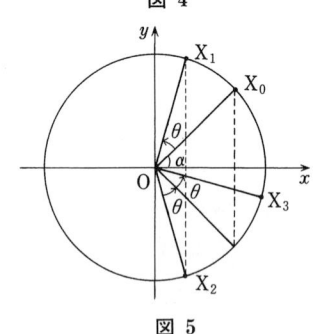

図2

図3

図4

図5

〈練習 2・1・2〉

$a>0$, $b>0$ に対して,

$$\begin{pmatrix} a & -b \\ b & a \end{pmatrix}^3 = \begin{pmatrix} a & b \\ -b & a \end{pmatrix}^2$$

が成り立っている。

(1) a^2+b^2 の値を求めよ。

(2) 行列 $\begin{pmatrix} a & -b \\ b & a \end{pmatrix}$ で表される１次変換は，原点のまわりの回転を表すことを示し，その回転角 θ $(0 \leqq \theta < 2\pi)$ を求めよ。

解答 (1) $A = \begin{pmatrix} a & -b \\ b & a \end{pmatrix}$, $B = \begin{pmatrix} a & b \\ -b & a \end{pmatrix}$ とおき，素直に計算していくと，

$$A^3 = \begin{pmatrix} a & -b \\ b & a \end{pmatrix}^3 = \begin{pmatrix} a & -b \\ b & a \end{pmatrix} \begin{pmatrix} a^2-b^2 & -2ab \\ 2ab & a^2-b^2 \end{pmatrix}$$

$$= \begin{pmatrix} a^3-3ab^2 & b^3-3a^2b \\ 3a^2b-b^3 & a^3-3ab^2 \end{pmatrix} \quad \cdots\cdots ①$$

$$B^2 = \begin{pmatrix} a & b \\ -b & a \end{pmatrix}^2 = \begin{pmatrix} a & b \\ -b & a \end{pmatrix} \begin{pmatrix} a & b \\ -b & a \end{pmatrix}$$

$$= \begin{pmatrix} a^2-b^2 & 2ab \\ -2ab & a^2-b^2 \end{pmatrix} \quad \cdots\cdots ②$$

①と②の各成分が等しいことから，

$$\begin{cases} \text{``}a^3-3ab^2 = a^2-b^2\text{''} & \cdots\cdots ③ \\ \text{かつ} \\ \text{``}-3a^2b+b^3 = 2ab, \\ \text{すなわち } (b>0 \text{ より } b \text{ でわって}) -3a^2+b^2 = 2a\text{''} & \cdots\cdots ④ \end{cases}$$

③＋④×a より，

$$-2a^3-2ab^2 = 3a^2-b^2 \quad \cdots\cdots ⑤$$

⑤の右辺に④をつかって，

$$2a(a^2+b^2) = 2a$$

ここで $a>0$ より，両辺を $2a$ でわって，

$$\boldsymbol{a^2+b^2=1} \quad \cdots\cdots\text{(答)}$$

(2) $a>0$, $b>0$, $a^2+b^2=1$ より，

$$\begin{cases} a = \cos\theta \\ b = \sin\theta \end{cases} \left(0<\theta<\frac{\pi}{2}\right) \quad \text{と書ける．}$$

よって，

$$A = \begin{pmatrix} a & -b \\ b & a \end{pmatrix} = \begin{pmatrix} \cos\theta & -\sin\theta \\ \sin\theta & \cos\theta \end{pmatrix}$$

と書け，これは原点のまわりの $\theta \left(0 < \theta < \dfrac{\pi}{2}\right)$ 回転を表す．

$$A = \begin{pmatrix} a & -b \\ b & a \end{pmatrix} = \begin{pmatrix} \cos\theta & -\sin\theta \\ \sin\theta & \cos\theta \end{pmatrix}$$

とおくと，

$$B = \begin{pmatrix} a & b \\ -b & a \end{pmatrix} = \begin{pmatrix} \cos(-\theta) & -\sin(-\theta) \\ \sin(-\theta) & \cos(-\theta) \end{pmatrix}$$

と書ける．すると，

$$A^3 = \begin{pmatrix} a & -b \\ b & a \end{pmatrix}^3 = \begin{pmatrix} \cos 3\theta & -\sin 3\theta \\ \sin 3\theta & \cos 3\theta \end{pmatrix}$$

$$B^2 = \begin{pmatrix} a & b \\ -b & a \end{pmatrix}^2 = \begin{pmatrix} \cos(-2\theta) & -\sin(-2\theta) \\ \sin(-2\theta) & \cos(-2\theta) \end{pmatrix}$$

であるから，

$$\begin{pmatrix} \cos 3\theta & -\sin 3\theta \\ \sin 3\theta & \cos 3\theta \end{pmatrix} = \begin{pmatrix} \cos(-2\theta) & -\sin(-2\theta) \\ \sin(-2\theta) & \cos(-2\theta) \end{pmatrix} \Longleftrightarrow 3\theta = -2\theta + 2n\pi$$

(n は整数)

ここで，$0 < \theta < \dfrac{\pi}{2}$ より，

$$\theta = \dfrac{2}{5}\pi \quad \cdots\cdots(答)$$

〔研究〕

(1) $A = \begin{pmatrix} a & -b \\ b & a \end{pmatrix}$, $B = \begin{pmatrix} a & b \\ -b & a \end{pmatrix}$ は，いずれもそれぞれ，原点まわりのある回転と $\sqrt{a^2+b^2}$ 倍の相似拡大の合成である (p.94)．$\det A = a^2+b^2$, $\det B = a^2+b^2$ であるから，与式 $A^3 = B^2$ より，$\det A^3 = \det B^2$ である．〈命題 2・1・1〉より，

$$(\det A)^3 = (\det B)^2 \quad \therefore \quad (a^2+b^2)^3 = (a^2+b^2)^2$$

条件 $a > 0$, $b > 0$ より，$a^2+b^2 \neq 0$ だから，両辺を $(a^2+b^2)^2$ でわって，

$$\boldsymbol{a^2 + b^2 = 1} \quad \cdots\cdots(答)$$

したがって，A, B はいずれも回転を表す行列であることがわかる．

(2) $a = \cos\theta$, $b = \sin\theta$ とおくと，

$$A = \begin{pmatrix} a & -b \\ b & a \end{pmatrix} = \begin{pmatrix} \cos\theta & -\sin\theta \\ \sin\theta & \cos\theta \end{pmatrix}$$

すなわち，A は θ 回転を表す行列である．また，

$\cos\theta, \sin\theta > 0$ かつ $0 \leq \theta < 2\pi$ だから，$0 < \theta < \dfrac{\pi}{2}$ ……(☆) である．

このとき，
$$B = \begin{pmatrix} a & b \\ -b & a \end{pmatrix} = \begin{pmatrix} \cos\theta & \sin\theta \\ -\sin\theta & \cos\theta \end{pmatrix}$$
$$= \begin{pmatrix} \cos(-\theta) & -\sin(-\theta) \\ \sin(-\theta) & \cos(-\theta) \end{pmatrix}$$

よって，B は，$(-\theta)$ 回転を表す行列である．つまり，$B=A^{-1}$ である．
$A^3=B^2=A^{-2}$ ならば，$A^5=E$
よって，　$5\theta=2n\pi$　（n は整数）
条件(☆)より，
$$\theta = \frac{2}{5}\pi \qquad \cdots\cdots(答)$$

[(1)のケーリー・ハミルトンの定理をつかった別解]

$A = \begin{pmatrix} a & -b \\ b & a \end{pmatrix}$ とおくと，ケーリー・ハミルトンの定理より，
$$A^2 = 2aA - (a^2+b^2)E \qquad \cdots\cdots ①$$
$$\begin{aligned}\therefore\ A^3 &= A^2 A = 2aA^2 - (a^2+b^2)A \\ &= 2a\{2aA - (a^2+b^2)E\} - (a^2+b^2)A \\ &= (3a^2-b^2)A - 2a(a^2+b^2)E \cdots\cdots ②\end{aligned}$$

$B = \begin{pmatrix} a & b \\ -b & a \end{pmatrix}$ とおくと，
$$AB = \begin{pmatrix} a & -b \\ b & a \end{pmatrix}\begin{pmatrix} a & b \\ -b & a \end{pmatrix} = (a^2+b^2)E$$
$$\therefore\ B = (a^2+b^2)A^{-1} \qquad \cdots\cdots ③$$

①の両辺に A^{-1} をかけて，
$$A = 2aE - (a^2+b^2)A^{-1}$$
③より，　$B = 2aE - A$
よって，
$$\begin{aligned}B^2 &= 2aB - (a^2+b^2)E \\ &= -2aA + (3a^2-b^2)E \qquad \cdots\cdots ④\end{aligned}$$

$A^3=B^2$ だから，②，④より，
$$(3a^2-b^2)A - 2a(a^2+b^2)E = -2aA + (3a^2-b^2)E$$

行列 A の $(2,1)$ 成分 b は 0 でないから，
$$3a^2 - b^2 = -2a,\ -2a(a^2+b^2) = 3a^2 - b^2$$
$$\therefore\ -2a(a^2+b^2) = -2a$$

$a \neq 0$ より，　　$\boldsymbol{a^2 + b^2 = 1}$ 　　……(答)

[例題 2・1・2]

θ は $0<\theta<\pi$ をみたす定数とし，f は行列 $\begin{pmatrix} -\cos\theta & \sin\theta \\ \sin\theta & \cos\theta \end{pmatrix}$ で表される xy 平面上の1次変換とする．原点 O が辺 BC 上にあるような △ABC が，f によってそれ自身にうつされるとき，△ABC のみたす条件を求めよ．ただし，頂点 B, C は O と一致しないものとする． (岡山大)

発想法

f を表す行列を M とし，

$$M=\begin{pmatrix} -\cos\theta & \sin\theta \\ \sin\theta & \cos\theta \end{pmatrix}=(\vec{u}\ \vec{v}) \quad \left(\text{すなわち，}\vec{u}=\begin{pmatrix} -\cos\theta \\ \sin\theta \end{pmatrix},\ \vec{v}=\begin{pmatrix} \sin\theta \\ \cos\theta \end{pmatrix}\right)$$

とおく．

$|\vec{u}|=|\vec{v}|=1,\ \vec{u}\cdot\vec{v}=0,\ \det M=-(\cos^2\theta+\sin^2\theta)=-1$

だから，1次変換 f は線対称移動である．次に，f がどんな直線 l_1 に関して対称移動なのかを調べよう．

$$M=\begin{pmatrix} -\cos\theta & \sin\theta \\ \sin\theta & \cos\theta \end{pmatrix}=\begin{pmatrix} \cos(\pi-\theta) & \sin(\pi-\theta) \\ \sin(\pi-\theta) & -\cos(\pi-\theta) \end{pmatrix}$$

であるから，〈定理 2・1・3〉より，行列 M の表す1次変換 f は，直線

$$l_1:\ \sin\frac{\pi-\theta}{2}\cdot x-\cos\frac{\pi-\theta}{2}\cdot y=0$$

に関する対称移動である．

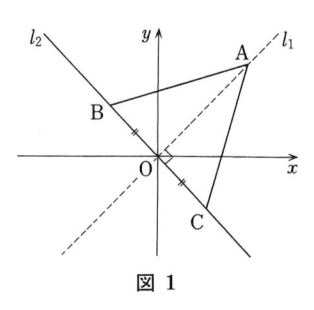

よって，f の不動直線のうち，原点を通るものはちょうど2本ある．その1本は折り目となる直線 l_1 であり，もう1本は l_1 に直交する(原点を通る)直線 l_2 である．f が対称移動であることを頭に入れて，この問題を幾何学的に考察すれば，点 A が l_1 上にあり，B, C はともに l_2 上にあり，かつ，それら2点が原点に対称な位置にある(図1)ことがわかる．

図 1

解答

1次変換 f によって，3辺 AB, BC, CA は，それぞれ3辺 AB, BC, CA のいずれかにうつる．しかし，原点 O は f によって不動であり，また，AB, BC, CA のうちで，O を含む辺は BC だけであることに注目すれば，辺 BC は f によって自分自身にうつることがわかる．すなわち，2辺 AB, CA は f によって，それぞれ2辺 AB, CA のいずれかにうつることになり，AB, CA の交点 A は f による不動点であることになる．

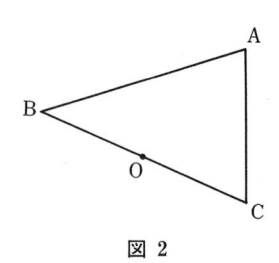

図 2

§1 合同(等長)1次変換と相似(等角)1次変換を表す行列の判定法とそれらの性質の利用　111

f を表す行列を M とし, f の不動直線の方向ベクトルを $\vec{x}$ とする.
$M\vec{x}=k\vec{x}$ すなわち, $(M-kE)\vec{x}=\vec{0}$ $(\vec{x}\neq\vec{0})$

$\therefore \quad \det(M-kE)=\det\begin{pmatrix} -\cos\theta-k & \sin\theta \\ \sin\theta & \cos\theta-k \end{pmatrix}$
$\qquad\qquad\qquad =(-\cos\theta-k)(\cos\theta-k)-\sin\theta\cdot\sin\theta=0$

$\therefore \quad k^2=1 \quad \therefore \quad k=\pm 1$

$k=1$ のとき, $\begin{pmatrix} -\cos\theta-1 & \sin\theta \\ \sin\theta & \cos\theta-1 \end{pmatrix}\begin{pmatrix} x \\ y \end{pmatrix}=\begin{pmatrix} 0 \\ 0 \end{pmatrix}$

より, $l_1 : x(-\cos\theta-1)+y\sin\theta=0$ ……①

であり, $M\vec{x}=\vec{x}$ より, ① 上の点はすべて不動点である.

$k=-1$ のとき, $\begin{pmatrix} -\cos\theta+1 & \sin\theta \\ \sin\theta & \cos\theta+1 \end{pmatrix}\begin{pmatrix} x \\ y \end{pmatrix}=\begin{pmatrix} 0 \\ 0 \end{pmatrix}$

より, $l_2 : x(-\cos\theta+1)+y\sin\theta=0$ ……②

であり, $M\vec{x}=-\vec{x}$ より, ② 上の点は原点に関する対称点に移される.

したがって, 求める条件は,

A が ① 上にあり, B, C が ② 上の原点に関して対称な位置にある ……(答)

ことである.

(注) 不動直線 l_1 の式 ① の代わりに, $x\sin\theta+y(\cos\theta-1)=0$

としても同じことである (p.16 参照, ② も同様).

〔研究〕

$M=\begin{pmatrix} -\cos\theta & \sin\theta \\ \sin\theta & \cos\theta \end{pmatrix}$ の固有値と固有ベクトルを求める.

固有方程式 $\lambda^2-1=0$ だから, 固有値 $\lambda_1=1, \lambda_2=-1$

$\lambda_1=1$ に対する固有ベクトル $\vec{u}$ 方向の原点を通る直線は,

直線 $l_1 : x(-\cos\theta-1)+y\sin\theta=0$ ……①

$\lambda_2=-1$ に対する固有ベクトル $\vec{v}$ は, 〈定理2・2・1〉(p.117) より $\vec{u}$ と直交する.

よって, 1次変換のしくみは, §1 に解説した事実 (像の作図法) より, 下の図3のようになることがわかる.

『直線 ① 上の点は f によって不動であり, ① 上にない点は f によって l_1 に関して対称な点にうつる.』

題意の条件をみたすためには, $f(B)=C, f(C)=B,$ $f(A)=A$ でなければならないから, "**A は l_1 上の点であり, B, C は原点を通り, l_1 に直交する直線 l_2 上にあり, かつ原点に関して対称な位置にあること**" …(答)

がわかる.

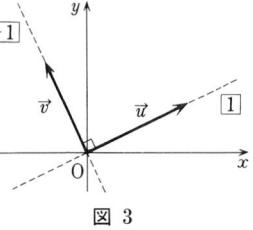

図 3

〈練習 2・1・3〉

座標平面上のベクトル全体の集合を V とし，$\vec{e}$ を V の1つの単位ベクトルとする．V から V への変換 f を V の任意のベクトル $\vec{x}$ に対して，
$$f(\vec{x}) = -\vec{x} + 2(\vec{x}, \vec{e})\vec{e}$$
と定める．ここで，$(\vec{x}, \vec{e})$ は $\vec{x}$ と $\vec{e}$ の内積を表す．

(1) f によって，互いに垂直なベクトルは互いに垂直なベクトルにうつされることを示せ．

(2) f は1次変換であることを示し，f を表す行列を A とするとき，A^2 を求めよ．

(3) f によって，ベクトル $\vec{a} = (1, 1)$ がまた $\vec{a}$ にうつされるような $\vec{e}$ を求めよ．

発想法

まず，$\vec{e}$ を単位ベクトルとし，$\vec{x}$ を任意のベクトルとするとき，$(\vec{x}, \vec{e})\vec{e}$ がどんなベクトルになるか考えよう．

$\vec{x}$ と $\vec{e}$ のなす角を θ $(0 \leq \theta \leq \pi)$ とすると，
$$(\vec{x}, \vec{e})\vec{e} = (|\vec{x}||\vec{e}|\cos\theta)\vec{e}$$
$$= (|\vec{x}|\cos\theta)\vec{e}$$

よって，$(\vec{x}, \vec{e})\vec{e}$ は，$\vec{e}$ と平行で，大きさが $|\vec{x}|\cos\theta$ である．よって，$(\vec{x}, \vec{e})\vec{e}$ は $\vec{x}$ の $\vec{e}$ への正射影にほかならない．

図 1

次に，$f(\vec{x}) = -\vec{x} + 2(\vec{x}, \vec{e})\vec{e}$ について考える．

右辺に従って，1次変換 f を幾何的に考察しよう．

$\vec{e}$ を原点を始点としてとる．次に，$\vec{x}$ を任意にとる(図2)．

このとき，$(\vec{x}, \vec{e})\vec{e}$ は上述の議論より，$\vec{x}$ の $\vec{e}$ への正射影，$(\vec{x}, \vec{e})\vec{e} - \vec{x}$ は $\vec{x}$ の終点と $(\vec{x}, \vec{e})\vec{e}$ の終点を結ぶベクトルである．

よって，$f(\vec{x}) = \vec{x} + 2((\vec{x}, \vec{e})\vec{e} - \vec{x})$ は，原点を通り，$\vec{e}$ に平行な直線 l に関する線対称移動である $\left(\dfrac{f(\vec{x}) + \vec{x}}{2} = (\vec{x}, \vec{e})\vec{e}\right.$ として考えてもよい$\left.\right)$．

図 2

f が線対称移動であることがわかれば，

(1) f は2つのベクトルのなす角を不変に保つから，(1)は当然である．

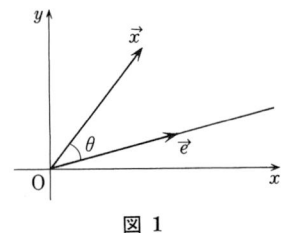

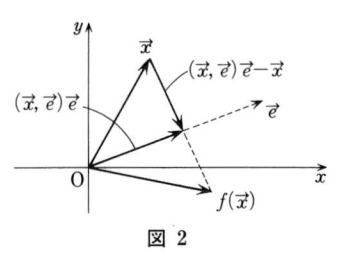

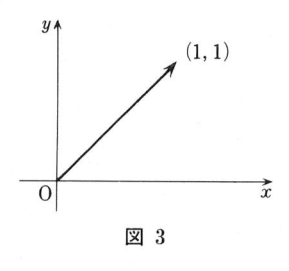

§1 合同(等長)1次変換と相似(等角)1次変換を表す行列の判定法とそれらの性質の利用　113

(2) また，線対称移動を2回施せば元に戻るから，(2)は，$A^2 = E$

(3) $\vec{a}$ が不動点になる条件は，$\vec{a} = (1, 1)$ が l 上の点であることである．だから，$\vec{e}$ は，いちいち計算をしなくても，ベクトル $(1, 1)$ の方向である．
$\vec{e}$ は単位ベクトルだから，
$$\vec{e} = \pm\left(\frac{1}{\sqrt{2}}, \frac{1}{\sqrt{2}}\right)$$

図 3

[解答] (1) $\vec{x}$, $\vec{y}$ を互いに垂直なベクトルとすると，$(\vec{x}, \vec{y}) = 0$，また $(\vec{e}, \vec{e}) = 1$ であることに注意して，$(f(\vec{x}), f(\vec{y})) = 0$ を示す．
$$\begin{aligned}(f(\vec{x}), f(\vec{y})) &= (-\vec{x} + 2(\vec{x}, \vec{e})\vec{e},\ -\vec{y} + 2(\vec{y}, \vec{e})\vec{e}) \\ &= (\vec{x}, \vec{y}) - 2(\vec{y}, \vec{e})(\vec{x}, \vec{e}) - 2(\vec{x}, \vec{e})(\vec{y}, \vec{e}) \\ &\quad + 4(\vec{x}, \vec{e})(\vec{y}, \vec{e})(\vec{e}, \vec{e}) \\ &= 0\end{aligned}$$
よって，$f(\vec{x}) \perp f(\vec{y})$ である．

(2) $\vec{e} = (\cos\theta, \sin\theta)$, $\vec{x} = (x, y)$ とおくと，
$$\begin{aligned}f(\vec{x}) &= -\begin{pmatrix} x \\ y \end{pmatrix} + 2(x\cos\theta + y\sin\theta)\begin{pmatrix} \cos\theta \\ \sin\theta \end{pmatrix} \\ &= \begin{pmatrix} (2\cos^2\theta - 1)x + (2\cos\theta\sin\theta)y \\ (2\sin\theta\cos\theta)x + (2\sin^2\theta - 1)y \end{pmatrix} \\ &= \begin{pmatrix} 2\cos^2\theta - 1 & 2\cos\theta\sin\theta \\ 2\sin\theta\cos\theta & 2\sin^2\theta - 1 \end{pmatrix}\begin{pmatrix} x \\ y \end{pmatrix}\end{aligned}$$
であるから，f を行列で表すことができるので1次変換である．一方，
$$\begin{aligned}A &= \begin{pmatrix} 2\cos^2\theta - 1 & 2\cos\theta\sin\theta \\ 2\sin\theta\cos\theta & 2\sin^2\theta - 1 \end{pmatrix} \\ &= \begin{pmatrix} \cos 2\theta & \sin 2\theta \\ \sin 2\theta & -\cos 2\theta \end{pmatrix}\end{aligned}$$
$\therefore\ A^2 = -(-\cos^2 2\theta - \sin^2 2\theta)E = \boldsymbol{E}$ ……(答)

(3) $A\begin{pmatrix} 1 \\ 1 \end{pmatrix} = \begin{pmatrix} 1 \\ 1 \end{pmatrix} \iff \begin{cases} \cos 2\theta + \sin 2\theta = 1 \\ \sin 2\theta - \cos 2\theta = 1 \end{cases}$
$\iff \cos 2\theta = 0,\ \sin 2\theta = 1$
$\iff \theta = \dfrac{\pi}{4} + k\pi$ （k は整数）

$\therefore\ \vec{e} = (\cos\theta, \sin\theta) = \pm\left(\dfrac{1}{\sqrt{2}}, \dfrac{1}{\sqrt{2}}\right)$ ……(答)

[例題 2・1・3]

$a^2+b^2 \neq 0$ のとき, 行列 $\begin{pmatrix} a & -b \\ b & a \end{pmatrix}$ で表される1次変換を f とする.

P_0 を点 $(1, 0)$ とし, $P_1=f(P_0)$, $P_2=f(P_1)$, ……, $P_n=f(P_{n-1})$, …… とする. また, 原点 O に対し, $\theta_n = \angle P_n O P_{n+1}$ $(0 \leq \theta_n < 2\pi)$ とおく.

(1) θ_n が n に関係なく一定であることを示せ.

(2) 点 P_3 が第2象限にあり, 点 $P_1, P_2, P_3,$ ……, $P_n,$ …… のうち, P_{14} が初めて x 軸の正の部分にくるとき, θ_1 の値を求めよ.

[解答] (1) $a^2+b^2>0$ だから, $k=\sqrt{a^2+b^2}>0$ とおく.

$$\begin{pmatrix} a & -b \\ b & a \end{pmatrix} = k \begin{pmatrix} \dfrac{a}{k} & -\dfrac{b}{k} \\ \dfrac{b}{k} & \dfrac{a}{k} \end{pmatrix}$$

ここで,

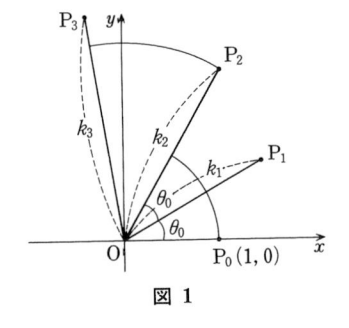

$-1 \leq \dfrac{a}{k} \leq 1$, $-1 \leq \dfrac{b}{k} \leq 1$ であり,

$\left(\dfrac{a}{k}\right)^2 + \left(\dfrac{b}{k}\right)^2 = 1$

であるから,

$\cos\theta_0 = \dfrac{a}{k}$, $\sin\theta_0 = \dfrac{b}{k}$ をみたす θ_0 $(0 \leq \theta_0 < 2\pi)$ が存在する.

$\therefore \begin{pmatrix} a & -b \\ b & a \end{pmatrix} = k \begin{pmatrix} \cos\theta_0 & -\sin\theta_0 \\ \sin\theta_0 & \cos\theta_0 \end{pmatrix}$

これは, 点 P_0 を原点のまわりに角 θ_0 $(= \angle P_0 O P_1)$ だけ回転し, 原点からの距離を k 倍すると P_1 になる (p.94) ことを示している (図1).

このことは, 一般の点 P_n と P_{n+1} の間にも成り立っているから,

$\theta_n = \theta_0$ $(n=1, 2, ……)$ ……(答)

(2) 点 P_3 は P_0 を $3\theta_0$ だけ回転したことになるから, $0 \leq \theta_0 < 2\pi$ より, $0 \leq 3\theta_0 < 6\pi$, 点 P_3 は第2象限にあるから,

$\dfrac{\pi}{2} < 3\theta_0 < \pi$ または $\dfrac{5}{2}\pi < 3\theta_0 < 3\pi$

または $\dfrac{9}{2}\pi < 3\theta_0 < 5\pi$

(i) $\dfrac{\pi}{6} < \theta_0 < \dfrac{\pi}{3}$ のとき,

図 1

§1 合同(等長)1次変換と相似(等角)1次変換を表す行列の判定法とそれらの性質の利用　115

点 P_{14}(点 P_0 を $14\theta_0$ だけ回転) が初めて x 軸の正の部分にくるから，$14\theta_0$ は π の偶数倍となる．

$$\frac{7}{3}\pi < 14\theta_0 < \frac{14}{3}\pi$$

の範囲では，$14\theta_0 = 4\pi$ のみが候補となる．

$$\therefore \quad \theta_0 = \frac{2}{7}\pi$$

ところが，このとき $7\theta_0 = 2\pi$ となり，P_7 がすでに x 軸の正の部分にきてしまうので，不適当である．

(ii) $\dfrac{5}{6}\pi < \theta_0 < \pi$ のとき，

$\dfrac{35}{3}\pi < 14\theta_0 < 14\pi$ では，$14\theta_0 = 12\pi$ のみが候補となる．

$$\therefore \quad \theta_0 = \frac{6}{7}\pi$$

ところが，このときもやはり P_7 が x 軸の正の部分にきてしまうので不適当である．

(iii) $\dfrac{3}{2}\pi < \theta_0 < \dfrac{5}{3}\pi$ のとき，

$21\pi < 14\theta_0 < \dfrac{70}{3}\pi$ では，$14\theta_0 = 22\pi$ のみが候補となる．

$$\therefore \quad \theta_0 = \frac{11}{7}\pi$$

この場合は，題意に適する．

以上から，

$$\theta_1 = \theta_0 = \frac{11}{7}\pi \qquad \cdots\cdots(答)$$

(注) (2)についてだが，以下のように解答してもよい．

$$\left\{k\begin{pmatrix}\cos\theta_0 & -\sin\theta_0 \\ \sin\theta_0 & \cos\theta_0\end{pmatrix}\right\}^{14}\begin{pmatrix}1 \\ 0\end{pmatrix} = k^{14}\begin{pmatrix}\cos 14\theta_0 \\ \sin 14\theta_0\end{pmatrix}$$

仮定より，$14\theta_0 = 2n\pi$ （n は整数）

$$\therefore \quad \theta_0 = \frac{n\pi}{7}$$

$0 < \theta_0 < 2\pi$ より，$\quad 0 < \dfrac{n}{7} < 2$

$$\therefore \quad 1 \leq n \leq 13$$

よって，この 13 個の n について問の仮定をチェックして，n を定める．

―〈練習 2・1・4〉―

行列 $\begin{pmatrix} c & 1-c \\ c-1 & c \end{pmatrix}$ で表される1次変換によって，正方形は正方形にうつされることを示し，対応する正方形の面積が等しくなるように c を定めよ．

発想法

$A = \begin{pmatrix} c & 1-c \\ c-1 & c \end{pmatrix} = (\vec{u} \ \vec{v})$ とする．

$|\vec{u}| = |\vec{v}| = \sqrt{c^2+(c-1)^2}, \ \vec{u} \cdot \vec{v} = c(1-c)+c(c-1) = 0$

$\det A = c^2+(c-1)^2 = 2c^2-2c+1 = 2\left(c-\dfrac{1}{2}\right)^2 + \dfrac{1}{2} > 0$

であるから，行列 A の表す1次変換は原点のまわりの回転と相似拡大の合成である．

解答 $c^2+(1-c)^2 > 0$ より，

$\sqrt{c^2+(1-c)^2} = k, \ \cos\theta = \dfrac{c}{k}, \ \sin\theta = \dfrac{c-1}{k}$

とおくと，

$\begin{pmatrix} c & 1-c \\ c-1 & c \end{pmatrix} = \begin{pmatrix} k & 0 \\ 0 & k \end{pmatrix} \begin{pmatrix} \dfrac{c}{k} & \dfrac{1-c}{k} \\ \dfrac{c-1}{k} & \dfrac{c}{k} \end{pmatrix}$

$= \begin{pmatrix} k & 0 \\ 0 & k \end{pmatrix} \begin{pmatrix} \cos\theta & -\sin\theta \\ \sin\theta & \cos\theta \end{pmatrix}$

図 1

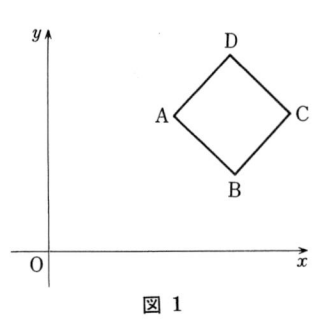

したがって，$\begin{pmatrix} c & 1-c \\ c-1 & c \end{pmatrix}$ は，原点のまわりの θ 回転と k 倍の相似拡大の合成であるから，正方形は正方形にうつされる．

また，対応する面積が等しくなるのは，$k=1$ のとき，すなわち，$c^2+(1-c)^2=1$ のときである．

∴ $c = 0, \ 1$ ……(答)

(注) 正方形 ABCD をとり，

$\overrightarrow{AB} = \begin{pmatrix} x \\ y \end{pmatrix}, \ \overrightarrow{AD} = \begin{pmatrix} -y \\ x \end{pmatrix}$

とおく．問題の1次変換を f とおくと，f は可逆だから，f による正方形 ABCD の像 四角形 $f(A)f(B)f(C)f(D)$ は平行四辺形である．直接計算することにより，

$|\overrightarrow{f(A)f(B)}| = |\overrightarrow{f(A)f(D)}| = \sqrt{c^2+(c-1)^2} \, |\overrightarrow{AB}|$

$\overrightarrow{f(A)f(B)} \cdot \overrightarrow{f(A)f(D)} = 0$

が示せる．このような「別解」も考えられる．

§2 対称な形の行列（対称行列）は回転行列によって対角化せよ

§1で学んだ線対称移動（折り返し）を表す行列 $\begin{pmatrix} \cos\theta & \sin\theta \\ \sin\theta & -\cos\theta \end{pmatrix}$ は対称行列の一種であるが，対称行列と対称移動（折り返し）を表す行列とは異なる概念なので，混乱しないように注意されたい．それでは，対称行列の定義から始めよう．

A が**対称行列**であるとは，A とその転置行列 ${}^tA$ が等しい（すなわち，${}^tA=A$）ことである．

$A=\begin{pmatrix} a & b \\ c & d \end{pmatrix}$ とすると，${}^tA=\begin{pmatrix} a & c \\ b & d \end{pmatrix}$ だから，$A={}^tA$ より，$b=c$ である．

よって，対称行列は $\begin{pmatrix} a & b \\ b & d \end{pmatrix}$ の形をした行列である．

（補題）任意の行列 A と，任意のベクトル $\vec{u},\vec{v}$ に対し，
$$A\vec{u}\cdot\vec{v}=\vec{u}\cdot{}^tA\vec{v}$$
が成り立つ．とくに，A が対称行列のとき，この式は，
$$A\vec{u}\cdot\vec{v}=\vec{u}\cdot A\vec{v}$$
となる．

【証明】 $A=\begin{pmatrix} a & b \\ c & d \end{pmatrix}$, $\vec{u}=\begin{pmatrix} u_1 \\ u_2 \end{pmatrix}$, $\vec{v}=\begin{pmatrix} v_1 \\ v_2 \end{pmatrix}$ とする．

$$A\vec{u}\cdot\vec{v}=\begin{pmatrix} au_1+bu_2 \\ cu_1+du_2 \end{pmatrix}\cdot\begin{pmatrix} v_1 \\ v_2 \end{pmatrix}$$
$$=au_1v_1+bu_2v_1+cu_1v_2+du_2v_2 \quad\cdots\cdots\text{①}$$

$$\vec{u}\cdot{}^tA\vec{v}=\begin{pmatrix} u_1 \\ u_2 \end{pmatrix}\cdot\begin{pmatrix} av_1+cv_2 \\ bv_1+dv_2 \end{pmatrix}$$
$$=au_1v_1+cu_1v_2+bu_2v_1+du_2v_2 \quad\cdots\cdots\text{②}$$

①，② より，
$$A\vec{u}\cdot\vec{v}=\vec{u}\cdot{}^tA\vec{v}$$

後半は，この式と対称行列の定義 ${}^tA=A$ より明らかである（対称行列 A が折り返しを表している場合について，幾何学的意味を考察せよ）．

〈定理 2・2・1〉

対称行列 A ($\neq kE$) は，相異なる2つの実数の固有値をもち，その異なる2つの固有値に対応する固有ベクトルは直交する．

【証明】 $^tA=A$ より，$A=\begin{pmatrix} a & b \\ b & c \end{pmatrix}$ とおける．A の固有方程式は，

$$\lambda^2-(a+c)\lambda+ac-b^2=0$$

よって，判別式は，

$$D=(a+c)^2-4ac+4b^2=(a-c)^2+4b^2\geqq 0$$

しかし，$A \neq kE$ だから，"$a=c, b=0$" ではない．よって，等号をみたすことはない．よって，A は実数の相異なる2つの固有値をもつ．

A の固有値 α, β ($\alpha \neq \beta$) の固有ベクトルをそれぞれ $\vec{u}, \vec{v}$ とおく．
(補題)より，

$$A\vec{u}\cdot\vec{v}=\vec{u}\cdot A\vec{v} \quad \cdots\cdots ③$$

また，固有値と固有ベクトルの関係より，

$$A\vec{u}=\alpha\vec{u}, \quad A\vec{v}=\beta\vec{v}$$

であるから，

$$A\vec{u}\cdot\vec{v}=\alpha(\vec{u}\cdot\vec{v}), \quad \vec{u}\cdot A\vec{v}=\beta(\vec{u}\cdot\vec{v}) \quad \cdots\cdots ④$$

③と④より，

$$(\alpha-\beta)\vec{u}\cdot\vec{v}=0$$

ここで，$\alpha \neq \beta$ であるから，$\vec{u}\cdot\vec{v}=0$ となる．したがって，2つのベクトル $\vec{u}, \vec{v}$ は直交する．

〈定理 2・2・1〉より，対称行列による1次変換は，図Aに示すようなメカニズムになっていることがわかる．ただし，図Aで，

$$\begin{pmatrix} a & b \\ b & c \end{pmatrix}\begin{pmatrix} x \\ y \end{pmatrix}=\begin{pmatrix} x' \\ y' \end{pmatrix}$$

である．

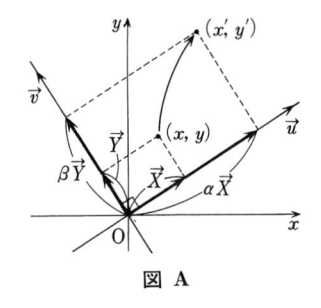

図 A

〈定理 2・2・2〉

行列 A の固有値が異なる2実数 α, β であり，α, β の固有ベクトルの1つをそれぞれ $\vec{u}, \vec{v}$ とする．このとき，$\vec{u}, \vec{v}$ が直交すれば，行列 A は対称行列である．

【証明】 $A=\begin{pmatrix} a & b \\ c & d \end{pmatrix}, \vec{u}=\begin{pmatrix} u_1 \\ u_2 \end{pmatrix}, \vec{v}=\begin{pmatrix} v_1 \\ v_2 \end{pmatrix}$ とおく．

固有値と固有ベクトルの関係より，

$$A\vec{u}=\alpha\vec{u}, \quad A\vec{v}=\beta\vec{v}$$

であるから，

$$\alpha\vec{u}\cdot\vec{v}=A\vec{u}\cdot\vec{v}=\begin{pmatrix} au_1+bu_2 \\ cu_1+du_2 \end{pmatrix}\cdot\begin{pmatrix} v_1 \\ v_2 \end{pmatrix}$$

§2 対称な形の行列（対称行列）は回転行列によって対角化せよ　*119*

$$\vec{u}\cdot\beta\vec{v}=\vec{u}\cdot A\vec{v}$$
$$=au_1v_1+bu_2v_1+cu_1v_2+du_2v_2 \quad\cdots\cdots⑤$$
$$=\begin{pmatrix}u_1\\u_2\end{pmatrix}\cdot\begin{pmatrix}av_1+bv_2\\cv_1+dv_2\end{pmatrix}$$
$$=au_1v_1+bu_1v_2+cu_2v_1+du_2v_2 \quad\cdots\cdots⑥$$

また，$\vec{u}\cdot\vec{v}=0$ より，
$$a\vec{u}\cdot\vec{v}-\beta\vec{u}\cdot\vec{v}=0 \quad\cdots\cdots⑦$$

したがって，⑤，⑥，⑦ より，
$$b(u_1v_2-u_2v_1)-c(u_1v_2-u_2v_1)=0$$
$$\therefore\ (b-c)(u_1v_2-u_2v_1)=0$$

$\vec{u},\vec{v}$ は1次独立であるから，
$$u_1v_2-u_2v_1\neq 0 \quad\therefore\quad b=c$$

したがって，行列 A は対称行列である．

〈定理 2・2・1〉，〈定理 2・2・2〉より，行列 S が対称行列であるための必要十分条件は，"S が相異なる2つの実数の固有値をもち，固有ベクトルが直交する" ことであることが示せた．

〈定理 2・2・3〉

対称行列 A は，適当な回転を表す行列 T を用いて，

$$A=T\begin{pmatrix}\alpha & 0\\0 & \beta\end{pmatrix}T^{-1}$$

と変形できる（この事実を称して "対称行列は，回転を表す行列で対角化できる" という）．

【証明】　$A=kE$ なら，T として単位行列（0°回転）をとればよい．

$A\neq kE$ とする．

対称行列 A の固有値を α,β とし，α,β の単位固有ベクトルをそれぞれ $\vec{u},\vec{v}$ とする．

〈定理 2・2・1〉より $\vec{u},\vec{v}$ は直交するから，

$$\vec{u}=\begin{pmatrix}\cos\theta\\\sin\theta\end{pmatrix}\ とおくと，$$

$$\vec{v}=\begin{pmatrix}\cos\left(\theta+\dfrac{\pi}{2}\right)\\\sin\left(\theta+\dfrac{\pi}{2}\right)\end{pmatrix}=\begin{pmatrix}-\sin\theta\\\cos\theta\end{pmatrix}$$

または，

となる.

$$\vec{v} = \begin{pmatrix} \cos\left(\theta - \frac{\pi}{2}\right) \\ \sin\left(\theta - \frac{\pi}{2}\right) \end{pmatrix} = \begin{pmatrix} \sin\theta \\ -\cos\theta \end{pmatrix}$$

(i) $\vec{v} = \begin{pmatrix} -\sin\theta \\ \cos\theta \end{pmatrix}$ のとき,$A\vec{u} = \alpha\vec{u}$, $A\vec{v} = \beta\vec{v}$ であるから,

$$A\begin{pmatrix} \cos\theta \\ \sin\theta \end{pmatrix} = \alpha\begin{pmatrix} \cos\theta \\ \sin\theta \end{pmatrix},\quad A\begin{pmatrix} -\sin\theta \\ \cos\theta \end{pmatrix} = \beta\begin{pmatrix} -\sin\theta \\ \cos\theta \end{pmatrix}$$

これらをまとめて,

$$A\begin{pmatrix} \cos\theta & -\sin\theta \\ \sin\theta & \cos\theta \end{pmatrix} = \begin{pmatrix} \alpha\cos\theta & -\beta\sin\theta \\ \alpha\sin\theta & \beta\cos\theta \end{pmatrix}$$

$$= \begin{pmatrix} \cos\theta & -\sin\theta \\ \sin\theta & \cos\theta \end{pmatrix}\begin{pmatrix} \alpha & 0 \\ 0 & \beta \end{pmatrix}$$

よって,$\vec{u}$, $\vec{v}$ を並べて

$$T = (\vec{u}\ \vec{v}) = \begin{pmatrix} \cos\theta & -\sin\theta \\ \sin\theta & \cos\theta \end{pmatrix}$$

とおけば,この θ 回転を表す行列 T を用いて,

$$A = T\begin{pmatrix} \alpha & 0 \\ 0 & \beta \end{pmatrix}T^{-1}$$

と変形できる.

(ii) $\vec{v} = \begin{pmatrix} \sin\theta \\ -\cos\theta \end{pmatrix}$ のとき,

$$T' = (\vec{v}\ \vec{u}) = \begin{pmatrix} \sin\theta & \cos\theta \\ -\cos\theta & \sin\theta \end{pmatrix}$$

$$= \begin{pmatrix} \cos\left(\theta - \frac{\pi}{2}\right) & -\sin\left(\theta - \frac{\pi}{2}\right) \\ \sin\left(\theta - \frac{\pi}{2}\right) & \cos\left(\theta - \frac{\pi}{2}\right) \end{pmatrix}$$

とおけば,(i)と同様にして $\left(\theta - \frac{\pi}{2}\right)$ 回転を表す行列 T' を用いて,

$$A = T'\begin{pmatrix} \beta & 0 \\ 0 & \alpha \end{pmatrix}T'^{-1}$$

と変形できる.

(i), (ii)より,対称行列は回転を表す行列で対角化できる.

(**注1**) 〈**定理 2・2・3**〉の証明の(ii)のとき,β の固有ベクトルとして,$\vec{v}$ の代わり

§2 対称な形の行列（対称行列）は回転行列によって対角化せよ　　121

に $-\vec{v}$ ととり直すと，
$$A(-\vec{v})=\beta(-\vec{v}) \Longrightarrow A\begin{pmatrix} -\sin\theta \\ \cos\theta \end{pmatrix}=\beta\begin{pmatrix} -\sin\theta \\ \cos\theta \end{pmatrix}$$
よって，(ii)も(i)の場合と同じになる．したがって，次のことがわかる．

　対称行列の固有値を α, β とし，対応する固有ベクトルをそれぞれ $\vec{u_\alpha}, \vec{u_\beta}$ とする．ベクトル $\vec{u_\alpha}$ と x 軸の正方向とのなす角を θ とする（図B）．このとき，対称行列は，θ 回転を表す行列 T で対角化できる．すなわち，対称行列 A は，

$$T=\begin{pmatrix} \cos\theta & -\sin\theta \\ \sin\theta & \cos\theta \end{pmatrix}$$ を用いて，

$$A=T\begin{pmatrix} \alpha & 0 \\ 0 & \beta \end{pmatrix}T^{-1}$$

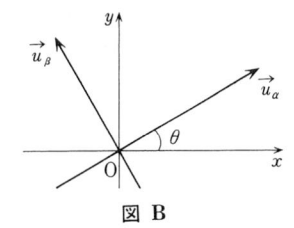

と表現できる．

　　　　　　　　　　　　　　　　　　　　　　図 B

（注2）〈定理 2・2・3〉を図形的に証明するためには，
　"平面上の任意の点 P(x, y) が，対称行列 A によってうつされる点 P$'(x', y')$ と，$T\begin{pmatrix} \alpha & 0 \\ 0 & \beta \end{pmatrix}T^{-1}$ によってうつされる点 Q$''(x'', y'')$ とが等しい"ことを示せばよい．

（i）点 P$'(x', y')$ の位置を作図して求める．
　行列 A の固有値を α, β，それに対応した単位固有ベクトルをそれぞれ $\vec{u_\alpha}, \vec{u_\beta}$ とする．$\overrightarrow{OP}(=\vec{p})$ を固有ベクトルの方向に分解して，
$$\vec{p}=\alpha'\vec{u_\alpha}+\beta'\vec{u_\beta} \quad （図C）$$

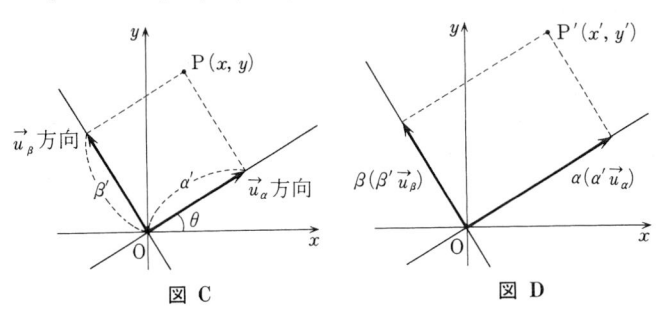

　　　図 C　　　　　　　　　　　　図 D

よって，行列 A で表される1次変換による P の像 P$'$ は，
$$A\vec{p}=A(\alpha'\vec{u_\alpha}+\beta'\vec{u_\beta})$$
$$\quad\quad =\alpha\cdot(\alpha'\vec{u_\alpha})+\beta\cdot(\beta'\vec{u_\beta})$$
により，点 P$'$ の位置は図Dのようになる．

（ii）点 Q$''$ の位置を合成 $T\begin{pmatrix} \alpha & 0 \\ 0 & \beta \end{pmatrix}T^{-1}$ に従って作図（図E）して求める．図Dお

よび図Eの上の2つの図より $T^{-1}\begin{pmatrix} x \\ y \end{pmatrix} = \begin{pmatrix} \alpha' \\ \beta' \end{pmatrix}$ であるから，

$$T\begin{pmatrix} \alpha & 0 \\ 0 & \beta \end{pmatrix}T^{-1}\begin{pmatrix} x \\ y \end{pmatrix} = T\begin{pmatrix} \alpha & 0 \\ 0 & \beta \end{pmatrix}\begin{pmatrix} \alpha' \\ \beta' \end{pmatrix}$$

$$= T\begin{pmatrix} \alpha\alpha' \\ \beta\beta' \end{pmatrix}$$

$$= \begin{pmatrix} x'' \\ y'' \end{pmatrix}$$

図 E

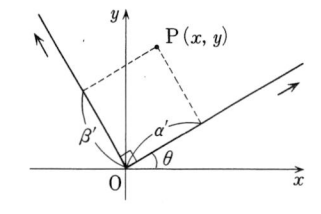

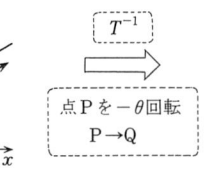

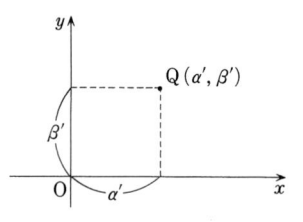

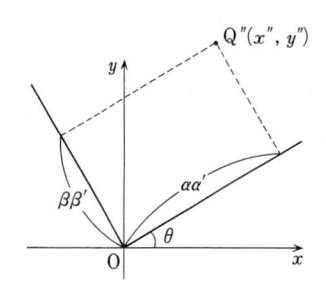

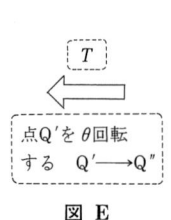

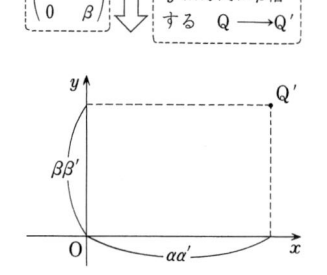

これらの考察により，

$$\begin{pmatrix} x' \\ y' \end{pmatrix} = \begin{pmatrix} x'' \\ y'' \end{pmatrix}$$

すなわち，点P′ と点Q″ が等しいことが示された．

(注3) 回転を表す行列 $T = \begin{pmatrix} \cos\theta & -\sin\theta \\ \sin\theta & \cos\theta \end{pmatrix}$ は，

$$T^{-1} = \begin{pmatrix} \cos(-\theta) & -\sin(-\theta) \\ \sin(-\theta) & \cos(-\theta) \end{pmatrix} = \begin{pmatrix} \cos\theta & \sin\theta \\ -\sin\theta & \cos\theta \end{pmatrix} = {}^tT$$

となるから，

$A = T\begin{pmatrix} \alpha & 0 \\ 0 & \beta \end{pmatrix}T^{-1}$ の代わりに，$A = T\begin{pmatrix} \alpha & 0 \\ 0 & \beta \end{pmatrix}{}^tT$ と書いてもよい．

§2 対称な形の行列(対称行列)は回転行列によって対角化せよ　　123

[例題 2・2・1]
　xy 平面上で, 原点を 1 つの頂点とし $y \geqq 0$ の部分にある正方形のうち, 行列 $P = \begin{pmatrix} 3a+b & \sqrt{3}(a-b) \\ \sqrt{3}(a-b) & a+3b \end{pmatrix}$ による 1 次変換

$$\begin{pmatrix} x' \\ y' \end{pmatrix} = \begin{pmatrix} 3a+b & \sqrt{3}(a-b) \\ \sqrt{3}(a-b) & a+3b \end{pmatrix} \begin{pmatrix} x \\ y \end{pmatrix}$$

によって長方形にうつされるものを求めよ. ただし, $ab \neq 0$ とする.

[解答]　題意をみたす正方形の頂点を, 反時計まわりに O, A, B, C とする.
　このとき, 頂点 A はつねに第 1 象限に, 頂点 C はつねに第 2 象限にあることを注意せよ (図 1).

$$\begin{pmatrix} x' \\ y' \end{pmatrix} = P \begin{pmatrix} x \\ y \end{pmatrix}$$
$$= \begin{pmatrix} 3a+b & \sqrt{3}(a-b) \\ \sqrt{3}(a-b) & a+3b \end{pmatrix} \begin{pmatrix} x \\ y \end{pmatrix}$$

とすると,
$\det P = (3a+b)(a+3b) - \sqrt{3}(a-b)\sqrt{3}(a-b)$
$= 16ab \neq 0 \quad (\because ab \neq 0)$

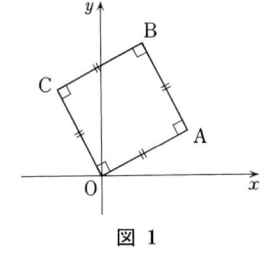

図 1

であるから, この 1 次変換によって, 原点 $(0, 0)$ 以外の点は, 原点にうつされない.

さて, 頂点 A の座標を $A = \begin{pmatrix} x \\ y \end{pmatrix}$ とすると, 頂点 C の座標は, 点 A を原点のまわりに $\dfrac{\pi}{2}$ 回転して得られるから,

$$\begin{pmatrix} \cos\dfrac{\pi}{2} & -\sin\dfrac{\pi}{2} \\ \sin\dfrac{\pi}{2} & \cos\dfrac{\pi}{2} \end{pmatrix} \begin{pmatrix} x \\ y \end{pmatrix} = \begin{pmatrix} 0 & -1 \\ 1 & 0 \end{pmatrix} \begin{pmatrix} x \\ y \end{pmatrix}$$

$$= \begin{pmatrix} -y \\ x \end{pmatrix} \quad (図 2)$$

また, 頂点 B は, $\overrightarrow{OB} = \overrightarrow{OA} + \overrightarrow{OC}$ で定まる.
A, C の行列 P でうつされる像 A′, C′ の座標は,

$$A' = \begin{pmatrix} x(3a+b) + y\sqrt{3}(a-b) \\ x\sqrt{3}(a-b) + y(a+3b) \end{pmatrix}$$

$$C' = \begin{pmatrix} -y(3a+b) + x\sqrt{3}(a-b) \\ -y\sqrt{3}(a-b) + x(a+3b) \end{pmatrix}$$

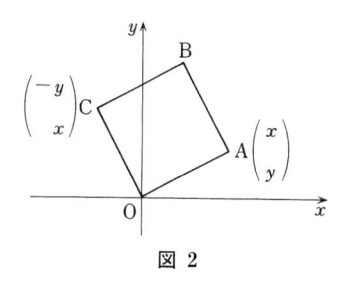

図 2

である．

　一般に，1次変換によって正方形（平行四辺形）は平行四辺形にうつされるので，このことを考慮したもとに題意の条件，すなわち，正方形 OABC が長方形 O′A′B′C′ にうつるための必要十分条件は，2つのベクトル $\overrightarrow{OA'}$, $\overrightarrow{OC'}$ が直交することである．

　∵　$\overrightarrow{OB'} = P\overrightarrow{OB} = P(\overrightarrow{OA} + \overrightarrow{OC}) = \overrightarrow{OA'} + \overrightarrow{OC'}$　　（図3）

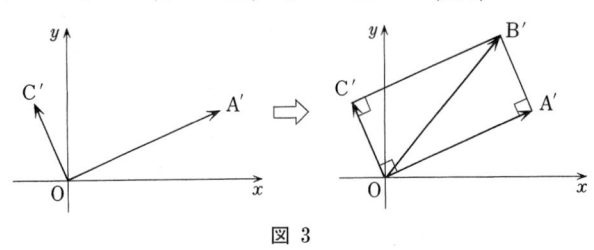

図 3

$\overrightarrow{OA'} \cdot \overrightarrow{OC'} = \{x(3a+b) + y\sqrt{3}(a-b)\}\{-y(3a+b) + x\sqrt{3}(a-b)\}$
$\qquad\qquad + \{x\sqrt{3}(a-b) + y(a+3b)\}\{-y\sqrt{3}(a-b) + x(a+3b)\}$
$\qquad = 0$

これを整理して，

$\quad 4(a^2-b^2)(\sqrt{3}x^2 - 2xy - \sqrt{3}y^2) = 0$

$\iff 4(a^2-b^2)(\sqrt{3}x+y)(x-\sqrt{3}y) = 0$　……①

①に関し，$a = \pm b$ であるか否かによって次の2つの場合に分けて調べる．

(i)　$a = \pm b$ のときはつねに成り立つ．

(ii)　$a \neq \pm b$ のとき，$(\sqrt{3}x+y)(x-\sqrt{3}y) = 0$ であることが必要条件である．ここで，$A(x, y)$ は，$x \geq 0$, $y \geq 0$ であることより，点 $A(x, y)$ は，$x - \sqrt{3}y = 0$ をみたす．

　よって，$A = \begin{pmatrix} \sqrt{3}y \\ y \end{pmatrix}$, $C = \begin{pmatrix} -y \\ \sqrt{3}y \end{pmatrix}$ と書ける（図4）．

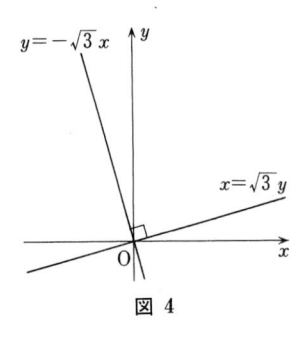

　また，点 B は，$\overrightarrow{OB} = \overrightarrow{OA} + \overrightarrow{OC} = \begin{pmatrix} (\sqrt{3}-1)y \\ (\sqrt{3}+1)y \end{pmatrix}$

図 4

で定まる．よって，十分でもある．

$\begin{cases} a = \pm b \text{ のとき，任意の正方形．} \\ a \neq \pm b \text{ のとき，頂点が原点 O, } \begin{pmatrix} \sqrt{3}y \\ y \end{pmatrix}, \begin{pmatrix} -y \\ \sqrt{3}y \end{pmatrix}, \\ \begin{pmatrix} (\sqrt{3}-1)y \\ (\sqrt{3}+1)y \end{pmatrix} \text{ の正方形（}y\text{ は任意の正の数）．} \end{cases}$　……（答）

〔研究〕

$$P = \begin{pmatrix} 3a+b & \sqrt{3}(a-b) \\ \sqrt{3}(a-b) & a+3b \end{pmatrix}$$ とおく．

P の固有方程式は，$\lambda^2 - 4(a+b)\lambda + 16ab = (\lambda - 4a)(\lambda - 4b) = 0$
だから，P の固有値は $4a$ と $4b$ である．

P が "直交行列と相似拡大の合成" ……(☆) ならば，任意の正方形が題意をみたすので，P が(☆)をみたすか否かで場合分けをする．

(I) P が(☆)をみたすとき，

$$(3a+b)\sqrt{3}(a-b) + \sqrt{3}(a-b)(a+3b) = 4\sqrt{3}(a-b)(a+b) = 0 \quad \cdots\cdots(*)$$

かつ

$$(3a+b)^2 + \{\sqrt{3}(a-b)\}^2 = \{\sqrt{3}(a-b)\}^2 + (a+3b)^2 \quad \cdots\cdots(**)$$

(*)をみたす a, b は $a = \pm b$ であり，このとき(**)もみたす．

(i) $a = b$ のとき，$P = 4a\begin{pmatrix} 1 & 0 \\ 0 & 1 \end{pmatrix}$ となり，P は $4a$ 倍の相似拡大となり，

求める正方形は任意の正方形 ……(答)

(ii) $a = -b$ のとき，$P = 2a\begin{pmatrix} 1 & \sqrt{3} \\ \sqrt{3} & -1 \end{pmatrix} = 4a\begin{pmatrix} \frac{1}{2} & \frac{\sqrt{3}}{2} \\ \frac{\sqrt{3}}{2} & -\frac{1}{2} \end{pmatrix}$ となり，P は "対称移動" と "$4a$ 倍の相似拡大" の合成であり，**求める正方形は任意の正方形**

……(答)

(II) P が(☆)をみたさない (すなわち，$a \neq \pm b$) のとき，固有値 $4a$ に対応する固有ベクトル $\vec{u}$ は直線 $l_1: x - \sqrt{3}y = 0$ に平行．

固有値 $4b$ に対応する固有ベクトル $\vec{v}$ は，l_1 に直交する直線 $l_2: \sqrt{3}x + y = 0$ に平行 (図5)．

よって，求める正方形は，第1章§1の "像の作図法" を考慮すれば，その原点である1頂点に隣り合う2頂点のおのおのが不動2直線 l_1，l_2 上の $y \geq 0$ の部分にあるものであることがわかる．よって，

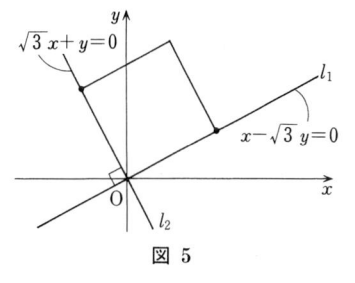

4頂点が原点 O，$\begin{pmatrix} \sqrt{3}y \\ y \end{pmatrix}$，$\begin{pmatrix} -y \\ \sqrt{3}y \end{pmatrix}$，$\begin{pmatrix} (\sqrt{3}-1)y \\ (\sqrt{3}+1)y \end{pmatrix}$ の正方形 (y は任意の正の数)

……(答)

図 5

〈練習 2・2・1〉

xy 平面上で，原点を 1 つの頂点とし $y \geq 0$ の部分にある正方形のうち，1 次変換

$$\begin{pmatrix} x' \\ y' \end{pmatrix} = \begin{pmatrix} 7 & \sqrt{3} \\ \sqrt{3} & 5 \end{pmatrix} \begin{pmatrix} x \\ y \end{pmatrix}$$

によって長方形にうつされるものを求めよ。　　　　　（名古屋大 文系）

[解答] 正方形の，原点の両隣の 2 つの頂点 A，C をそれぞれ，(a, b)，$(-b, a)$ とおく。ただし，$a \geq 0$，$b \geq 0$ $(a, b) \neq (0, 0)$ である（図 1）。

このとき，頂点 A，C の f によってうつされる像 A′，C′ の座標は，それぞれ，

$$\begin{pmatrix} 7 & \sqrt{3} \\ \sqrt{3} & 5 \end{pmatrix} \begin{pmatrix} a \\ b \end{pmatrix} = \begin{pmatrix} 7a + \sqrt{3}b \\ \sqrt{3}a + 5b \end{pmatrix}$$

$$\begin{pmatrix} 7 & \sqrt{3} \\ \sqrt{3} & 5 \end{pmatrix} \begin{pmatrix} -b \\ a \end{pmatrix} = \begin{pmatrix} \sqrt{3}a - 7b \\ 5a - \sqrt{3}b \end{pmatrix}$$

図 1

となる。これらが，$(0, 0)$ とで長方形をつくるための条件は，

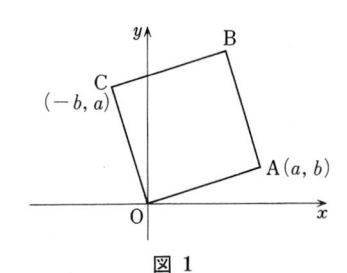

$$\overrightarrow{OA'} \cdot \overrightarrow{OC'} = 0$$

よって，

$(7a + \sqrt{3}b)(\sqrt{3}a - 7b) + (\sqrt{3}a + 5b)(5a - \sqrt{3}b) = 0$

∴　$12\sqrt{3}a^2 - 24ab - 12\sqrt{3}b^2 = 0$

∴　$\sqrt{3}a^2 - 2ab - \sqrt{3}b^2 = 0$

∴　$(\sqrt{3}a + b)(a - \sqrt{3}b) = 0$

∴　$a - \sqrt{3}b = 0$　　（∵ $a \geq 0$，$b \geq 0$，$(a, b) \neq (0, 0)$）

よって，4 頂点が

$(0, 0)$，$(\sqrt{3}b, b)$，$(-b, \sqrt{3}b)$，$((\sqrt{3}-1)b, (\sqrt{3}+1)b)$

である正方形（b は任意の正の数）　　　　　　　　……（答）

[研究]

$P = \begin{pmatrix} 7 & \sqrt{3} \\ \sqrt{3} & 5 \end{pmatrix}$ とする。P の固有方程式は，

$\lambda^2 - 12\lambda + 32 = (\lambda - 8)(\lambda - 4) = 0$

よって，P の固有値は 8 と 4 である。固有値 8 に対応する固有ベクトルを $\vec{u} = \begin{pmatrix} x \\ y \end{pmatrix}$

とすると，x, y は $l : -x + \sqrt{3}y = 0$ をみたす．直線 l と x 軸の正方向とのなす角を θ とすると（図 2），$\theta = \dfrac{\pi}{6}$ である．〈定理 2・2・3〉より，

$$T = \begin{pmatrix} \cos\dfrac{\pi}{6} & -\sin\dfrac{\pi}{6} \\ \sin\dfrac{\pi}{6} & \cos\dfrac{\pi}{6} \end{pmatrix} = \begin{pmatrix} \dfrac{\sqrt{3}}{2} & -\dfrac{1}{2} \\ \dfrac{1}{2} & \dfrac{\sqrt{3}}{2} \end{pmatrix}$$

とするとき，$P = T \begin{pmatrix} 8 & 0 \\ 0 & 4 \end{pmatrix} T^{-1}$ である．

$P = T \begin{pmatrix} 8 & 0 \\ 0 & 4 \end{pmatrix} T^{-1}$ であることを考えれば，

この問題を次のようにいい換えることができる．

「〝原点を 1 つの頂点とし，$y \geqq 0$ の部分にある正方形〟……(☆) のうち，$-\dfrac{\pi}{6}$ 回転した後に，x 軸正方向に 8 倍，y 軸正方向に 4 倍（さらに $\dfrac{\pi}{6}$ 回転）したら，(一般には平行四辺形（図 3）になるが，とくに）長方形になっているような正方形 S を求めよ．」

l 上に 1 辺をもたない正方形は，図 3 のように P によって長方形以外の平行四辺形にうつる．

一方，条件 (☆) がみたされなくてもよいとするならば，題意をみたす正方形には図 4 に示すように 4 種類あるが，条件 (☆) をみたすものは，太線で描かれた正方形だけである（図 4）．

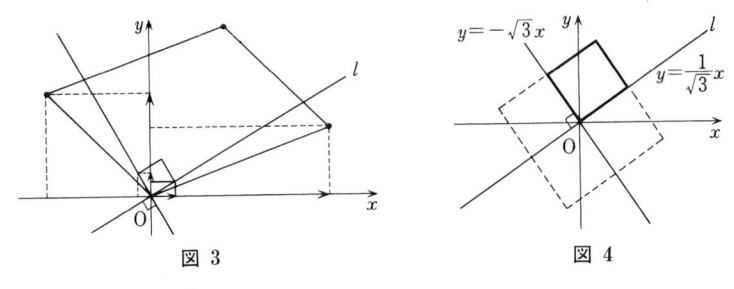

図 3

図 4

よって，求める正方形は，

「反時計まわりに，O と隣り合う頂点が直線 $l : -x + \sqrt{3}y = 0$ 上にある正方形」
……(答)

[例題 2・2・2]

原点のまわりの $30°$ の回転を表す行列を U とし，
$$A = \begin{pmatrix} 7 & -\sqrt{3} \\ -\sqrt{3} & 5 \end{pmatrix}$$ とする．

(1) 行列 UAU^{-1} を求めよ．

(2) 行列 A で表される1次変換による直線 $y = \sqrt{3}x + 1$ の像の直線は，どのような方程式で表されるか．

(大阪大 文系)

解答 (1) $U = \begin{pmatrix} \cos 30° & -\sin 30° \\ \sin 30° & \cos 30° \end{pmatrix} = \dfrac{1}{2}\begin{pmatrix} \sqrt{3} & -1 \\ 1 & \sqrt{3} \end{pmatrix}$

$U^{-1} = \begin{pmatrix} \cos(-30°) & -\sin(-30°) \\ \sin(-30°) & \cos(-30°) \end{pmatrix} = \dfrac{1}{2}\begin{pmatrix} \sqrt{3} & 1 \\ -1 & \sqrt{3} \end{pmatrix}$

よって，

$UAU^{-1} = \dfrac{1}{2}\begin{pmatrix} \sqrt{3} & -1 \\ 1 & \sqrt{3} \end{pmatrix}\begin{pmatrix} 7 & -\sqrt{3} \\ -\sqrt{3} & 5 \end{pmatrix}\cdot\dfrac{1}{2}\begin{pmatrix} \sqrt{3} & 1 \\ -1 & \sqrt{3} \end{pmatrix}$

$= \begin{pmatrix} 8 & 0 \\ 0 & 4 \end{pmatrix}$ ……(答)

(2) 直線 $y = \sqrt{3}x + 1$ をベクトル表示すると，

$\begin{pmatrix} x \\ y \end{pmatrix} = \begin{pmatrix} 0 \\ 1 \end{pmatrix} + t\begin{pmatrix} 1 \\ \sqrt{3} \end{pmatrix}$

よって A で表される1次変換による，その像は，

$\begin{pmatrix} x \\ y \end{pmatrix} = \begin{pmatrix} 7 & -\sqrt{3} \\ -\sqrt{3} & 5 \end{pmatrix}\begin{pmatrix} 0 \\ 1 \end{pmatrix} + t\begin{pmatrix} 7 & -\sqrt{3} \\ -\sqrt{3} & 5 \end{pmatrix}\begin{pmatrix} 1 \\ \sqrt{3} \end{pmatrix}$

$\therefore\ \begin{pmatrix} x \\ y \end{pmatrix} = \begin{pmatrix} -\sqrt{3} \\ 5 \end{pmatrix} + t\begin{pmatrix} 4 \\ 4\sqrt{3} \end{pmatrix}$

$\therefore\ \sqrt{3}x - y = -8 \quad \therefore\ \boldsymbol{y = \sqrt{3}x + 8}$ ……(答)

〔研究〕

A が対称行列であることに着眼すると，次のような別解が得られる．

(1) 行列 A の固有方程式：

$\lambda^2 - (7+5)\lambda + 7\cdot 5 - (-\sqrt{3})^2 = 0$

$\iff (\lambda-4)(\lambda-8) = 0$

よって，行列 A の固有値 λ_1, λ_2，および，それに対応する固有ベクトル l_1, l_2 の方程式は，それぞ

図 1

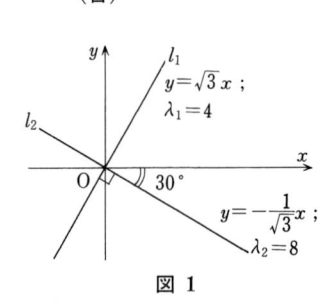

れ次で与えられる.

$$\begin{cases} \lambda_1=4 \text{ のとき}, & l_1: y=\sqrt{3}x \\ \lambda_2=8 \text{ のとき}, & l_2: y=-\dfrac{1}{\sqrt{3}}x \end{cases}$$

よって，〈定理 2・2・3〉より，対称行列 A は，原点のまわりの $30°$ の回転を表す行列 U を用いて，

$$A=U^{-1}\begin{pmatrix} \lambda_2 & 0 \\ 0 & \lambda_1 \end{pmatrix}U \quad \cdots\cdots(☆)$$

と書ける (図 2 参照).

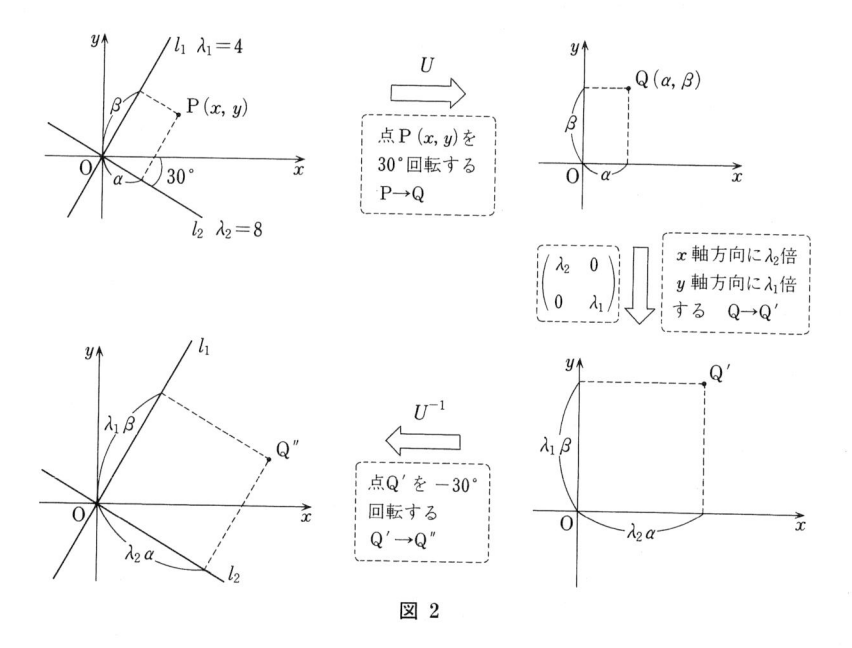

図 2

したがって，

$$(☆) \Longleftrightarrow UAU^{-1}=\begin{pmatrix} \lambda_2 & 0 \\ 0 & \lambda_1 \end{pmatrix}$$

$$=\begin{pmatrix} \mathbf{8} & \mathbf{0} \\ \mathbf{0} & \mathbf{4} \end{pmatrix} \quad \cdots\cdots\text{(答)}$$

(2) 直線 $l: y=\sqrt{3}x+1$ を行列 $A=U^{-1}\begin{pmatrix} 8 & 0 \\ 0 & 4 \end{pmatrix}U$ によって変換した際にうつる像を作図して求める.

図 3

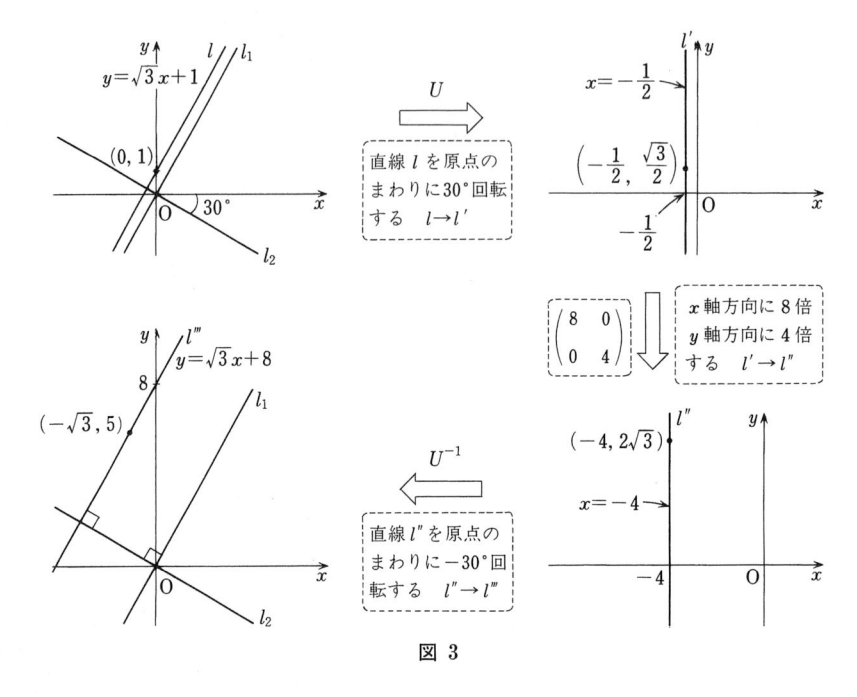

したがって，求めるべき直線の方程式は， $y=\sqrt{3}x+8$ ……(答)

(注) (2)の解法だが，次の〈その1〉，〈その2〉のような方法で解答してもよい．

〈その1〉 直線 $y=\sqrt{3}x+1$ 上の点 (x, y) をとり，

$$\begin{pmatrix} x' \\ y' \end{pmatrix} = \begin{pmatrix} 7 & -\sqrt{3} \\ -\sqrt{3} & 5 \end{pmatrix} \begin{pmatrix} x \\ y \end{pmatrix} \quad \text{とおく．}$$

$$\begin{pmatrix} x \\ y \end{pmatrix} = \begin{pmatrix} 7 & -\sqrt{3} \\ -\sqrt{3} & 5 \end{pmatrix}^{-1} \begin{pmatrix} x' \\ y' \end{pmatrix} = \frac{1}{32} \begin{pmatrix} 5 & \sqrt{3} \\ \sqrt{3} & 7 \end{pmatrix} \begin{pmatrix} x' \\ y' \end{pmatrix}$$

より，$y=\sqrt{3}x+1$ へ

$$x=\frac{1}{32}(5x'+\sqrt{3}y'), \quad y=\frac{1}{32}(\sqrt{3}x'+7y')$$

を代入して，$y'=\sqrt{3}x'+8$ を導く．

〈その2〉 $\begin{pmatrix} x' \\ y' \end{pmatrix} = \begin{pmatrix} 7 & -\sqrt{3} \\ -\sqrt{3} & 5 \end{pmatrix} \begin{pmatrix} x \\ \sqrt{3}x+1 \end{pmatrix} = \begin{pmatrix} 4x-\sqrt{3} \\ 4\sqrt{3}x+5 \end{pmatrix}$

∴ $x'+\sqrt{3}=4x=\frac{1}{\sqrt{3}}(y'-5)$

これより，$y'=\sqrt{3}x'+8$ を導く．これは，「**解答**」の解法と本質的に同じである．

§2 対称な形の行列(対称行列)は回転行列によって対角化せよ   131

―〈練習 2・2・2〉――

1次変換 $\begin{pmatrix} x' \\ y' \end{pmatrix} = \begin{pmatrix} 1-a^2 & -ab \\ -ab & 1-b^2 \end{pmatrix}\begin{pmatrix} x \\ y \end{pmatrix}$ $(a^2+b^2 \neq 0)$

による点 P の像を P′, 点 Q の像を Q′ とする. また, この1次変換による像がその点自身になるような点の全体を S とする.

(1) S はどのような図形か.
(2) S に含まれないある点について $\overline{\mathrm{OP}}=\overline{\mathrm{OP'}}$ が成り立つならば, 任意の点 Q について $\overline{\mathrm{OQ}}=\overline{\mathrm{OQ'}}$ が成り立つことを示せ. ただし, 点 O は原点で, $\overline{\mathrm{OP}}$, $\overline{\mathrm{OQ}}$, $\overline{\mathrm{OP'}}$, $\overline{\mathrm{OQ'}}$ は原点から各点 P, Q, P′, Q′ までの距離とする.

(熊本大 理系)

解答 (1) 与えられた行列を A とおくと,

$$A\begin{pmatrix} x \\ y \end{pmatrix} = \begin{pmatrix} x \\ y \end{pmatrix} \iff (A-E)\begin{pmatrix} x \\ y \end{pmatrix} = \begin{pmatrix} 0 \\ 0 \end{pmatrix}$$

$$\iff \begin{cases} -a^2 x - aby = 0 \\ -abx - b^2 y = 0 \end{cases}$$

$$\iff \begin{cases} a(ax+by) = 0 \\ b(ax+by) = 0 \end{cases}$$

ここで, $ax+by \neq 0$ とすると $a=b=0$ となり, $a^2+b^2 \neq 0$ に反するから,

$$ax+by = 0 \quad \cdots\cdots ① \qquad \cdots\cdots(答)$$

であり, ① の表す直線が S となる.

(2) P(p, q), P′(p', q') とおくと,

$$\begin{pmatrix} p' \\ q' \end{pmatrix} = A\begin{pmatrix} p \\ q \end{pmatrix} = \begin{pmatrix} (1-a^2)p - abq \\ -abp + (1-b^2)q \end{pmatrix} \quad \text{だから,}$$

$\mathrm{OP'}^2 = p'^2 + q'^2$
$= \{(1-a^2)^2 + a^2 b^2\} p^2 - 2ab(2-a^2-b^2)pq + \{a^2 b^2 + (1-b^2)^2\} q^2$

$\overline{\mathrm{OP}}=\overline{\mathrm{OP'}}$ より, この 右辺 $=\mathrm{OP}^2 = p^2 + q^2$ だから,

$a^2(a^2+b^2-2)p^2 + 2ab(a^2+b^2-2)pq + b^2(a^2+b^2-2)q^2$
$= (a^2+b^2-2)(ap+bq)^2 = 0 \quad \cdots\cdots ②$

点 P は, 直線 $ax+by=0$ 上にないから, $ap+bq \neq 0$

したがって, $a^2+b^2=2$ であり, このとき, 任意の p, q に対して ② は成り立つ. これは, 任意の Q とその像 Q′ について $\overline{\mathrm{OQ}}=\overline{\mathrm{OQ'}}$ であることを意味する.

〔研究〕

対称行列 $A = \begin{pmatrix} 1-a^2 & -ab \\ -ab & 1-b^2 \end{pmatrix}$ について, まず考察しよう.

条件 $a^2+b^2 \neq 0$ より，a, b が同時に 0 になることはない．

このことより，A は相似拡大ではない．すなわち，$A \neq kE$．よって A は相異なる 2 個の固有値をもち，それらに対応する固有ベクトルは直交する〈定理 2・2・1〉．固有ベクトルの概念を利用し，以下に示す別解において本問を視覚的に考察してみよう．

【別解】 行列 A の固有方程式は，
$$\lambda^2 - (2-a^2-b^2)\lambda + (1-a^2)(1-b^2) - (-ab)^2 = 0 \iff (\lambda-1)\{\lambda-(1-a^2-b^2)\} = 0$$
より，A の固有値，およびそれらに対応する固有ベクトルに平行な原点を通る直線の式は次のようになる．

$\lambda_1 = 1$ のとき，$l_1 : ax+by=0$ ……①
$\lambda_2 = 1-a^2-b^2$ のとき，$l_2 : bx-ay=0$ ……②

したがって，l_1 に直交するベクトル $\vec{u} = \begin{pmatrix} a \\ b \end{pmatrix}$ について，
$$A\begin{pmatrix} a \\ b \end{pmatrix} = (1-a^2-b^2)\begin{pmatrix} a \\ b \end{pmatrix}$$
となる．

だから，$\overline{OP} = \overline{OP'}$ となるための条件は，図 1 より，$\vec{u}\left(\parallel \begin{pmatrix} a \\ b \end{pmatrix}\right)$ に対して，
$$f(\vec{u}) = \pm \vec{u} \iff 1-a^2-b^2 = \pm 1$$

しかし，$a^2+b^2 \neq 0$ より，$1-a^2-b^2 = 1$ にはなりえないので，$1-a^2-b^2 = -1$ となる．よって，f は l_1 に関する折り返しとなる．このとき，任意の Q に対して，$\overline{OQ} = \overline{Of(Q)}$ が成り立つ．

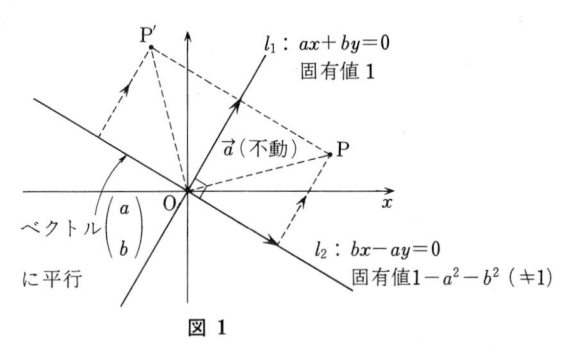

図 1

（注） 点 (a, b) は，$a^2+b^2 \neq 0$ より，S に含まれない点である．
よって，$P(a, b)$ とすると，
$$\begin{pmatrix} 1-a^2 & -ab \\ -ab & 1-b^2 \end{pmatrix}\begin{pmatrix} a \\ b \end{pmatrix} = \begin{pmatrix} a(1-a^2-b^2) \\ b(1-a^2-b^2) \end{pmatrix}$$
より，$P'(a(1-a^2-b^2), b(1-a^2-b^2))$ である．このとき，$\overline{OP} = \overline{OP'}$ より $a^2+b^2 = 2$ が導かれる．このように，特別な点から必要性を導いてしまうのもよい．

[例題 2・2・3]

行列 $A = \begin{pmatrix} 3 & \sqrt{2} \\ \sqrt{2} & 2 \end{pmatrix}$ が定める1次変換を f とする．

(1) 直線 $y = ax$ が f によってそれ自身にうつされるとき，このような直線は2つあり，互いに直交することを示せ．

(2) (1)で得られた直線を $y = a_1 x$, $y = a_2 x$ ($a_1 > a_2$) として，それらをそれぞれ X 軸，Y 軸とする（ただし，X 軸の正の向きは x 座標が増加する方向にとるものとする）．このとき，$2x^2 + 2\sqrt{2}xy + y^2 + 3x = 0$ は XY 座標でどんな方程式になるか．

[解答] (1) $y = ax$ 上の点 $(1, a)$ は，f によって $(3 + \sqrt{2}a, \sqrt{2} + 2a)$ にうつる．
この点が直線 $y = ax$ 上にあるから，
$$\sqrt{2} + 2a = a(3 + \sqrt{2}a)$$
$$\therefore \quad \sqrt{2}a^2 + a - \sqrt{2} = 0$$
$$\therefore \quad (\sqrt{2}a - 1)(a + \sqrt{2}) = 0$$
よって，$a = \dfrac{1}{\sqrt{2}}$ または $a = -\sqrt{2}$ である．

したがって，直線 $l_1 : y = \dfrac{1}{\sqrt{2}}x$, $l_2 : y = -\sqrt{2}x$ の2本であって，それらの傾きの積 $\dfrac{1}{\sqrt{2}}(-\sqrt{2}) = -1$ であるから，2本の直線は直交する．

(2) 直線 l_1（すなわち X 軸）と x 軸の正方向とのなす角を θ とする．
点 P の xy 座標平面における座標を (x, y) とし，XY 座標平面における座標を (x', y') とする（図1）．

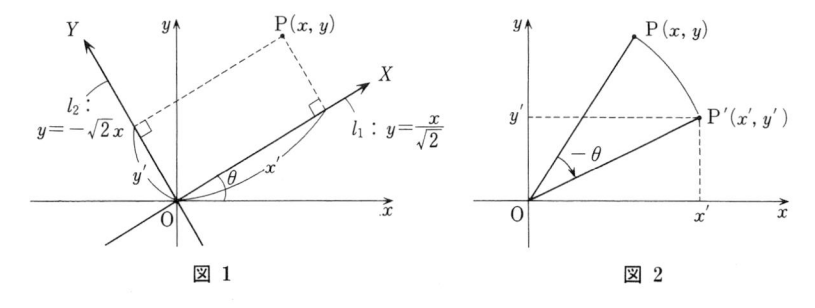

図1　図2

$-\theta$ 回転すると，l_1, l_2 は，それぞれ x 軸，y 軸に重なる．また，点 P の像 P′ の座標は xy 平面で (x', y') となる（図2）．

図2より、点 $P(x, y)$ を $-\theta$ 回転させた P' の座標 (x', y') が XY 座標軸で、

$$\begin{pmatrix} \cos(-\theta) & -\sin(-\theta) \\ \sin(-\theta) & \cos(-\theta) \end{pmatrix} \begin{pmatrix} x \\ y \end{pmatrix} = \begin{pmatrix} x' \\ y' \end{pmatrix} \iff \begin{pmatrix} x \\ y \end{pmatrix} = \begin{pmatrix} \cos\theta & -\sin\theta \\ \sin\theta & \cos\theta \end{pmatrix} \begin{pmatrix} x' \\ y' \end{pmatrix}$$

ここで、図3より、$\cos\theta = \dfrac{\sqrt{2}}{\sqrt{3}}$, $\sin\theta = \dfrac{1}{\sqrt{3}}$ である。

よって、$\begin{pmatrix} x \\ y \end{pmatrix} = \begin{pmatrix} \dfrac{\sqrt{2}}{\sqrt{3}} & -\dfrac{1}{\sqrt{3}} \\ \dfrac{1}{\sqrt{3}} & \dfrac{\sqrt{2}}{\sqrt{3}} \end{pmatrix} \begin{pmatrix} x' \\ y' \end{pmatrix}$

これより、

$$\begin{cases} x = \dfrac{1}{\sqrt{3}}(\sqrt{2}x' - y') \\ y = \dfrac{1}{\sqrt{3}}(x' + \sqrt{2}y') \end{cases} \quad \cdots\cdots(*)$$

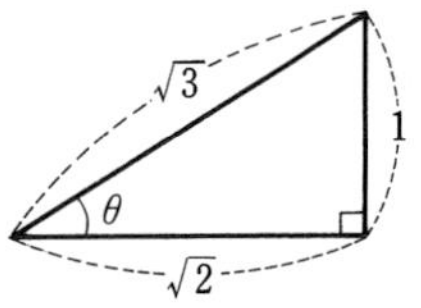

が成り立つ。曲線の方程式

$$2x^2 + 2\sqrt{2}xy + y^2 + 3x = 0$$

に $(*)$ を代入する。

図 3

$$2x^2 + 2\sqrt{2}xy + y^2 + 3x = (\sqrt{2}x + y)^2 + 3x = 0$$
$$\therefore \quad \sqrt{3}x'^2 + \sqrt{2}x' - y' = 0 \iff y' = \sqrt{3}x'^2 + \sqrt{2}x'$$

よって、求める方程式は、XY(直交)座標において、

$$Y = \sqrt{3}X^2 + \sqrt{2}X \quad \cdots\cdots(\text{答})$$

となり、放物線であることがわかる。

(注) 点 $P(x, y)$ を $-\theta$ 回転させた点 P' の座標が XY 座標平面での点 P の座標に等しい(XY 座標平面上, 点 P' を θ 回転させた点の座標が xy 座標平面での点 P の座標である)ことは、次のようにしてもわかる。

$\overrightarrow{OP} = \begin{pmatrix} x \\ y \end{pmatrix}$ とするとき、これを単位固有ベクトル $\dfrac{\overrightarrow{v_1}}{|\overrightarrow{v_1}|}$, $\dfrac{\overrightarrow{v_2}}{|\overrightarrow{v_2}|}$ 方向に分解すると、

$\overrightarrow{OP} = x' \cdot \dfrac{\overrightarrow{v_1}}{|\overrightarrow{v_1}|} + y' \cdot \dfrac{\overrightarrow{v_2}}{|\overrightarrow{v_2}|} = x' \cdot \dfrac{1}{\sqrt{3}} \begin{pmatrix} \sqrt{2} \\ 1 \end{pmatrix} + y' \cdot \dfrac{1}{\sqrt{3}} \begin{pmatrix} -1 \\ \sqrt{2} \end{pmatrix}$

$= \begin{pmatrix} \dfrac{\sqrt{2}}{\sqrt{3}} & -\dfrac{1}{\sqrt{3}} \\ \dfrac{1}{\sqrt{3}} & \dfrac{\sqrt{2}}{\sqrt{3}} \end{pmatrix} \begin{pmatrix} x' \\ y' \end{pmatrix} = \begin{pmatrix} x \\ y \end{pmatrix}$

$\cos\theta = \dfrac{\sqrt{2}}{\sqrt{3}}$, $\sin\theta = \dfrac{1}{\sqrt{3}}$ だから、

§2 対称な形の行列(対称行列)は回転行列によって対角化せよ   135

$$\begin{pmatrix} \cos\theta & -\sin\theta \\ \sin\theta & \cos\theta \end{pmatrix} \begin{pmatrix} x' \\ y' \end{pmatrix} = \begin{pmatrix} x \\ y \end{pmatrix}$$

〔研究〕

行列 $A = \begin{pmatrix} 3 & \sqrt{2} \\ \sqrt{2} & 2 \end{pmatrix}$ は対称行列であるから,原点を通る2本の互いに直交する不動直線 l_1, l_2 をもつ〈定理 2・2・1〉.それらは,A の固有値 $\lambda_1=4$ と $\lambda_2=1$ に対応する固有ベクトルにそれぞれ平行な直線 $l_1: y=\dfrac{1}{\sqrt{2}}x$,$l_2: y=-\sqrt{2}x$ である.

また,〈定理 2・2・3〉より,$A=T\begin{pmatrix} 4 & 0 \\ 0 & 1 \end{pmatrix}T^{-1}$ であり,T は θ 回転を表す行列である.ただし,θ は l_1 と x 軸の正方向とのなす角とする.

よって,f によって,放物線は放物線にうつされる.

この問題の場合,与えられた2次曲線 e を表す式 $e: 2x^2+2\sqrt{2}xy+y^2+3x=0$ からは,これがだ円か,双曲線か,放物線かを判断しにくいが,$f(e):$ $y=\sqrt{3}x^2+\sqrt{2}x$ から,放物線であることが容易にわかるのである(図4).

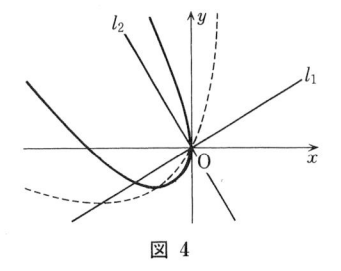

図 4

〈練習 2・2・3〉

右の座標系 $O\text{-}x'y'$ は，直交座標系 $O\text{-}xy$ を原点のまわりに θ だけ回転した座標系である．

(1) 点 P_0 の $O\text{-}xy$ 上の座標 (x_0, y_0) と $O\text{-}x'y'$ 上の座標 (x_0', y_0') との関係を $\begin{pmatrix} x_0' \\ y_0' \end{pmatrix} = R(\theta) \begin{pmatrix} x_0 \\ y_0 \end{pmatrix}$ と表すとき，行列 $R(\theta)$ を求めよ．

(2) $O\text{-}xy$ 上で，点 $P_0(x_0, y_0)$ は1次変換を表す行列 A によって点 $P_1(x_1, y_1)$ に写像されるとき，$O\text{-}x'y'$ 上では $\begin{pmatrix} x_1' \\ y_1' \end{pmatrix} = R(\theta) A R^{-1}(\theta) \begin{pmatrix} x_0' \\ y_0' \end{pmatrix}$ と表されることを証明せよ．ここで，$R^{-1}(\theta)$ は $R(\theta)$ の逆行列である．

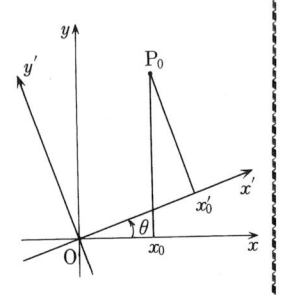

(3) $A = \begin{pmatrix} 2 & \sqrt{3} \\ \sqrt{3} & 4 \end{pmatrix}$ とするとき，$R(\theta) A R^{-1}(\theta) = \begin{pmatrix} a & 0 \\ 0 & b \end{pmatrix}$ となる θ および a, b の値を求めよ． (山梨大)

[解答] (1) xy 座標において，$P_0(x_0, y_0)$ を原点のまわりに $-\theta$ 回転させた点が (x_0', y_0') であるから，

$$R(\theta) = \begin{pmatrix} \cos(-\theta) & -\sin(-\theta) \\ \sin(-\theta) & \cos(-\theta) \end{pmatrix} = \begin{pmatrix} \cos\theta & \sin\theta \\ -\sin\theta & \cos\theta \end{pmatrix} \quad \cdots\cdots(\text{答})$$

(2) xy 座標における点 $\begin{pmatrix} x \\ y \end{pmatrix}$ の，$x'y'$ 座標系における座標を $\begin{bmatrix} x \\ y \end{bmatrix}$ で表すと，(1)により，$\begin{bmatrix} x \\ y \end{bmatrix} = R(\theta) \begin{pmatrix} x \\ y \end{pmatrix}$ であるから，

$$\begin{pmatrix} x_1' \\ y_1' \end{pmatrix} = \begin{bmatrix} x_1 \\ y_1 \end{bmatrix} = R(\theta) \begin{pmatrix} x_1 \\ y_1 \end{pmatrix} = R(\theta) A \begin{pmatrix} x_0 \\ y_0 \end{pmatrix}$$

$$= R(\theta) A R^{-1}(\theta) \begin{bmatrix} x_0 \\ y_0 \end{bmatrix} = R(\theta) A R^{-1}(\theta) \begin{pmatrix} x_0' \\ y_0' \end{pmatrix}$$

(3) $R(\theta) A R^{-1}(\theta)$

$$= \begin{pmatrix} \cos\theta & \sin\theta \\ -\sin\theta & \cos\theta \end{pmatrix} \begin{pmatrix} 2 & \sqrt{3} \\ \sqrt{3} & 4 \end{pmatrix} \begin{pmatrix} \cos\theta & -\sin\theta \\ \sin\theta & \cos\theta \end{pmatrix}$$

$$=\begin{pmatrix} 3-\cos 2\theta+\sqrt{3}\sin 2\theta & \sqrt{3}\cos 2\theta+\sin 2\theta \\ \sqrt{3}\cos 2\theta+\sin 2\theta & 3+\cos 2\theta-\sqrt{3}\sin 2\theta \end{pmatrix} \quad \cdots\cdots(*)$$

よって，求める θ は，

$$\sqrt{3}\cos 2\theta+\sin 2\theta=0 \quad \cdots\cdots(**)$$

をみたす．

$\tan 2\theta=-\sqrt{3}$ より，

$$\theta=n\pi+\frac{\pi}{3},\ n\pi+\frac{5}{6}\pi \quad (n \text{ は整数}) \quad \cdots\cdots(答)$$

これらの θ を $(*)$ の右辺の各成分に代入すると，

$$\begin{pmatrix} 5 & 0 \\ 0 & 1 \end{pmatrix},\ \begin{pmatrix} 1 & 0 \\ 0 & 5 \end{pmatrix} \text{ となるので，} (a,\ b)=(5,\ 1),\ (1,\ 5) \quad \cdots\cdots(答)$$

（注）$(**)$ は，2つのベクトル $\vec{u}=(\cos 2\theta,\ \sin 2\theta)$，$\vec{v}=(\sqrt{3},\ 1)$ が直交する（すなわち，内積 $\vec{u}\cdot\vec{v}=0$ を表す式）と解釈できる．

また，$\vec{u}$ は単位ベクトルだから，$\vec{u}$，$\vec{v}$ を図1に示すように単位円周上（点線のベクトル）に表現できる．よって，$(**)$ をみたす θ を求めるために，図1を利用する．

すると，

$$2\theta=\frac{\pi}{6}+\frac{\pi}{2}+2n\pi$$

または，

$$2\theta=\frac{\pi}{6}+\frac{3}{2}\pi+2n\pi$$

したがって，

$$\begin{cases} \theta=\dfrac{\pi}{3}+n\pi & (n \text{ は整数}) \\ \theta=\dfrac{5}{6}\pi+n\pi & (n \text{ は整数}) \end{cases} \quad \cdots\cdots(答)$$

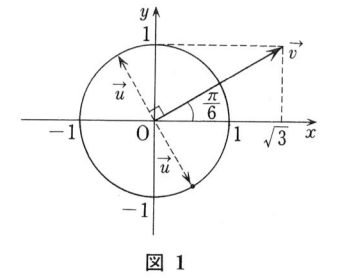

図 1

§3 射影を表す行列の見抜き方と，
どの方向に沿ってどの直線に射影されるのかの判定法

l, m を平面上の平行でない直線とする．

平面上の各点 P に対して，点 P を通り m に平行な直線と l との交点を P′ とする (図 A)．

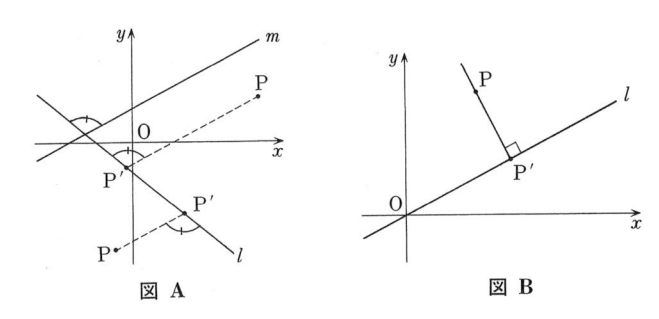

図 A　　　　　図 B

P を P′ にうつす写像を (m に沿った) l への射影 という．

すなわち，平面全体を一定方向 (逆向きも含む) に移動して 1 直線 l 上にうつす写像を，l への射影 という．直線 l が原点を通る直線のとき，この写像は 1 次変換である．また，l と m が直交しているとき，P に P′ を対応させる写像を直線 l への 正射影 という (図 B)．写像が射影ではあるが正射影でないとき，斜射影 という．

1 次変換が，原点を通る直線への射影，またはとくに正射影になるための条件を求めよう．

〈定理 2・3・1〉

$A \neq kE$ とする．
(1) 行列 A が原点を通る直線への射影を表すための必要十分条件は，$A^2 = A$ (すなわち A は，べき等行列) である．
(2) 行列 A が原点を通る直線への正射影を表すための必要十分条件は，$A^2 = A$, ${}^tA = A$ である．

【証明】 (1) $A = \begin{pmatrix} a & b \\ c & d \end{pmatrix}$ とする．

$$A^2 - A = O \quad \cdots\cdots ①$$

が成り立っているとき，この式と

§3 射影を表す行列の見抜き方と，どの方向に沿ってどの直線に射影されるのかの判定法　　*139*

$$A^2-(a+d)A=-(ad-bc)E \quad (\because \quad \text{ケーリー・ハミルトンの定理}) \quad \cdots\cdots ②$$

の辺々をひくと，

$$(a+d-1)A=(ad-bc)E$$

$A \neq kE$ より，

$$a+d=1, \quad ad-bc=0$$

逆に，$a+d=1$, $ad-bc=0$ のとき，②により $A^2-A=O$ となるので，$A \neq kE$ のもとに，

$A^2=A \iff a+d=1$, $ad-bc=0$
　　　　$\iff A$ の固有方程式は，$\lambda^2-\lambda=0$
　　　　$\iff 0$ と 1 を固有値にもつ．
　　　　$\iff A\vec{u}=\vec{u}$, $A\vec{v}=\vec{0}$ なるベクトル $\vec{u}$, $\vec{v}$ ($\vec{u}$, $\vec{v} \neq \vec{0}$, $\vec{u} \not\parallel \vec{v}$) が存在する (すなわち，$\vec{u}$, $\vec{v}$ はそれぞれ固有値 $1, 0$ に対応する固有ベクトルであり，$\vec{u}$, $\vec{v}$ は異なる固有値に対応する固有ベクトルだから，$\vec{u} \not\parallel \vec{v}$ (定理 1・1・2))．
　　　　$\iff A$ は，直線 $\vec{p}=t\vec{u}$ への射影を表す．
　　　　　　(なぜなら，$\forall \vec{x}=t\vec{u}+s\vec{v} \Longrightarrow A\vec{x}=t\vec{u}$)

(2)　${}^t\!A=A$ より，A は対称行列．〈**定理** 2・2・1〉より，$\vec{u} \perp \vec{v}$ ととれる．したがって，A は正射影を表す．

(**注1**)　上述の証明中でわかるように，射影 f を表す行列 A の固有値は 0 と 1 である．

　　固有値 0 に対応する固有ベクトルと平行な，原点を通る直線を l_0 とし，固有値 1 に対応する固有ベクトルと平行な，原点を通る直線を l_1 とする．

　　f は，点 P を l_0 に平行に l_1 上の点へうつす1次変換である．$l_0 \perp l_1$ のとき (すなわち，A が対称行列のとき)，この射影は正射影であり，そうでないときは斜射影である．

(**注2**)　(1),(2)における「$A^2=A$」は，平面上の点に対して A (で表される1次変換)を2回施しても，1回施しても，その像が一致することを表しており，このことは幾何学的イメージより容易に理解できる．

(**注3**)　線対称移動と正射影の間には，次の関係が成り立つ．

$\left.\begin{array}{l} A; 正射影 \\ B; 線対称移動 \end{array}\right\} \Longrightarrow B=2A-E$

つまり，

$$\frac{\vec{x}+B\vec{x}}{2}=A\vec{x} \quad (図 C)$$

これは，〈**練習** 2・1・3〉でも示したことである．

図 C

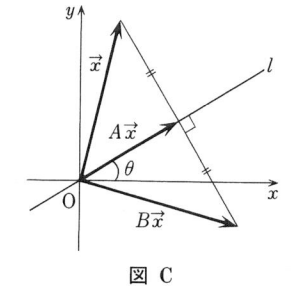

(**注4**) 原点を通り x 軸の正方向と θ の角をなす直線 l (図C) への正射影を表す行列を求める。直接に図からも求まるが，〈定理 2・1・3〉をつかう。また，(**注3**) の記号もつかう。

$$B=\begin{pmatrix} \cos 2\theta & \sin 2\theta \\ \sin 2\theta & -\cos 2\theta \end{pmatrix}$$
$$=\begin{pmatrix} \cos^2\theta-\sin^2\theta & 2\sin\theta\cos\theta \\ 2\sin\theta\cos\theta & \sin^2\theta-\cos^2\theta \end{pmatrix}$$
$$E=\begin{pmatrix} \cos^2\theta+\sin^2\theta & 0 \\ 0 & \cos^2\theta+\sin^2\theta \end{pmatrix}$$

より，

$$A=\frac{1}{2}(B+E)$$
$$=\begin{pmatrix} \cos^2\theta & \sin\theta\cos\theta \\ \sin\theta\cos\theta & \sin^2\theta \end{pmatrix}$$

直線 l の方向ベクトルを (a, b) と書くときは，

$$\cos\theta=\frac{a}{\sqrt{a^2+b^2}}, \quad \sin\theta=\frac{b}{\sqrt{a^2+b^2}}$$

より，

$$A=\frac{1}{a^2+b^2}\begin{pmatrix} a^2 & ab \\ ab & b^2 \end{pmatrix}$$

となる．

(**注5**) 行列 A が射影（正射影）を表すとき，行列 $E-A$ も射影（正射影）を表す．なぜなら，

$$(E-A)^2=E-2A+A^2$$
$$=E-2A+A$$
$$=E-A$$
$${}^t(E-A)={}^tE-{}^tA$$
$$=E-A$$

よって，〈定理 2・3・1〉よりわかる．

§3 射影を表す行列の見抜き方と,どの方向に沿ってどの直線に射影されるのかの判定法   141

[例題 2・3・1]

O を原点とする座標平面 H から H への1次変換 f が,点 A$(4, 4\sqrt{3})$ を点 B$(6, 2\sqrt{3})$ にうつし,かつ $f \circ f = f$ とする.

(1) $f(P)=P$ となる点は直線 OB 上にあることを示せ.
(2) $f(P)=Q$ で Q$\neq$P であるとき,ベクトル $\overrightarrow{PQ}$ と $\overrightarrow{OB}$ は垂直であることを示せ.
(3) 与えられた点 P に対し,点 $f(P)$ を求める方法を図解せよ.

発想法

$f \circ f = f$ とは,"任意の点 P に対して,f を2度施こした像と,1度施した像が一致する" ……(☆) ということである.

平面上の点をある直線へ射影するという写像は,幾何学的イメージから,この条件 (☆) をみたすことが容易にわかるだろう.

一般に,2点 P,Q の位置ベクトルが1次独立で,それらのおのおのの f による像がわかれば,f を表す行列が決定できる.$f(A)=B$ という条件だけで f を決定することはできないが,もう1つの条件 $f \circ f = f$ があるので,この条件を意図的に利用できるような流れにもちこめばよい.$f(A)=B$ の両辺にもう一度 f を施す.すなわち,

$f \circ f(A) = f(B)$

が成り立つ.この左辺に $f \circ f = f$ を適用せよ.

解答 f を表す行列を M とする.条件より, $f(A)=B$ ……①
$f \circ f = f$ より, $f(B)=f(f(A))=f \circ f(A)=f(A)=B$ ……②
①,② より,

$$M\begin{pmatrix} 4 & 6 \\ 4\sqrt{3} & 2\sqrt{3} \end{pmatrix} = \begin{pmatrix} 6 & 6 \\ 2\sqrt{3} & 2\sqrt{3} \end{pmatrix}$$

両辺に $\begin{pmatrix} 4 & 6 \\ 4\sqrt{3} & 2\sqrt{3} \end{pmatrix}^{-1}$ を右側からかけて,

$$M = \begin{pmatrix} 6 & 6 \\ 2\sqrt{3} & 2\sqrt{3} \end{pmatrix} \begin{pmatrix} 4 & 6 \\ 4\sqrt{3} & 2\sqrt{3} \end{pmatrix}^{-1}$$

$$= \frac{1}{-16\sqrt{3}} \begin{pmatrix} 6 & 6 \\ 2\sqrt{3} & 2\sqrt{3} \end{pmatrix} \begin{pmatrix} 2\sqrt{3} & -6 \\ -4\sqrt{3} & 4 \end{pmatrix}$$

$$= \begin{pmatrix} \dfrac{3}{4} & \dfrac{\sqrt{3}}{4} \\ \dfrac{\sqrt{3}}{4} & \dfrac{1}{4} \end{pmatrix}$$

(1) 直線 OB の式は，
$$x-\sqrt{3}y=0 \qquad \cdots\cdots ③$$
$f(\mathrm{P})=\mathrm{P}$ をみたす任意の点を $\mathrm{P}(p, q)$ とおく．
このとき，
$$\begin{pmatrix} \dfrac{3}{4} & \dfrac{\sqrt{3}}{4} \\ \dfrac{\sqrt{3}}{4} & \dfrac{1}{4} \end{pmatrix}\begin{pmatrix} p \\ q \end{pmatrix}=\begin{pmatrix} p \\ q \end{pmatrix} \iff \begin{cases} \dfrac{3p+\sqrt{3}q}{4}=p \\ \dfrac{\sqrt{3}p+q}{4}=q \end{cases}$$
これより，　　$p=\sqrt{3}q$
したがって，点 $\mathrm{P}(p, q)$ は方程式 ③ をみたすので，点 P は直線 OB 上にある．

(2) $f(\mathrm{P})=\mathrm{Q}$ とし，$\mathrm{P}(p, q)$，$\mathrm{Q}(p', q')$ とおく．
$$\begin{pmatrix} p' \\ q' \end{pmatrix}=\begin{pmatrix} \dfrac{3}{4} & \dfrac{\sqrt{3}}{4} \\ \dfrac{\sqrt{3}}{4} & \dfrac{1}{4} \end{pmatrix}\begin{pmatrix} p \\ q \end{pmatrix}=\begin{pmatrix} \dfrac{3p+\sqrt{3}q}{4} \\ \dfrac{\sqrt{3}p+q}{4} \end{pmatrix}$$
$$\therefore \quad \mathrm{Q}\left(\dfrac{3p+\sqrt{3}q}{4}, \dfrac{\sqrt{3}p+q}{4}\right) \quad \cdots\cdots ④$$
これにより，
$$\overrightarrow{\mathrm{PQ}}=\left(\dfrac{-p+\sqrt{3}q}{4}, \dfrac{\sqrt{3}p-3q}{4}\right),\quad \overrightarrow{\mathrm{OB}}=(6, 2\sqrt{3})$$
$$\therefore \quad \overrightarrow{\mathrm{PQ}}\cdot\overrightarrow{\mathrm{OB}}=\dfrac{-p+\sqrt{3}q}{4}\cdot 6+\dfrac{\sqrt{3}p-3q}{4}\cdot 2\sqrt{3}=0$$
よって，　　$\overrightarrow{\mathrm{PQ}}\perp\overrightarrow{\mathrm{OB}}$

(3) 平面上の任意の点を $\mathrm{P}(p, q)$ とする．また，$f(\mathrm{P})=\mathrm{Q}$ とし，$\mathrm{Q}(p', q')$ とおく．
(2) の ④ より，$p'=\dfrac{3p+\sqrt{3}q}{4}$，$q'=\dfrac{\sqrt{3}p+q}{4}$ であり，p'，q' は $p'-\sqrt{3}q'=0$ を
みたす．すなわち，点 Q は直線 OB 上にある．とくに，点 $\mathrm{P}(p, q)$ が直線 OB 上に
あるとき，すなわち，$p-\sqrt{3}q=0$ のとき，(2) の ④ より，
$$p'=p,\quad q'=q \quad \therefore \quad \mathrm{P}=\mathrm{Q}$$
したがって，与えられた点 P に対し，$f(\mathrm{P})$ を求める方法は，
$\begin{cases}\text{(i)　点 P が直線 OB 上にないとき, (2) より，点 } f(\mathrm{P}) \text{ は点 P から直線 OB へ下ろ} \\ \quad\quad \text{した垂線の足である．} \\ \text{(ii)　点 P が直線 OB 上にあるとき，} f(\mathrm{P})=\mathrm{P}\text{，すなわち，不動点である．}\end{cases}$

図解すると，図1のようになる．

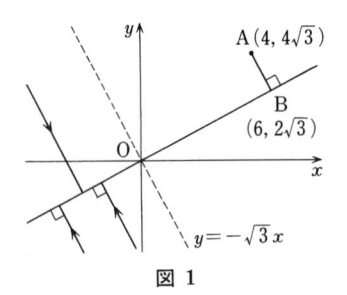

図 1

§3 射影を表す行列の見抜き方と,どの方向に沿ってどの直線に射影されるのかの判定法　　143

〔研究〕

$$M = \begin{pmatrix} \dfrac{3}{4} & \dfrac{\sqrt{3}}{4} \\ \dfrac{\sqrt{3}}{4} & \dfrac{1}{4} \end{pmatrix}$$ は,$M^2 = M$ をみたす対称行列である.また,M の固有値は 0,1 である.〈定理 2・3・1〉より,M は固有値 1 に対応する固有ベクトルと平行な原点を通る直線 $y = \dfrac{1}{\sqrt{3}} x$ への正射影を表す行列である.

【別解】(1 次変換 f の行列表示を用いない解法)

　以下,点 X に対し,その位置ベクトル $\overrightarrow{OX}$ を $\vec{x}$ と書く.仮定より,
　　$f(\vec{a}) = \vec{b}$　　　　　……①
　　$f(\vec{b}) = f^2(\vec{a}) = f(\vec{a}) = \vec{b}$　　　　　……②
　3 点 O, A, B は一直線上にないから,座標平面 H 上の任意の点 P について,
　　$\vec{p} = s\vec{a} + t\vec{b}$　　(s, t は実数)
と書ける.

(1) ①,② より,
　　$f(\vec{p}) = sf(\vec{a}) + tf(\vec{b}) = s\vec{b} + t\vec{b} = (s+t)\vec{b}$
よって,
　　$f(\vec{p}) = \vec{p} \iff s\vec{a} + t\vec{b} = (s+t)\vec{b}$
　　$\therefore \quad s\vec{a} - s\vec{b} = \vec{0} \iff s = 0$　($\vec{a}, \vec{b}$ の 1 次独立性より)
したがって,　　$\vec{p} = t\vec{b}$

(2) $\vec{p} = s\vec{a} + t\vec{b}$ とする.(1)の解の計算より,
　　$\vec{q} = f(\vec{p}) = (s+t)\vec{b}$
　　$\therefore \quad \overrightarrow{PQ} = (s+t)\vec{b} - (s\vec{a} + t\vec{b}) = s(\vec{b} - \vec{a})$
よって,
　　$\overrightarrow{PQ} \cdot \overrightarrow{OB} = s(\vec{b} - \vec{a}) \cdot \vec{b} = s(|\vec{b}|^2 - \vec{a} \cdot \vec{b})$
ここで,
　　$|\vec{b}|^2 = 36 + 12 = 48$,
　　$\vec{a} \cdot \vec{b} = 24 + 24 = 48$
したがって,　　$\overrightarrow{PQ} \cdot \overrightarrow{OB} = 0$
すなわち,$\overrightarrow{PQ}$ と $\overrightarrow{OB}$ は垂直である.

(3) (1)の解の計算より,任意の点 P に対し,点 $f(P)$ は直線 OB 上の点である.(2) より,直線 $Pf(P)$ は直線 OB に直交する.これより,図解は「解答」の図 1 となる.

―〈練習 2・3・1〉―

f は，座標平面の 1 次変換で，$f \circ f = f$ を満足するものとする．
f が点 A$(1, 3)$ を点 B$(2, 1)$ にうつすとき，
　　集合 $\{P \mid f(P) = O\}$ および $\{Q \mid f(Q) = Q\}$
を座標平面に図示せよ．ただし，O は原点とする．　　（お茶の水女子大 家政）

発想法

題意より，$f : A \to B$（すなわち，$f(A) = B$ ……(*)）であるが，f によって，対応するもう 1 組の点をさがすことが，f を表す行列を決定するためには重要である．そこで，射影の性質 $f \circ f = f$ および (*) を利用しよう．

解答　f を表す行列を M とする．f によって，A が B にうつるから，

$$M\begin{pmatrix} 1 \\ 3 \end{pmatrix} = \begin{pmatrix} 2 \\ 1 \end{pmatrix} \quad \cdots\cdots ①$$

また，$f \circ f = f$ により，(☆) の両辺に f を施し，
　　$f(B) = f \circ f(A) = f(A) = B$
よって，　　$M\begin{pmatrix} 2 \\ 1 \end{pmatrix} = \begin{pmatrix} 2 \\ 1 \end{pmatrix} \quad \cdots\cdots ②$

①, ② より，

$$M\begin{pmatrix} 1 & 2 \\ 3 & 1 \end{pmatrix} = \begin{pmatrix} 2 & 2 \\ 1 & 1 \end{pmatrix}$$

両辺の右側から $\begin{pmatrix} 1 & 2 \\ 3 & 1 \end{pmatrix}^{-1}$ をかけて，

$$M = \begin{pmatrix} 2 & 2 \\ 1 & 1 \end{pmatrix} \begin{pmatrix} 1 & 2 \\ 3 & 1 \end{pmatrix}^{-1} = \frac{1}{5}\begin{pmatrix} 4 & 2 \\ 2 & 1 \end{pmatrix}$$

そこで，点 P の座標を (x, y) とすると，条件 $f(P) = O$ は，

$$\frac{1}{5}\begin{pmatrix} 4 & 2 \\ 2 & 1 \end{pmatrix}\begin{pmatrix} x \\ y \end{pmatrix} = \begin{pmatrix} 0 \\ 0 \end{pmatrix}$$

$\iff 2x + y = 0 \quad \cdots\cdots$（答）

Q の座標を (x, y) とすると，条件 $f(Q) = Q$ は，

$$\frac{1}{5}\begin{pmatrix} 4 & 2 \\ 2 & 1 \end{pmatrix}\begin{pmatrix} x \\ y \end{pmatrix} = \begin{pmatrix} x \\ y \end{pmatrix} \iff x - 2y = 0 \quad \cdots\cdots\text{（答）}$$

図 1

よって，求める 2 つの集合はいずれも直線で，それらは直交している（図 1）．

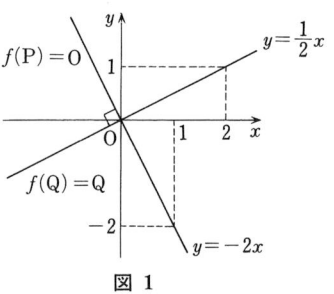

〔研究〕
　　f は点 A(1, 3) を点 B(2, 1) にうつすが，$\overrightarrow{OA} \not\parallel \overrightarrow{OB}$ だから，f を表す行列を M とするとき，　　　$M \neq kE$
　　よって，$f \circ f = f$ より，f は原点を通るある直線 l_1 への射影である．
　　$f(B) = f \circ f(A) = f(A) = B$ より，B は不動点だから l_1 上の点である．
　　よって，l_1 の方程式は $y = \dfrac{1}{2}x$ である．

　　一方，2 点 A, B を結ぶ直線 l_2 の方程式は，$y = -2x + 5$ であり，$l_1 \perp l_2$ だから，f は正射影である．この正射影により，原点 O にうつされる直線は，直線 AB に平行で原点を通る直線：$y = -2x$ である．

　　これらの考察より，

　　　集合 $\{P \mid f(P) = O\}$ は，　　**直線 $l_2 : y = -2x$**　　……(答)

　　　集合 $\{Q \mid f(Q) = Q\}$ は，　　**直線 $l_1 : y = \dfrac{1}{2}x$**　　……(答)

であることがわかる．

【別解】　以下，点 X に対し，その位置ベクトル $\overrightarrow{OX}$ を $\vec{x}$ と書く．
　　仮定より，
　　　$f(\vec{a}) = \vec{b}$
　　　$f(\vec{b}) = f^2(\vec{a}) = f(\vec{a}) = \vec{b}$
　　また，$\vec{a}$ と $\vec{b}$ は 1 次独立だから，任意の点 P の位置ベクトルは，
　　　$\vec{p} = s\vec{a} + t\vec{b}$　(s, t は実数)
と書ける．このとき，
　　　$f(\vec{p}) = (s+t)\vec{b}$
(1)　$f(\vec{p}) = \vec{0} \iff s + t = 0$
　　　$\therefore \vec{p} = s(\vec{a} - \vec{b}) = s(-1, 2)$
　　よって，　**直線 $y = -2x$**　　……(答)
(2)　$f(\vec{p}) = \vec{p} \iff s\vec{a} - s\vec{b} = \vec{0}$
　　　　　　　　　$\iff s = 0$
　　　$\therefore \vec{p} = t\vec{b} = t(2, 1)$
　　よって，　**直線 $y = \dfrac{1}{2}x$**　　……(答)

[例題 2・3・2]

平面上のベクトル全体の集合を V とする．A は2次の正方行列で，$A^2=A$ $(A\neq kE)$ をみたすものとし，A および $E-A$ (E は単位行列) が表す V 上の1次変換をそれぞれ f, g とする．また，V の部分集合 V_1, V_2 を $V_1=\{\vec{v}\in V \mid f(\vec{v})=\vec{v}\}$，$V_2=\{\vec{v}\in V \mid g(\vec{v})=\vec{v}\}$ により定める．

(1) $V_1\cap V_2$ を求めよ．

(2) V の元 $\vec{v}$ に対し，$\vec{u}=\vec{v}-g(\vec{v})$ とおくと，$\vec{u}\in V_1$ となることを示せ．

(3) V の任意の元 $\vec{v}$ は，$\vec{v_1}\in V_1$，$\vec{v_2}\in V_2$ であるような $\vec{v_1}, \vec{v_2}$ を用いて，$\vec{v}=\vec{v_1}+\vec{v_2}$ の形に表せる．このとき，その表し方がただ1通りであることを示せ．

発想法

成分を考えることにより，V は"平面全体"と同じと考えられる．

$A^2=A$ $(A\neq kE)$ だから，〈定理 2・3・1〉より A の表す1次変換は射影である．
$A^2=A$ ならば，
$$(E-A)^2=(E-A)(E-A)=E^2-2A+A^2=E-A$$
となり，$E-A$ の表す1次変換 g も射影であることがわかる．したがって，重要なことは，f, g の2つの射影のそれぞれが，どんな方向に，また，どんな直線上へうつす射影なのかを見きわめることである．

解答

(1) $\vec{v}\in V_1\cap V_2 \iff \vec{v}\in V_1$ かつ $\vec{v}\in V_2$

$$\iff \begin{cases} A\vec{v}=\vec{v} & \cdots\cdots① \\ \text{かつ} \\ (E-A)\vec{v}=\vec{v} & \cdots\cdots② \end{cases}$$

②より， $\vec{v}-A\vec{v}=\vec{v}$

①を用いて， $\vec{v}-\vec{v}=\vec{v}$ ∴ $\vec{v}=\vec{0}$

よって， $V_1\cap V_2=\{\vec{0}\}$ ……(答)

(2) $\vec{u}=\vec{v}-g(\vec{v})$
$=\vec{v}-(E-A)\vec{v}$
$=\vec{v}-(\vec{v}-A\vec{v})$
$=A\vec{v}$

$A^2=A$ であるから，両辺に A を施して，
$A\vec{u}=A^2\vec{v}=A\vec{v}=\vec{u}$

よって，$\vec{u}$ は $f(\vec{u})=\vec{u}$ をみたすから， $\vec{u}\in V_1$

(3) $\vec{v_1}+\vec{v_2}=\vec{v_1}'+\vec{v_2}'$ $(\vec{v_1}, \vec{v_1}'\in V_1 ; \vec{v_2}, \vec{v_2}'\in V_2)$ とすると，
$\vec{v_1}-\vec{v_1}'=\vec{v_2}'-\vec{v_2}$ ……③

§3 射影を表す行列の見抜き方と, どの方向に沿ってどの直線に射影されるのかの判定法 147

ここで,
$$f(\vec{v_1}-\vec{v_1}')=f(\vec{v_1})-f(\vec{v_1}')=\vec{v_1}-\vec{v_1}'$$
$$\therefore \vec{v_1}-\vec{v_1}' \in V_1$$
同様にして, $\vec{v_2}'-\vec{v_2} \in V_2$
したがって, ③と(1)より,
$$\vec{v_1}-\vec{v_1}'=\vec{v_2}'-\vec{v_2}=\vec{0}$$
$$\therefore \vec{v_1}=\vec{v_1}',\ \vec{v_2}'=\vec{v_2}$$
よって, 表し方はただ1通りである.

〔研究〕

『f は原点を通るある直線 l_1 上への射影であり, その変換のしくみは平面上の任意の点 P を原点を通るある直線 $l_2(\not\parallel l_1)$ に平行に動かし, l_1 との交点 P′ にうつす(図1)』 ……(☆)

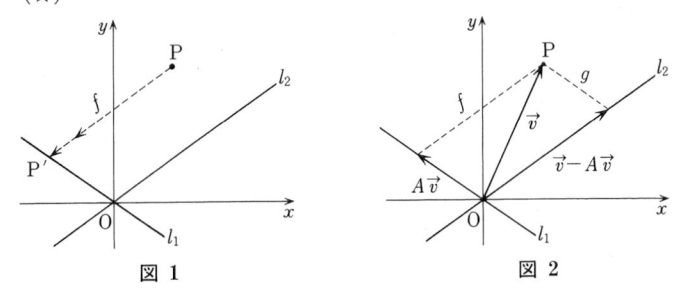

図1　　図2

f に関する不動点の集合 V_1 は, 直線 l_1 である.

次に, g の変換のしくみについて考えよう.

$\vec{v} \in V$ に対し, $(E-A)\vec{v}=\vec{v}-A\vec{v}$

$\vec{v}$ に対して, $\vec{v}-A\vec{v}$ を対応させる写像 g のしくみは, 図2より次のものである.

『g は $\vec{v}$ の l_2 上への(直線 l_1 へ沿っての)射影である』 ……(☆☆)

よって, g による不動点の集合 V_2 は直線 l_2 である.

これらの事実(☆), (☆☆)より,

(1) $V_1 \cap V_2$ は l_1 と l_2 の交点, すなわち, 原点だけを要素とする集合.

(2) 図2より, V の任意の元 $\vec{v}$ に対して $\vec{u}(=\vec{v}-g(\vec{v}))$ は $\vec{u} \parallel l_1$ (l_1 上のベクトル)だから, $\vec{u} \in V_1$

(3) $\vec{v_1},\vec{v_2}$ は, それぞれ直線 l_1, l_2 ($l_1 \not\parallel l_2$)に平行だから, 1次独立である. よって, V の任意の元 $\vec{v}$ は,
$$\vec{v}=\vec{v_1}+\vec{v_2} \quad (\vec{v_1} \in V_1,\ \vec{v_2} \in V_2)$$
の形にただ1通りに表される.

(注) l_1, l_2 は, それぞれ A の固有値 $1, 0$ に対応する固有ベクトルと平行である.

〈練習 2・3・2〉

行列 $A = \begin{pmatrix} a & b \\ c & d \end{pmatrix}$ ($a > 0$, $d > 0$) によって定まる平面上の1次変換を f とする．1次変換によって，平面上のすべての点が直線 $l : \sqrt{a}\,y = \sqrt{d}\,x$ の上にうつされるとする．

(1) b, c をそれぞれ a, d で表せ．
(2) $A^2 = A$ が成り立つための条件を a, d で表せ．
(3) $A^2 = A$ が成り立つとする．このとき，平面上の各点 P に対して，点 P と直線 l 上の点 Q との距離 $\overline{PQ}$ が最小になるのは，点 Q が f による点 P の像のときであることを示せ． (九州工大)

解答 (1) 任意の点 $P(p, q)$ の f による像 $P'(=f(P))$ は，
$$\begin{pmatrix} a & b \\ c & d \end{pmatrix}\begin{pmatrix} p \\ q \end{pmatrix} = \begin{pmatrix} ap + bq \\ cp + dq \end{pmatrix}$$
である．任意の点 $P(p, q)$ に対し，像 P' が直線 l 上にあるから，
$$\sqrt{a}(cp + dq) = \sqrt{d}(ap + bq)$$
が成り立ち，よって，
$$\sqrt{a}\,c = \sqrt{d}\,a \quad \text{かつ} \quad \sqrt{a}\,d = \sqrt{d}\,b$$
が成り立たなければならない．
$$\therefore \quad b = c = \sqrt{ad} \quad \cdots\cdots(\text{答})$$

(2) A について，$A^2 = (a+d)A$ ($\because$ $ad - bc = ad - (\sqrt{ad})^2 = 0$ が成り立つ)
よって，求める条件は， $a + d = 1$ ……(答)

(3) (i) $P' = P$ のとき，$f(P) = P' = P$ だから題意をみたす．

(ii) $P' \neq P$ のとき，(1)で計算した $P'\begin{pmatrix} ap + bq \\ cp + dq \end{pmatrix}$ と(2)の(答)を用いて，
$$\overrightarrow{PP'} = \begin{pmatrix} ap + bq - p \\ cp + dq - q \end{pmatrix} = \begin{pmatrix} -dp + \sqrt{ad}\,q \\ \sqrt{ad}\,p - aq \end{pmatrix}$$
$$= (-\sqrt{d}\,p + \sqrt{a}\,q)\begin{pmatrix} \sqrt{d} \\ -\sqrt{a} \end{pmatrix}$$

ここで，直線 l の方向ベクトル $\vec{l} = \begin{pmatrix} \sqrt{a} \\ \sqrt{d} \end{pmatrix}$ と $\overrightarrow{PP'}$ の内積を考えると，p, q の値にかかわらず，$\vec{l} \cdot \overrightarrow{PP'} = 0$ となることから，任意の P について，$PP' \perp l$ である．

よって，$Q = P'$ のとき，$\overline{PQ}$ は最小になる．

§3 射影を表す行列の見抜き方と,どの方向に沿ってどの直線に射影されるのかの判定法   149

〔研究〕
　$A^2=A$ のとき,A の固有値は 0,1 であり,対応する固有ベクトルをそれぞれ $\vec{u}$,$\vec{v}$
$(\vec{u} \not\parallel \vec{v})$ とする.
　このとき,平面上の任意のベクトル $\vec{x}$ は,
$$\vec{x} = \alpha\vec{u} + \beta\vec{v}$$
と表せる.このとき,
$$A\vec{x} = \alpha A\vec{u} + \beta A\vec{v} = \beta\vec{v}$$
となる.すなわち,図1に示すように,
『平面上のすべての点は,その点を通り l に平行な
直線と m との交点にうつされる』
ことになる.
　さらに,A が対称行列のとき,〈定理 2・2・1〉よ
り,$\vec{u} \perp \vec{v}$ となり,f は正射影である.本問は,こ
の"正射影"の場合であり,(3)が成り立つ.

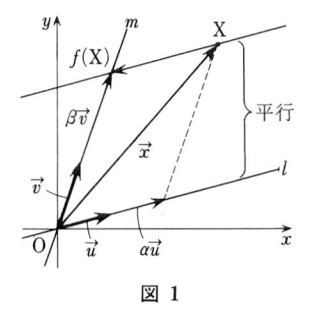

図 1

【別解】(1) $f(1, 0) = (a, c)$,$f(0, 1) = (b, d)$ は $\sqrt{a}y = \sqrt{d}x$ 上の点だから,
$$\sqrt{a}\,c = \sqrt{d}\,a \quad \therefore \quad c = \sqrt{ad}$$
$$\sqrt{a}\,d = \sqrt{d}\,b \quad \therefore \quad b = \sqrt{ad}$$
逆にこのとき,任意の点 (x, y) に対し,
$$A\begin{pmatrix} x \\ y \end{pmatrix} = \begin{pmatrix} ax + \sqrt{ad}\,y \\ \sqrt{ad}\,x + dy \end{pmatrix} = (\sqrt{a}\,x + \sqrt{d}\,y)\begin{pmatrix} \sqrt{a} \\ \sqrt{d} \end{pmatrix}$$
これは,$\sqrt{a}y = \sqrt{d}x$ 上にある.したがって,
$$\boldsymbol{b = c = \sqrt{ad}} \qquad \cdots\cdots\text{(答)}$$

(2) 直接計算により,
$$\begin{pmatrix} a & \sqrt{ad} \\ \sqrt{ad} & d \end{pmatrix}^2 = (a+d)\begin{pmatrix} a & \sqrt{ad} \\ \sqrt{ad} & d \end{pmatrix}$$
よって,　　$\boldsymbol{a + d = 1}$ 　　……(答)

(3) $p(x, y)$,$Q(\sqrt{a}\,t, \sqrt{d}\,t)$ とおく.
$$\overline{PQ}^2 = (\sqrt{a}\,t - x)^2 + (\sqrt{d}\,t - y)^2$$
$$= (a+d)t^2 - 2(\sqrt{a}\,x + \sqrt{d}\,y)t + x^2 + y^2$$
$$= \{t - (\sqrt{a}\,x + \sqrt{d}\,y)\}^2 + x^2 + y^2 - (\sqrt{a}\,x + \sqrt{d}\,y)^2$$
よって,$t = \sqrt{a}\,x + \sqrt{d}\,y$ のとき,$\overline{PQ}$ が最小となる.このとき,
$$\begin{pmatrix} \sqrt{a}(\sqrt{a}\,x + \sqrt{d}\,y) \\ \sqrt{d}(\sqrt{a}\,x + \sqrt{d}\,y) \end{pmatrix} = \begin{pmatrix} ax + \sqrt{ad}\,y \\ \sqrt{ad}\,x + dy \end{pmatrix} = \begin{pmatrix} a & \sqrt{ad} \\ \sqrt{ad} & d \end{pmatrix}\begin{pmatrix} x \\ y \end{pmatrix}$$
$$= A\begin{pmatrix} x \\ y \end{pmatrix}$$

[例題 2・3・3]

行列 $A = \begin{pmatrix} \dfrac{1}{2} & \dfrac{3}{8} \\ \dfrac{2}{3} & \dfrac{1}{2} \end{pmatrix}$ の定める xy 平面上の1次変換を f とする.

(1) $A\vec{x} = \lambda\vec{x}$ $(\vec{x} \neq \vec{0})$ をみたす λ と $\vec{x}$ を求めよ.

(2) (1)を用いて,f の変換のしくみを考察せよ.

解 答 (1) 題意から,$\vec{x} = \begin{pmatrix} x \\ y \end{pmatrix}$ とおくと,

$$\begin{pmatrix} \dfrac{1}{2} & \dfrac{3}{8} \\ \dfrac{2}{3} & \dfrac{1}{2} \end{pmatrix} \begin{pmatrix} x \\ y \end{pmatrix} = \lambda \begin{pmatrix} x \\ y \end{pmatrix} \qquad \cdots\cdots ①$$

$$\therefore \begin{pmatrix} \dfrac{1}{2} - \lambda & \dfrac{3}{8} \\ \dfrac{2}{3} & \dfrac{1}{2} - \lambda \end{pmatrix} \begin{pmatrix} x \\ y \end{pmatrix} = \begin{pmatrix} 0 \\ 0 \end{pmatrix} \qquad \cdots\cdots ①'$$

$\begin{pmatrix} x \\ y \end{pmatrix} \neq \begin{pmatrix} 0 \\ 0 \end{pmatrix}$ であるから,$\det \begin{pmatrix} \dfrac{1}{2} - \lambda & \dfrac{3}{8} \\ \dfrac{2}{3} & \dfrac{1}{2} - \lambda \end{pmatrix} = 0$

$\therefore \lambda(\lambda - 1) = 0 \quad \therefore \lambda = 0, 1$

(i) $\lambda = 0$ のとき,①' より,

$4x + 3y = 0 \quad \therefore \begin{pmatrix} x \\ y \end{pmatrix} = k \begin{pmatrix} -3 \\ 4 \end{pmatrix}$ (k は 0 以外の任意の実数)

(ii) $\lambda = 1$ のとき,①' より,

$4x - 3y = 0 \quad \therefore \begin{pmatrix} x \\ y \end{pmatrix} = l \begin{pmatrix} 3 \\ 4 \end{pmatrix}$ (l は 0 以外の任意の実数)

よって,

$$\begin{cases} \lambda = 0 \text{ のとき,} \quad \vec{x} = k \begin{pmatrix} -3 \\ 4 \end{pmatrix} \\ \lambda = 1 \text{ のとき,} \quad \vec{x} = l \begin{pmatrix} 3 \\ 4 \end{pmatrix} \end{cases} \quad (k, l \text{ は 0 以外の任意の実数}) \quad \cdots\cdots\text{(答)}$$

(2) (1)で求めたベクトルを $\vec{x}$ として,それぞれ,

$\lambda = 0$ のとき $\vec{x_0} = \begin{pmatrix} -3 \\ 4 \end{pmatrix}$,$\lambda = 1$ のとき $\vec{x_1} = \begin{pmatrix} 3 \\ 4 \end{pmatrix}$ とする (図1).

§3 射影を表す行列の見抜き方と、どの方向に沿ってどの直線に射影されるのかの判定法

$\vec{x}_0, \vec{x}_1$ は1次独立であるから、平面上の任意のベクトル $\vec{x}$ は、$\vec{x}_0$ と $\vec{x}_1$ の1次結合で表される(図1). すなわち,
$$\vec{x} = a\vec{x}_0 + b\vec{x}_1 \quad (a, b は実数) \quad \cdots\cdots ②$$

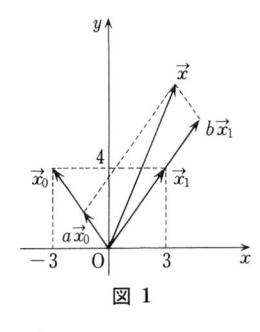

図 1

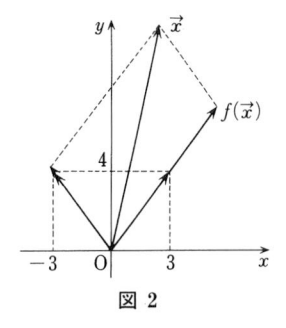

図 2

そこで, $\vec{x}$ を f でうつすと,
$$\begin{aligned} A\vec{x} &= A(a\vec{x}_0 + b\vec{x}_1) \\ &= A(a\vec{x}_0) + A(b\vec{x}_1) \\ &= aA\vec{x}_0 + bA\vec{x}_1 \\ &= a\cdot 0 \cdot \vec{x}_0 + b\cdot 1 \cdot \vec{x}_1 \\ &= b\vec{x}_1 \end{aligned}$$
すなわち, 平面上の任意のベクトル $\vec{x}$ は, ②の形に表すとき, $b\vec{x}_1$ にうつされる(図2).

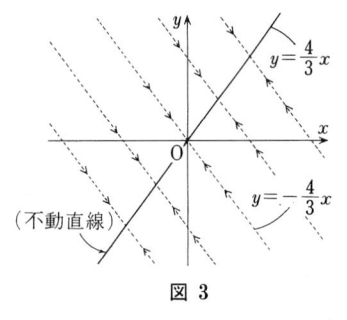

図 3

以上より,

「平面上のすべての点は,直線 $y = -\dfrac{4}{3}x + c$ (c は実数) に沿って, 直線 $y = \dfrac{4}{3}x$ 上にうつされる.」(図3) ……(答)

〔研究〕

$A = \begin{pmatrix} \dfrac{1}{2} & \dfrac{3}{8} \\ \dfrac{2}{3} & \dfrac{1}{2} \end{pmatrix}$ の固有方程式は, $\lambda^2 - \lambda = \lambda(\lambda - 1) = 0$ である.

よって, A は $A^2 = A$ をみたす. すなわち, A はある直線 l_1 への射影を表す. さらに, A の $(1, 2)$ 成分 $\dfrac{3}{8}$ と $(2, 1)$ 成分 $\dfrac{2}{3}$ は異なるから, A は斜射影である. また, 直線 l_1 は, 固有値1に対応する固有ベクトル $(3, 4)$ に平行な原点を通る直線である.

よって, $l_1 : y = \dfrac{4}{3}x$ となり, また, 固有値0に対応する固有ベクトルは, $\begin{pmatrix} -3 \\ 4 \end{pmatrix}$ に平行なベクトルである. よって, f の変換のしくみは,

『直線 $4x + 3y = c$ に沿って, 直線 $4x - 3y = 0$ 上にうつす斜射影である』

第2章 1次変換の幾何学的考察のしかた

〈練習 2・3・3〉

xy 平面に直線 $l: y=2x$ とベクトル $\vec{u}=(4, 3)$ がある．この平面の任意の点 $P(x, y)$ を通り，$\vec{u}$ と平行な直線と l との交点を $P'(x', y')$ とする．点 P を点 P' に対応させる写像は1次変換である．
(1) この1次変換を表す行列 A を求めよ．
(2) この1次変換で，円 $x^2+y^2=25$ をうつした図形を解答欄の図（省略）の中にかけ． （埼玉大 教養・教育・経済）

発想法

$\vec{u}=(4, 3)$ と平行な原点を通る直線を l' とする．

$$l': y=\frac{3}{4}x$$

題意より，この1次変換 f は，『平面上の任意の点 P を，l' に平行に動かして，l との交点 P' にうつす』ような斜射影である（図1）．f を表す行列 A を決定するためには，2点 P, Q（ただし，3点 O, P, Q は同一直線上にない）と，そのおのおのの像がわかればよい．そこで，P, Q としてどんな2点を選ぶと，A を決定するのに必要な計算が楽になるのかをも考慮して，P, Q を決めればよい．

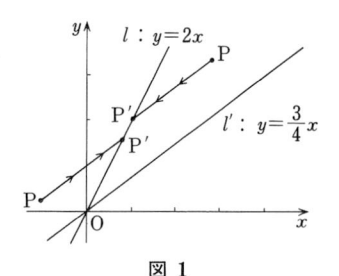

解答 (1) $(1, 2), (4, 3)$ は，それぞれ $(1, 2), (0, 0)$ にうつるから（図2），

$$A\begin{pmatrix}1 & 4 \\ 2 & 3\end{pmatrix}=\begin{pmatrix}1 & 0 \\ 2 & 0\end{pmatrix}$$

$$\therefore \ A=\begin{pmatrix}1 & 0 \\ 2 & 0\end{pmatrix}\begin{pmatrix}1 & 4 \\ 2 & 3\end{pmatrix}^{-1}$$

$$=\frac{1}{5}\begin{pmatrix}-3 & 4 \\ -6 & 8\end{pmatrix} \quad \cdots\cdots \text{(答)}$$

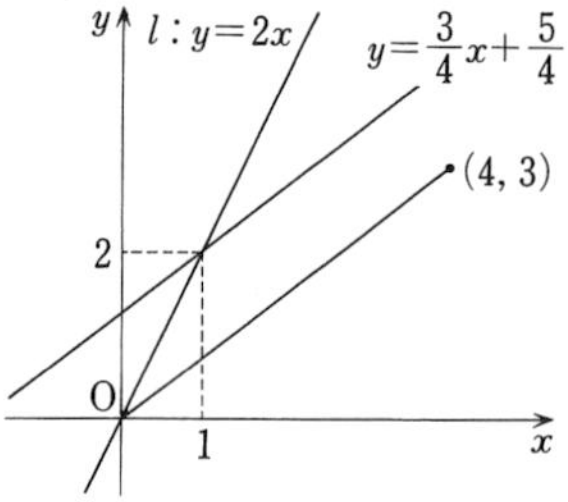

(2) 求める図形は，図3の線分 $P'Q'$ であり，$\overrightarrow{OP}\perp(4, 3)$ より，$P(-3, 4)$ である．

$$A\begin{pmatrix}-3 \\ 4\end{pmatrix}=\frac{1}{5}\begin{pmatrix}-3 & 4 \\ -6 & 8\end{pmatrix}\begin{pmatrix}-3 \\ 4\end{pmatrix}=\begin{pmatrix}5 \\ 10\end{pmatrix}$$

だから，$P'(5, 10)$．また，2点 P', Q' は点対称な位置にあるから，$Q'(-5, -10)$．

これらのことより，円の1次変換による像は，

直線 $l: y=2x$ 上の $-5\leqq x\leqq 5$ の部分 ……(答)

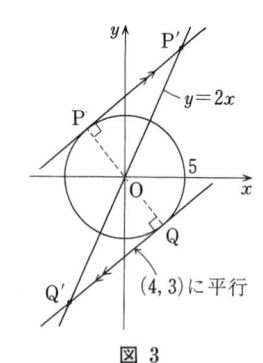

図1

図2

図3

§4 図形の1次変換による面積と向きの変化

図形と1次変換によるその図形の像との面積比について考えよう．

平面上の任意の点 $P(x,y)$ を x 軸方向にも，y 軸方向にも，k 倍する1次変換 f を表す（すなわち，$P(x,y) \xrightarrow{f} P'(kx, ky)$）行列 A について考えよう（図A）．

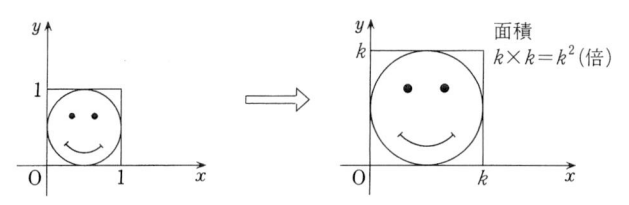

図 A

このとき，f は点 $(1,0)$ を $(k,0)$ に，点 $(0,1)$ を $(0,k)$ にうつすから，

$$A\begin{pmatrix} 1 & 0 \\ 0 & 1 \end{pmatrix} = \begin{pmatrix} k & 0 \\ 0 & k \end{pmatrix} \quad \therefore \quad A = \begin{pmatrix} k & 0 \\ 0 & k \end{pmatrix}$$

である．

また，この逆が成り立つことも容易にわかる．

したがって，k 倍拡大（$|k| \geqq 1$），または縮小（$|k| \leqq 1$）を表す1次変換は $\begin{pmatrix} k & 0 \\ 0 & k \end{pmatrix}$ で表される．

また，x 軸方向だけの拡大（縮小）を表す行列は $\begin{pmatrix} k & 0 \\ 0 & 1 \end{pmatrix}$ であり，

$$\begin{pmatrix} x' \\ y' \end{pmatrix} = \begin{pmatrix} k & 0 \\ 0 & 1 \end{pmatrix} \begin{pmatrix} x \\ y \end{pmatrix}$$

となる（図B）．

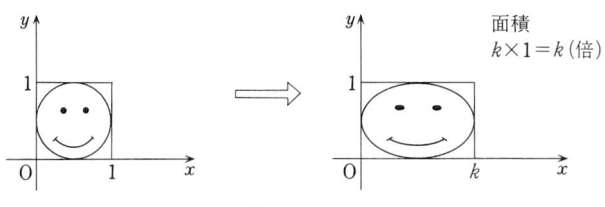

図 B

同様に，y 軸方向だけの拡大（縮小）を表す行列は $\begin{pmatrix} 1 & 0 \\ 0 & k \end{pmatrix}$ であり，

$$\begin{pmatrix} x' \\ y' \end{pmatrix} = \begin{pmatrix} 1 & 0 \\ 0 & k \end{pmatrix} \begin{pmatrix} x \\ y \end{pmatrix}$$

と表せる（図C）．

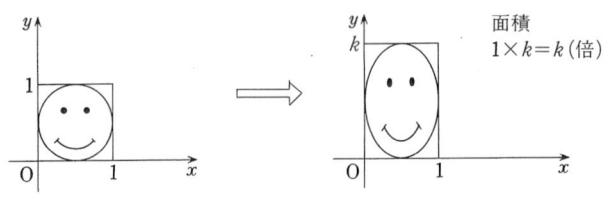

図 C

たとえば，対角行列（$(1,2)$ 成分，$(2,1)$ 成分がともに 0 である行列のこと） $\begin{pmatrix} 3 & 0 \\ 0 & 2 \end{pmatrix}$ はどのような 1 次変換になるだろうか．

$$\begin{pmatrix} x' \\ y' \end{pmatrix} = \begin{pmatrix} 3 & 0 \\ 0 & 2 \end{pmatrix} \begin{pmatrix} x \\ y \end{pmatrix} = \begin{pmatrix} 3x \\ 2y \end{pmatrix}$$

であるから，x 軸方向に 3 倍，y 軸方向に 2 倍になる（図 D）．

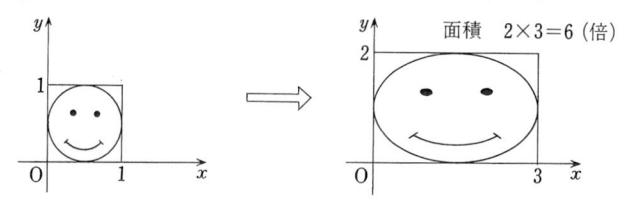

図 D

ある図形 T が，対角行列 $\begin{pmatrix} a & 0 \\ 0 & b \end{pmatrix}$ によって表される 1 次変換によってうつされた像を T' とすると，

　　　　$(T'$ の面積$)=|ab|\times(T$ の面積$)$　……（☆）

が成り立つことが，上述の考察より理解できる．実は，対角行列以外の行列で表される 1 次変換についても，（☆）に相当する公式が存在する．

まず，手始めに，図形 T が原点を 1 頂点とする三角形の場合から調べよう．

〈定理 2・4・1〉

　$A=\begin{pmatrix} a & b \\ c & d \end{pmatrix}$ の定める 1 次変換を f とし，$J=\det A=ad-bc \neq 0$ とする．f による 2 点 P, Q の像をそれぞれ P′, Q′ とするとき，次の (1), (2) が成り立つ．

(1) f による線分 PQ の像は線分 P′Q′ である．

(2) f による △OPQ の像は △OP′Q′ であり，

　　　　△OP′Q′$=|J|$△OPQ

である．

【証明】(1) まず，$J \neq 0$ より A^{-1}，すなわち逆変換 f^{-1} が存在する．よって，f は 1 対

1 の写像であり，"P と Q が異なる点 $\Longrightarrow$ P′, Q′ が異なる点" ……① である．

次に，点 P, Q, P′, Q′, …… の位置ベクトルをそれぞれ $\vec{p}$, $\vec{q}$, $\vec{p'}$, $\vec{q'}$, …… と書くことにする．

線分 PQ を $t:(1-t)$ に内分する点を R とすると，
$$\vec{r}=(1-t)\vec{p}+t\vec{q} \quad \cdots\cdots ②$$
であり，点 R の f による像を R′ とすると，
$$\vec{r'}=A\vec{r}=A\{(1-t)\vec{p}+t\vec{q}\}=(1-t)A\vec{p}+tA\vec{q}$$
$$=(1-t)\vec{p'}+t\vec{q'} \quad \cdots\cdots ③$$

①，③ から，R′ は線分 P′Q′ を $t:(1-t)$ に内分する点である．t として $0\leq t\leq 1$ のすべての値を与えると，R, R′ はそれぞれ線分 PQ, P′Q′ 上のすべての点となるから，線分 PQ の f による像は線分 P′Q′ である．

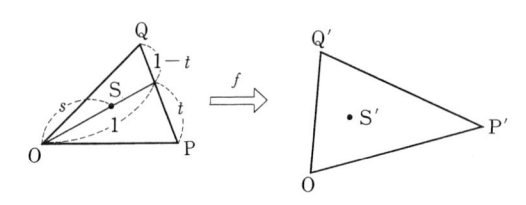

(2)

図 E

S を △OPQ の内部の点とする (図 E)．このとき，
$$\vec{OS}=s\{(1-t)\vec{p}+t\vec{q}\} \quad (0\leq s\leq 1, 0\leq t\leq 1)$$
と表せる．S の f による像を S′ とするとき，(1) と同様にして，
$$\vec{OS'}=s\{(1-t)\vec{p'}+t\vec{q'}\}$$
で表されることがわかる．

s, t は，$0\leq s\leq 1, 0\leq t\leq 1$ のすべての値をとるので，S′ は △OP′Q′ の周上と内部のすべての点となりうる．したがって，△OPQ は f によって △OP′Q′ にうつされる．

P(x_1, y_1), Q(x_2, y_2), P′(x_1', y_1'), Q′(x_2', y_2')
とし，△OPQ, △OP′Q′ の面積をそれぞれ S, S' とすれば，
$$2S'=|x_1'y_2'-x_2'y_1'|=|(ax_1+by_1)(cx_2+dy_2)-(ax_2+by_2)(cx_1+dy_1)|$$
$$=|(ad-bc)(x_1y_2-x_2y_1)|=|ad-bc|\cdot|x_1y_2-x_2y_1|=|J|\cdot 2S$$
$$\therefore \quad S'=|J|\cdot S$$

(注1) 〈定理 2·4·1〉において，$A=\begin{pmatrix} a & b \\ c & d \end{pmatrix}$ が $\det A=ad-bc=0$ のときも，次のように解釈すれば成り立つ．

△OPQ の f による像は線分または点であり，像の面積 S' は 0 である．

(注2) 〈定理 2·4·1〉は，原点を 1 頂点とする三角形に限らず，任意の三角形 T に対

しても成り立つ．すなわち，三角形 T に対しその f による像を T' とすると，
$$(T'の面積)=|ad-bc|\times(Tの面積)$$
なぜなら，$T=\triangle\mathrm{ABC}$ を図 F に示すように，原点を 1 頂点とする 3 つの三角形で表現できる（すなわち，$\triangle\mathrm{ABC}=\triangle\mathrm{OAB}+\triangle\mathrm{OBC}-\triangle\mathrm{OAC}$）からである．

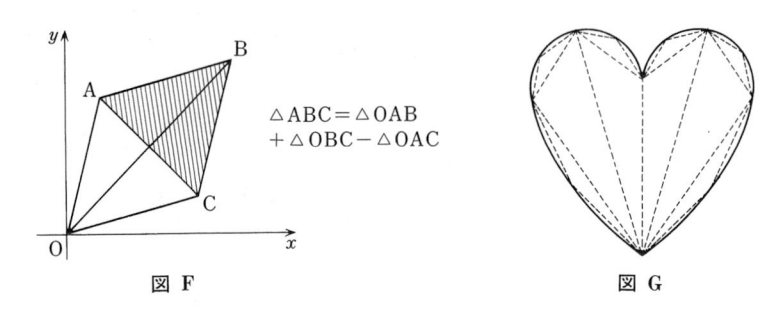

図 F

図 G

(注3) 任意の図形 S は，三角形で分割近似できるので（図 G），S が f によって，S' にうつるとき，
$$(S'の面積)=|ad-bc|\cdot(Sの面積)$$
が成り立つことは直感的に理解できるが，その厳密な証明はここでは割愛する．

次に，図形の向きと，1 次変換によるその図形の像の向きとの関係について考える．これは，1 次変換を表す行列を $A=\begin{pmatrix} a & b \\ c & d \end{pmatrix}$ とすると，行列式 $\det A=ad-bc$ の符号に起因するものである．

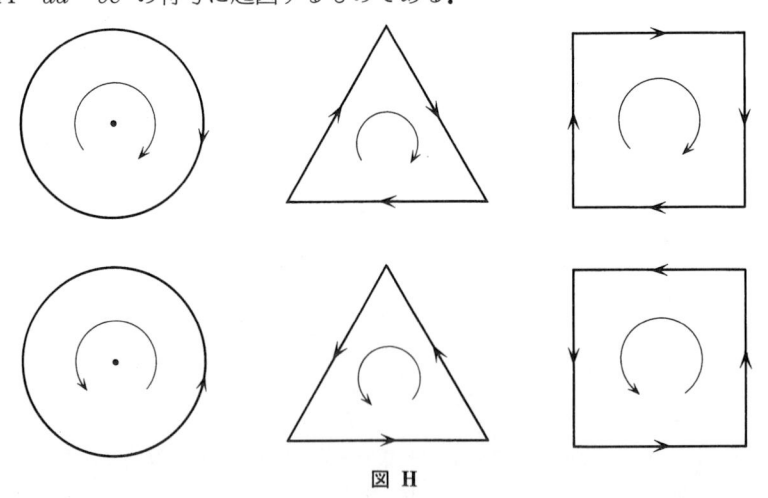

図 H

§4 図形の1次変換による面積と向きの変化　157

(だ) 円周上や多角形の周上を動く点には，時計の針の回る向きと，その反対の向きとがある (図 H).

1対1の1次変換 f は，円は円もしくはだ円に，n 角形は n 角形にうつす．そのとき，もとの図形上を動く点 P の向きに対して，その像の図形上にうつされる点 P の像 $f(P)$ の動く向きが，どのようなときに変わり，どのようなとき変わらないのか，まず，次の2つの例を見てみよう (それぞれの例について，O→L→M→N の向きと O→L′→M′→N′ の向きを比較せよ).

(例 1)　　$A = \begin{pmatrix} 3 & 0 \\ 0 & 2 \end{pmatrix}$　　　　　　　$\det A = 6 > 0$

(向きは変わらない)

図 I

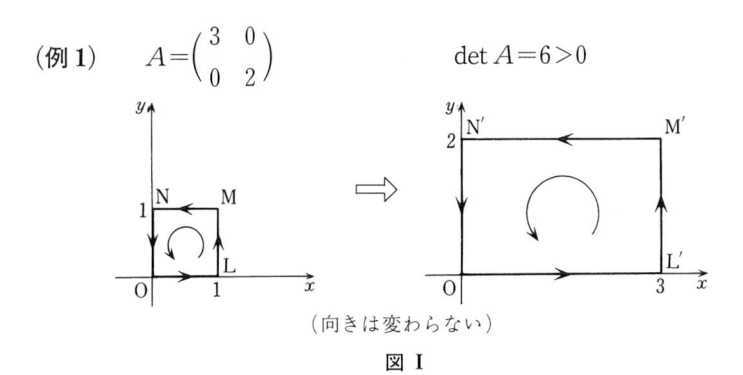

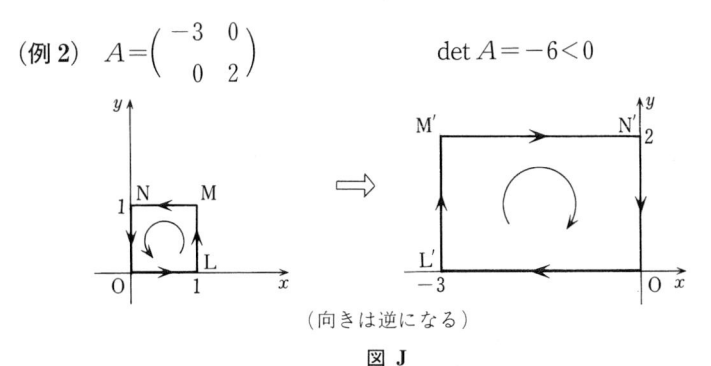

(例 2)　　$A = \begin{pmatrix} -3 & 0 \\ 0 & 2 \end{pmatrix}$　　　　　　　$\det A = -6 < 0$

(向きは逆になる)

図 J

この例において，(例 1) では行列式が 6 で正，(例 2) では行列式が -6 で負となっていることが本質的なちがいである．

これらの例では，四角形の場合について考えたが，他の多角形でも，円でも同様である．

次の定理の証明では，三角形の向きの変化を調べることが基本となる．n 角形 ($n \geq 4$) については，それを三角形に分割して考えることにし，円やだ円，もしく

は，もっと一般の図形では，三角形に分割近似して考える（図K）．

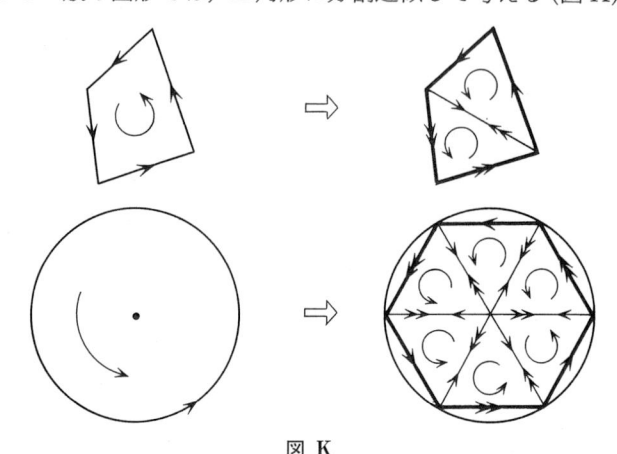

図 K

以下，図形上を動く点の向きのことを簡単のため**図形の向き**とよぶこととする．

〈定理 2・4・2〉

A を逆行列をもつ行列とする．行列 A の表す1次変換 f が向きの定められた図形をうつすとき，

$\begin{cases} \det A > 0 \text{ ならば，} f \text{ は図形の向きを変えずにうつす．} \\ \det A < 0 \text{ ならば，} f \text{ は図形の向きを逆向きにしてうつす．} \end{cases}$

【証明】　n 角形は三角形に分割し，任意の図形は三角形で分割近似することにすれば，三角形をうつした場合の向きの変化を調べればよいことになる．三角形の1つの頂点が原点である場合について考えても，一般性を失うことはない．

f が $\triangle$OPQ を $\triangle$OP′Q′ にうつす．すなわち，

$f(\mathrm{P}) = \mathrm{P}', \quad f(\mathrm{Q}) = \mathrm{Q}'$

とするとき，次のような1次変換 g, g' をとる．

$g\begin{pmatrix} 1 \\ 0 \end{pmatrix} = \mathrm{P}, \quad g\begin{pmatrix} 0 \\ 1 \end{pmatrix} = \mathrm{Q}$

$g'\begin{pmatrix} 1 \\ 0 \end{pmatrix} = \mathrm{P}', \quad g'\begin{pmatrix} 0 \\ 1 \end{pmatrix} = \mathrm{Q}'$

このとき，

$f(\mathrm{P}) = \mathrm{P}' = g'\begin{pmatrix} 1 \\ 0 \end{pmatrix}$

$\iff f\left(g\begin{pmatrix} 1 \\ 0 \end{pmatrix}\right) = f \circ g \begin{pmatrix} 1 \\ 0 \end{pmatrix} = g'\begin{pmatrix} 1 \\ 0 \end{pmatrix}$ ……①

§4 図形の1次変換による面積と向きの変化 159

同様にして, $f \circ g \begin{pmatrix} 0 \\ 1 \end{pmatrix} = g' \begin{pmatrix} 0 \\ 1 \end{pmatrix}$ ……②

①, ②より,
$$f \circ g = g' \quad \therefore \quad f = g' \circ g^{-1}$$
と表せることがわかる.

よって, f による向きの変化は g^{-1} と g' による向きの変化できまる. g^{-1} によって図形の向きが変わらないことと, g によって向きが変わらないことは同値であることを考慮すると, f によって図形の向きが変わらないのは,

$$\left.\begin{array}{l} g \text{ も } g' \text{ も図形の向きを変えない場合} \\ \text{または,} \\ g \text{ も } g' \text{ もともに図形の向きを変える場合} \end{array}\right\} \quad \text{……(ア)}$$

である. ここで, g, g' を表す行列をそれぞれ B, B' とすると, $f = g' \circ g^{-1}$ より
$A = B'B^{-1}$ ゆえに, 〈命題 $2 \cdot 1 \cdot 1$〉より,
$$\det A = \det B' \cdot (\det B)^{-1}$$
よって,
$$\det A > 0 \iff \left\{\begin{array}{l} \det B > 0 \text{ かつ } \det B' > 0 \\ \text{または,} \\ \det B < 0 \text{ かつ } \det B' < 0 \end{array}\right. \quad \text{……(イ)}$$

したがって, (ア), (イ) より,
g が図形の向きを変えない $\iff \det B > 0$,
g' が図形の向きを変えない $\iff \det B' > 0$
を証明すれば,
f が図形の向きを変えない $\iff \det A > 0$
が示されることになる. すなわち, g と B, g' と B' について定理が示されれば十分. したがって初めから, f が 3 点 O, $(1, 0), (0, 1)$ を頂点とする三角形をうつしたとき, f の像の向きがどう変わるかを調べればよい.

3 点 O, $(1, 0), (0, 1)$ を頂点とする三角形上の動点 P の動く向きは, 時計の針の回る方向と逆の向きと定めておく (図 L).

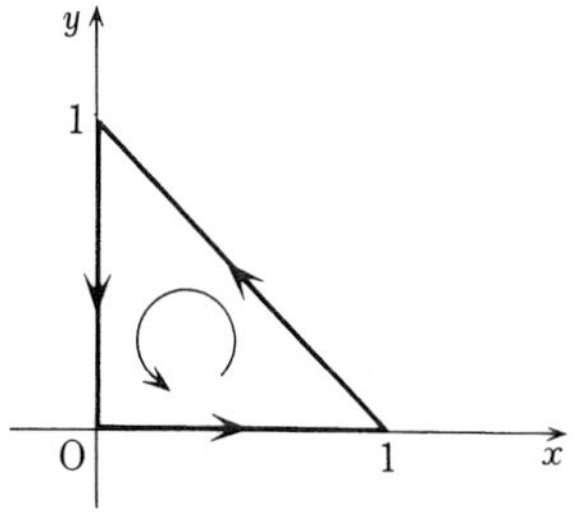

f を表す行列 A を $\begin{pmatrix} a & b \\ c & d \end{pmatrix}$ とすると,
$$\begin{pmatrix} a & b \\ c & d \end{pmatrix}\begin{pmatrix} 1 \\ 0 \end{pmatrix} = \begin{pmatrix} a \\ c \end{pmatrix}, \quad \begin{pmatrix} a & b \\ c & d \end{pmatrix}\begin{pmatrix} 0 \\ 1 \end{pmatrix} = \begin{pmatrix} b \\ d \end{pmatrix}$$

図 L

よって,
$$\left.\begin{array}{l} \text{動点 P が,} \quad \text{O} \longrightarrow (1, 0) \longrightarrow (0, 1) \longrightarrow \text{O} \quad \text{と動くとき,} \\ f(\text{P}) \text{ は,} \quad \text{O} \longrightarrow (a, c) \longrightarrow (b, d) \longrightarrow \text{O} \quad \text{と動く.} \end{array}\right\} \quad \text{……③}$$

ベクトル $\begin{pmatrix} a \\ c \end{pmatrix}$ からベクトル $\begin{pmatrix} b \\ d \end{pmatrix}$ へ反時計まわりの向きに測った角を θ ($0<\theta<2\pi$, $\theta\neq\pi$) とすると，図 M のように，2つの場合，
  (I) $0<\theta<\pi$
  (II) $\pi<\theta<2\pi$
が考えられる．

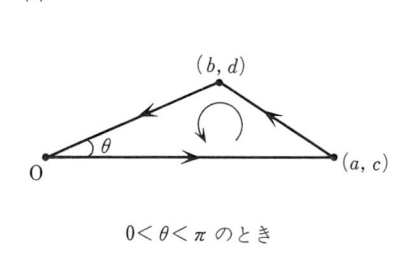

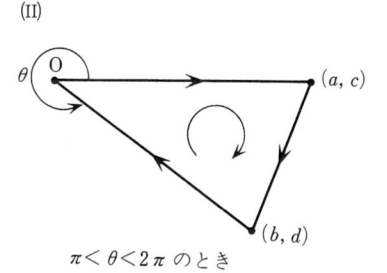

(I)   (II)

(b, d)   O
                                    (a, c)
  θ
O   (a, c)   (b, d)

$0<\theta<\pi$ のとき $\pi<\theta<2\pi$ のとき

図 M

そして，
  (I) のときは向きが変わらず
  (II) のときは向きが逆になる   ……④

(I), (II) のどちらの場合にも，(b, d) と (a, c) の間には，
$$\begin{pmatrix} b \\ d \end{pmatrix} = r \begin{pmatrix} \cos\theta & -\sin\theta \\ \sin\theta & \cos\theta \end{pmatrix} \begin{pmatrix} a \\ c \end{pmatrix} \quad \left(\text{ただし，} r = \sqrt{\frac{b^2+d^2}{a^2+c^2}}\right)$$
なる関係がある．よって，
$$\begin{cases} b = r(a\cos\theta - c\sin\theta) \\ d = r(a\sin\theta + c\cos\theta) \end{cases}$$
より，
$$\begin{aligned} ad - bc &= r\{a(a\sin\theta + c\cos\theta) - c(a\cos\theta - c\sin\theta)\} \\ &= r(a^2+c^2)\sin\theta \\ &= \sqrt{(a^2+c^2)(b^2+d^2)}\sin\theta \end{aligned}$$

したがって，
  (I) $0<\theta<\pi$ のとき $ad-bc>0$
  (II) $\pi<\theta<2\pi$ のとき $ad-bc<0$ ……⑤

④，⑤ より定理は証明された．

(注 1) この定理の証明には，いろいろな方法がある．2つの別証明の主旨を記しておく．

【別証 1】 上述の証明中，③ に続けて a と c の符号によって，
  (i) $a>0$, $c\geq 0$ (ii) $a>0$, $c\leq 0$ (iii) $a<0$, $c\geq 0$ (iv) $a<0$, $c\leq 0$

§4 図形の1次変換による面積と向きの変化　161

(v) $a=0,\ c>0$　(vi) $a=0,\ c<0$
と6つの場合に分けて考える．

たとえば，(iii) のときは，$(b,\ d)$ が領域 $y>\dfrac{c}{a}x$ にあるとき，また，そのときに限り向きが変わり，$d>\dfrac{c}{a}b$ より，$ad-bc<0$ となる（図N）．

残りの(i), (ii), (iv)〜(vi) は，図を描き自分で証明してみること．なお，この方法は，具体的な問題に応用できる大切な手法である．

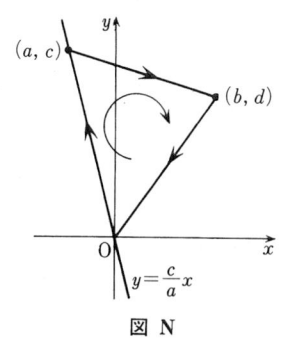

図 N

【別証2】　ベクトル $A\begin{pmatrix}1\\0\end{pmatrix}$ と x 軸の正の方向とのなす角を θ とすると，

$$R(-\theta)A\begin{pmatrix}1\\0\end{pmatrix}=\begin{pmatrix}\alpha\\0\end{pmatrix},\ \alpha>0$$

となる（図O）．ただし，$R(-\theta)$ は $-\theta$ 回転を表す行列を表す．

$$R(-\theta)A\begin{pmatrix}0\\1\end{pmatrix}=\begin{pmatrix}\beta\\\gamma\end{pmatrix}$$

とおくと，

図 O

$$R(-\theta)A\begin{pmatrix}1&0\\0&1\end{pmatrix}=\begin{pmatrix}\alpha&\beta\\0&\gamma\end{pmatrix}$$

より，

$$R(-\theta)A=\begin{pmatrix}\alpha&\beta\\0&\gamma\end{pmatrix}$$

$$\therefore\ A=R(\theta)\begin{pmatrix}\alpha&\beta\\0&\gamma\end{pmatrix}=R(\theta)\begin{pmatrix}1&\beta\gamma^{-1}\\0&1\end{pmatrix}\begin{pmatrix}\alpha&0\\0&\gamma\end{pmatrix}$$

このとき，$R(\theta)$, $\begin{pmatrix}1&\beta\gamma^{-1}\\0&1\end{pmatrix}$, $\begin{pmatrix}\alpha&0\\0&\gamma\end{pmatrix}$ の表す1次変換によって，それぞれ向きがどう変わるかを考えればよい．回転 $R(\theta)$ と x 軸方向へのずらし $\begin{pmatrix}1&\beta\gamma^{-1}\\0&1\end{pmatrix}$ では，向きが変わらないことがわかる．したがって，$\begin{pmatrix}\alpha&0\\0&\gamma\end{pmatrix}$ の表す1次変換によって向きがどう変るか調べればよい．

$\gamma>0$ のとき向きは変わらず，$\gamma<0$ のとき変わる　……(*)
ことがわかる．

一方，〈命題 2・1・1〉により，

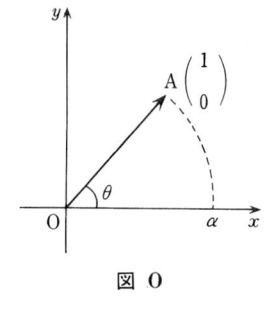

$$\det A = \det R(\theta) \begin{pmatrix} 1 & \beta\gamma^{-1} \\ 0 & 1 \end{pmatrix} \begin{pmatrix} \alpha & 0 \\ 0 & \gamma \end{pmatrix}$$

$$= \det R(\theta) \cdot \det \begin{pmatrix} 1 & \beta\gamma^{-1} \\ 0 & 1 \end{pmatrix} \cdot \det \begin{pmatrix} \alpha & 0 \\ 0 & \gamma \end{pmatrix}$$

$$= 1 \cdot 1 \cdot \alpha\gamma$$

$$= \alpha\gamma$$

$\alpha>0$ となるように θ をきめているから，

$\det A$ の符号＝γ の符号

となり，($*$) より，証明されたことになる．

なお，

$$A = R(\theta) \begin{pmatrix} 1 & \beta\gamma^{-1} \\ 0 & 1 \end{pmatrix} \begin{pmatrix} \alpha & 0 \\ 0 & \gamma \end{pmatrix}$$

なる行列 A の分解を **岩沢分解** という．

(**注 2**) 3点 $O(0, 0)$, $P(x_1, y_1)$, $Q(x_2, y_2)$ を頂点とする三角形の面積 S は，

$$S = \frac{1}{2} |x_1 y_2 - x_2 y_1|$$

$$= \frac{1}{2} \left| \det \begin{pmatrix} x_1 & x_2 \\ y_1 & y_2 \end{pmatrix} \right| = \frac{1}{2} |\det(\overrightarrow{OP}\ \overrightarrow{OQ})|$$

である．絶対値記号がつくのは，P, Q の位置関係によって，$x_1 y_2 - x_2 y_1$ の値が正になったり負になったりするからであるが，

実は，O → P → Q → O が，
反時計まわりのときに，
　$\det(\overrightarrow{OP}\ \overrightarrow{OQ}) = x_1 y_2 - x_2 y_1 > 0$,
時計まわりのときに，
　$x_1 y_2 - x_2 y_1 < 0$
　　　　　　　　　　　……($*$)

である．このことは，定理の証明中，$\begin{pmatrix} a \\ c \end{pmatrix} = \begin{pmatrix} x_1 \\ y_1 \end{pmatrix}$, $\begin{pmatrix} b \\ d \end{pmatrix} = \begin{pmatrix} x_2 \\ y_2 \end{pmatrix}$ とおくことによって得ることができる．

($*$) の事実は，次のように述べることもできる．

「O を中心として，P → Q 方向に右ねじを回したとき，z 軸の正方向に右ねじが進む $\iff \det(\overrightarrow{OP}\ \overrightarrow{OQ}) > 0$」

ただし，$\overrightarrow{OP}$ から測った $\overrightarrow{OQ}$ の角 θ が $0 < \theta < \pi$ となるような向きに右ねじを回すものとする．

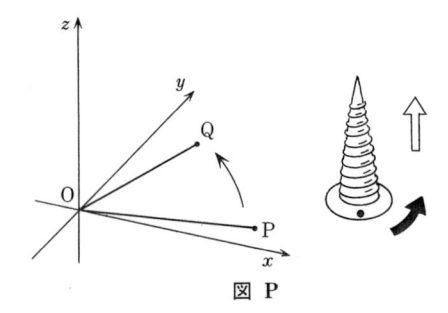

図 P

§4 図形の1次変換による面積と向きの変化

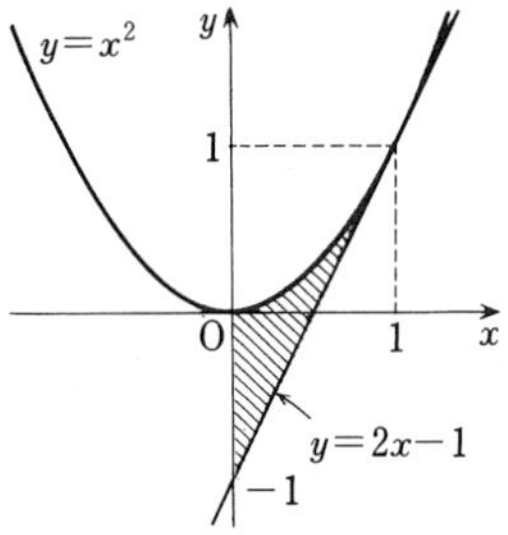

~~~~~[例題 2・4・1]~~~~~

平面上の曲線 $y=x^2$ と，その上の点 $(1, 1)$ における接線と y 軸とで囲まれる部分 T を，この平面の1次変換 f

$$\begin{pmatrix} x' \\ y' \end{pmatrix} = \begin{pmatrix} 2 & 0 \\ -2 & -1 \end{pmatrix} \begin{pmatrix} x \\ y \end{pmatrix}$$

によってうつしてできる図形を T' とする．T' の面積は T の面積の何倍になるか．

解答 $y=f(x)=x^2$ ……①
とする．$f'(1)=2$ だから，点 $(1,1)$ における放物線①の接線の方程式は，
$\quad y-1=2(x-1)$
すなわち，
$\quad y=2x-1 \quad$ ……②
である．
①, ② と y 軸で囲まれた部分 T(図1)の面積を S とすれば，

$$S=\int_0^1 \{x^2-(2x-1)\}dx$$
$$=\int_0^1 (x-1)^2 dx$$
$$=\left[\frac{1}{3}(x-1)^3\right]_0^1$$
$$=\frac{1}{3}$$

図 1

また，$\begin{pmatrix} x \\ y \end{pmatrix} = \begin{pmatrix} 2 & 0 \\ -2 & -1 \end{pmatrix}^{-1} \begin{pmatrix} x' \\ y' \end{pmatrix}$

$\qquad = \begin{pmatrix} \dfrac{x'}{2} \\ -x'-y' \end{pmatrix} \qquad$ ……③

$\therefore \quad x=\dfrac{x'}{2}, \ y=-x'-y' \qquad$ ……④

① と ② と y 軸で囲まれた部分 T は，
$\quad 2x-1 \leqq y \leqq x^2 \quad (0 \leqq x \leqq 1)$
である．T が1次変換 f によってうつされる領域を T' とすると，上の不等式に ④ を代入して，
$\quad x'-1 \leqq -x'-y' \leqq \dfrac{x'^2}{4} \quad (0 \leqq x' \leqq 2)$

である．すなわち，
$$-\frac{x'^2}{4}-x' \leq y' \leq -2x'+1 \quad (0 \leq x' \leq 2)$$
にうつる(図2)．
　この面積を S' とすれば，
$$\begin{aligned}
S' &= \int_0^2 \left\{(-2x+1)-\left(-\frac{x^2}{4}-x\right)\right\}dx \\
&= \int_0^2 \left(\frac{x^2}{4}-x+1\right)dx \\
&= \frac{1}{4}\int_0^2 (x-2)^2 dx \\
&= \frac{1}{4}\left[\frac{1}{3}(x-2)^3\right]_0^2 \\
&= \frac{2}{3}
\end{aligned}$$
$$\therefore \quad S'=2S$$
　よって，**2倍**　　……(答)

図 2

〔研究〕

$\det\begin{pmatrix} 2 & 0 \\ -2 & -1 \end{pmatrix}=-2$ だから，〈定理 2・4・1〉の(注3)より，

$$T'=|-2|\cdot T=2T$$
　よって，**2倍**　　……(答)

　この〔**研究**〕のような解答を入試の本番で書いたら，正解にしてくれるとは限らないので，要注意．入試では，「知りすぎた奴は消せ！！」という理不尽な悲劇がおこらないとは限らないからである．しかし，少なくとも検算の役には立つ．

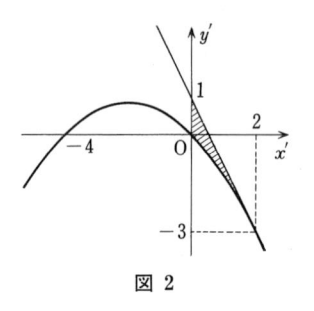

§4 図形の1次変換による面積と向きの変化　165

┌─〈練習 2・4・1〉─────────────────────
│　xy 平面上の1次変換 f は，直線 $x=1$ を直線 $x=\dfrac{1}{2}$ にうつし，直線 y
│　$=2x+1$ を直線 $y=2x+\dfrac{3}{2}$ にうつす．次の問いに答えよ．
│ (1)　直線 $y=x$ を1次変換 f でうつした図形の式を求めよ．
│ (2)　原点を O とし，2点 A, B の座標をそれぞれ $(0,1)$, $(1,0)$ とする．三角
│　　形 OAB を1次変換 f でうつした図形を S とするとき，三角形 OAB と図
│　　形 S との面積比を求めよ．
│　　　　　　　　　　　　　　　　　　　　　　　　　　　　　(琉球大)
└─────────────────────────────

解答　(1) f を表す行列を $M=\begin{pmatrix} a & b \\ c & d \end{pmatrix}$ とおく．f による直線 $x=1$，すなわち，

$$\begin{pmatrix} x \\ y \end{pmatrix} = \begin{pmatrix} 1 \\ s \end{pmatrix} \quad (s\ \text{はパラメータ})$$

の像は，

$$\begin{pmatrix} a & b \\ c & d \end{pmatrix}\begin{pmatrix} 1 \\ s \end{pmatrix} = \begin{pmatrix} a+bs \\ c+ds \end{pmatrix} \quad \cdots\cdots(*)$$

である．これが直線 $x=\dfrac{1}{2}$ であることより，この x 座標がどんな s に対しても $\dfrac{1}{2}$ になるので，

$$a=\dfrac{1}{2},\ b=0 \quad \cdots\cdots\text{①}$$

また，条件より，直線 $y=2x+1$ が f によって直線 $y=2x+\dfrac{3}{2}$ にうつる．よって，$y=2x+1$ 上の特定の2点 $\left(-\dfrac{1}{2},0\right)$, $(0,1)$ (x 切片, y 切片) を選び，それら2点の f による像 $\left(-\dfrac{1}{4},-\dfrac{c}{2}\right)$, $(0,d)$ が直線 $y=2x+\dfrac{3}{2}$ 上にある条件を求めると，

$$c=-2,\ d=\dfrac{3}{2}$$

を得る．よって，

$$M=\begin{pmatrix} \dfrac{1}{2} & 0 \\ -2 & \dfrac{3}{2} \end{pmatrix}$$

したがって，$M\left(t\begin{pmatrix}1\\1\end{pmatrix}\right)=t\begin{pmatrix}\frac{1}{2}\\-\frac{1}{2}\end{pmatrix}$　（t はパラメータ）

により，直線 $y=x$ は，　直線 $\boldsymbol{y=-x}$　……(答)

にうつる．

(2)　$M\begin{pmatrix}0\\1\end{pmatrix}=\begin{pmatrix}0\\\frac{3}{2}\end{pmatrix}$, $M\begin{pmatrix}1\\0\end{pmatrix}=\begin{pmatrix}\frac{1}{2}\\-2\end{pmatrix}$, $M\begin{pmatrix}0\\0\end{pmatrix}=\begin{pmatrix}0\\0\end{pmatrix}$　である．

したがって，S は3点 O, $\left(0,\frac{3}{2}\right)$, $\left(\frac{1}{2},-2\right)$ を頂点とする三角形である．

よって，　S の面積 $=\frac{1}{2}\left|0\cdot(-2)-\frac{1}{2}\cdot\frac{3}{2}\right|=\frac{1}{2}\cdot\frac{3}{4}$

であるから，　　$\triangle\mathrm{OAB}:S=4:3$　……(答)

〔研究〕

(2)は，〈**定理2・4・1**〉をつかえば，$S=|\det M|\times\triangle\mathrm{OAB}$ より，

$\triangle\mathrm{OAB}:S=1:|\det M|=1:\frac{3}{4}=4:3$

と，簡単に求められる．

(注)　1次変換 f が直線 $x=1$ を直線 $x=\frac{1}{2}$ にうつすとき，$a=\frac{1}{2}$, $b=0$ となることは，直線 $x=1$ 上の2点，たとえば $(1,0)$ と $(1,1)$ の像を調べることで示すこともできる．また，f が直線 $y=2x+1$ を直線 $y=2x+\frac{3}{2}$ にうつすとき，$c=-2$, $d=\frac{3}{2}$ となることは，次のように示してもよい．

$\begin{pmatrix}\frac{1}{2}&0\\c&d\end{pmatrix}\begin{pmatrix}x\\2x+1\end{pmatrix}=\begin{pmatrix}\frac{x}{2}\\(c+2d)x+d\end{pmatrix}$

これは，$y=2x+\frac{3}{2}$ 上の点だから，

$(c+2d)x+d=2\cdot\frac{x}{2}+\frac{3}{2}$　　すなわち，$(c+2d-1)x+d-\frac{3}{2}=0$

これが任意の x について成り立つから，

$c+2d-1=0$, $d-\frac{3}{2}=0$　$\therefore$　$c=-2$, $d=\frac{3}{2}$

§4 図形の1次変換による面積と向きの変化　167

─〈練習 2・4・2〉──────────────────────
　数列 $\{a_n\}$ は，$3a_n > 2a_{n-1}$ $(n=2, 3, 4, \cdots\cdots)$ をみたしている．
　点 (x, y) が $|x|+|y| \leq 1$ の範囲を動くとき，$f:(x, y) \to (X, Y)$
$$X = a_n x + 2y, \quad Y = a_{n-1} x + 3y \quad \cdots\cdots (☆)$$
で与えられる点 (X, Y) の存在する範囲を S_n とする．すべての n に対して
S_n の面積が 2 であるとき，$\lim_{n \to \infty} a_n$ を求めよ．
─────────────────────────────

発想法

　条件 $3a_n > 2a_{n-1}$ が，解答作成の上でどこで効いてくるかを考えよ．その答えは，2か所ある．まず，1つは，1次変換 (☆) が逆行列をもつ（すなわち，1対1の変換）ことを保証していることであり，もう1つは，点 $(1, 0)$ の (☆) による像 (a_n, a_{n-1}) が直線 $3x - 2y = 0$ より下に位置することを保証している．

解答　$|x|+|y| \leq 1$ は，A$(1, 0)$, B$(0, 1)$, C$(-1, 0)$, D$(0, -1)$ を頂点とする正方形の周および内部を表している．

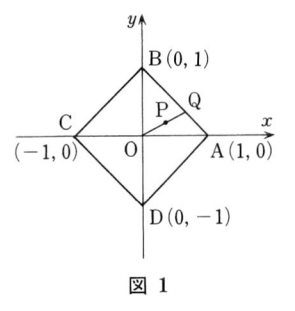

　さて，与えられた1次変換
$$f : \begin{cases} X = a_n x + 2y \\ Y = a_{n-1} x + 3y \end{cases}$$
は，$3a_n - 2a_{n-1} \neq 0$ だから，1対1の1次変換である．この1次変換 f によって，

A$(1, 0) \to$ A$'(a_n, a_{n-1})$
B$(0, 1) \to$ B$'(2, 3)$
C$(-1, 0) \to$ C$'(-a_n, -a_{n-1})$
D$(0, -1) \to$ D$'(-2, -3)$

にうつされるが，条件 $a_{n-1} < \dfrac{3}{2} a_n$ より，A$'$ は直線 OB$'$；$y = \dfrac{3}{2} x$ より下にある．

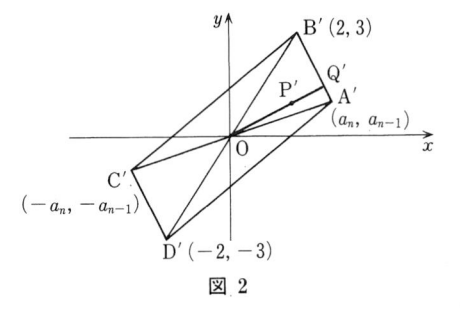

　さて，1対1の（すなわち逆変換の存在する）1次変換によって四角形の頂点は四角形の頂点にうつり，しかも，平行線は平行線にうつるから，AB∥CD より，

A$'$B$' \parallel$ C$'$D$'$

同様に，A$'$D$' \parallel$ B$'$C$'$

図 1

図 2

よって，正方形 ABCD の周は平行四辺形 A′B′C′D′ の周にうつる．
　次に，正方形 ABCD の内部の 1 点を P とし，簡単のために P は第 1 象限内にあるものとして OP と AB の交点を Q とすれば，Q は f によって A′Q′:Q′B′=AQ:QB となる点 Q′ にうつり，P は OP′:P′Q′=OP:PQ となる点 P′ にうつされる．
　ゆえに，P が正方形の周および内部を動くとき，P′ は □ A′B′C′D′ の周および内部を動くから，(X, Y) の存在範囲 S_n は □ A′B′C′D′ に一致する．
　よって，
$$\overrightarrow{A'B'}=(2-a_n, 3-a_{n-1})$$
$$\overrightarrow{A'D'}=(-2-a_n, -3-a_{n-1})$$
より，
$$\square A'B'C'D' = |(3-a_{n-1})(-2-a_n)-(2-a_n)(-3-a_{n-1})|$$
$$= 2|2a_{n-1}-3a_n|$$
$$= 2(3a_n-2a_{n-1}) \quad (なぜなら, \ 3a_n>2a_{n-1})$$
　仮定より，これが 2 となるから，
$$3a_n-2a_{n-1}=1$$
$$\therefore \ 3(a_n-1)=2(a_{n-1}-1)$$
$$\therefore \ a_n=1+\left(\frac{2}{3}\right)^{n-1}(a_1-1)$$
　よって，　　$\lim_{n\to\infty} a_n=1$ 　　……(答)

〔研究〕

　〈定理 2・4・1〉をつかえば，上の解答の後半は次のように計算が簡単になる．
$$\det\begin{pmatrix} a_n & 2 \\ a_{n-1} & 3 \end{pmatrix}=3a_n-2a_{n-1}>0 \quad (条件より, \ 3a_n>2a_{n-1})$$
に注意すれば，
$$\square A'B'C'D'=(正方形 \ ABCD)\times(3a_n-2a_{n-1})$$
$$=2(3a_n-2a_{n-1})$$
　仮定よりこれが 2 となるから，
$$3a_n-2a_{n-1}=1$$
$$\therefore \ 3(a_n-1)=2(a_{n-1}-1)$$
$$\therefore \ a_n=1+\left(\frac{2}{3}\right)^{n-1}(a_1-1)$$
　よって，　　$\lim_{n\to\infty} a_n=1$ 　　……(答)

§4 図形の1次変換による面積と向きの変化　169

[例題 2・4・2]
　原点を O, A(1, 0), B(0, 1) とする．△OAB の周上の動点 P は，△OAB の内部を左手に見ながら運動している．$a>0$, $a \neq 1$ のとき，行列 $\begin{pmatrix} a^2 & a-a^2 \\ 1 & a-1 \end{pmatrix}$ で表される1次変換を f とし，$A'=f(A)$, $B'=f(B)$ とする．
　このとき，△OA'B' の上の動点 $f(P)$ は，△OA'B' の内部を右手，左手のどちらに見ながら運動するか．

解答　仮定より，点 P は，△OAB の周上を右図のように，時計の針の進む向きと逆に運動している．
　点 P が O から A に進むとき，
$$f(t\overrightarrow{OA}) = t\overrightarrow{OA'} \quad (0 \leq t \leq 1)$$
より，点 $f(P)$ は O から A' に向かって進むことがわかる．
　点 P が A から B に進むとき，
$$f((1-t)\overrightarrow{OA} + t\overrightarrow{OB}) = (1-t)\overrightarrow{OA'} + t\overrightarrow{OB'} \quad (0 \leq t \leq 1)$$
より，点 $f(P)$ は A' から B' に向かって進むことがわかる．
　点 P が B から O に進むとき，
$$f((1-t)\overrightarrow{OB}) = (1-t)\overrightarrow{OB'} \quad (0 \leq t \leq 1)$$
より，点 $f(P)$ は B' から O に向かって進むことがわかる．
　仮定より，$A'(a^2, 1)$, $B'(a-a^2, a-1)$
　点 B' が直線 OA' すなわち $y = \dfrac{1}{a^2}x$ 上の点でないことを示そう．
$$a-1 - \frac{1}{a^2}(a-a^2) = a-1 + \frac{a-1}{a}$$
$$= (a-1)\left(1 + \frac{1}{a}\right) \neq 0 \quad (\because\ a>0,\ a \neq 1)$$
ゆえに，B' は直線 OA' 上の点ではない．
　B' が領域 $y > \dfrac{1}{a^2}x$ 内にあるとき，
　$(a-1)\left(1 + \dfrac{1}{a}\right) > 0$　より，$a > 1$
　このとき，A', B' を図示すると，図2のようになる．
　B' が領域 $y < \dfrac{1}{a^2}x$ 内にあるとき，

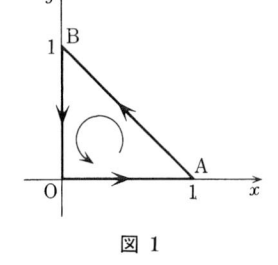

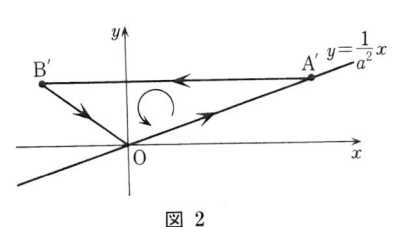

図1

図2

$(a-1)\left(1+\dfrac{1}{a}\right)<0$ より，　　$0<a<1$

このとき，A′, B′ を図示すると，図3のようになる．

以上より，動点 $f(P)$ は △OA′B′ の内部を
$\begin{cases} a>1 \text{ のとき，左手に，} \\ 0<a<1 \text{ のとき，右手に，} \end{cases}$ ……(答)
見ながら運動する．

図 3

〔研究〕

$M=\begin{pmatrix} a^2 & a-a^2 \\ 1 & a-1 \end{pmatrix}$

とおくと，

$\det M = a^2(a-1)-(a-a^2)$
$\quad\quad = a(a+1)(a-1)$

よって，　$\begin{cases} \det M>0 \iff -1<a<0,\ 1<a \\ \det M<0 \iff a<-1,\ 0<a<1 \end{cases}$

本問の場合は，$0<a,\ a\neq 1$ なる条件がつくので，

$a>1$ のときは，動点 P と動点 $f(P)$ の向きが変わらず，$0<a<1$ のときは，動点 P と動点 $f(P)$ の向きは逆になる．

また，〈定理 2・4・2〉の (注2) の結果を用いれば次のようになる (結果としては，上と同じ行列式 $\det M$ の正負を調べることになる)．

動点 $f(P)$ は，O→A′→B′→O の向きに回る．$\overrightarrow{OA'}=\begin{pmatrix} a^2 \\ 1 \end{pmatrix}$, $\overrightarrow{OB'}=\begin{pmatrix} a-a^2 \\ a-1 \end{pmatrix}$ より，

$\det(\overrightarrow{OA'}\ \overrightarrow{OB'})=\det\begin{pmatrix} a^2 & a-a^2 \\ 1 & a-1 \end{pmatrix}=a^2(a-1)-(a-a^2)$
$\quad\quad\quad\quad\quad\quad\ = a(a+1)(a-1)$

よって，$0<a<1$ のとき $\det(\overrightarrow{OA'}\ \overrightarrow{OB'})<0$ より，$f(P)$ は時計まわりの向きに (△OA′B′ の内部を右手に見ながら) 動き，$a>1$ では反対向きになる．

(注) 「解答」では，〈定理 2・4・2〉の【別証 1】の方法をつかっている．$a^2>0,\ 1\geqq 0$ なので，【別証 1】の (i) の場合である．

直線 OA′：$y=\dfrac{1}{a^2}x$ がつくる2つの正・負の領域のどちら側に点 B′$(a-a^2,\ a-1)$ があるかで場合分けして，解答しているわけだが，直線 OB′ によって分けられる上下2つの領域のどちら側に点 A′ があるかで考えてもよい．ただし，少しめんどうになる．

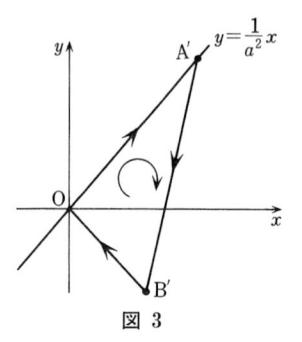

§4 図形の1次変換による面積と向きの変化

―〈練習 2・4・3〉――

行列 $\begin{pmatrix} 1 & a \\ a^2 & 1 \end{pmatrix}$ $(a \neq 1)$ で表される1次変換を f とする．O を原点とし，A(1, 0)，B(0, 1)，$f(A) = A'$，$f(B) = B'$ とおく．

(1) 点 (2, 2) が △OA'B' の内部（周上の点を含まない）にあるとき，a のみたす条件を求めよ．

(2) 点 P が △OAB の周上をその内部を左側に見ながら動き，点 $f(P)$ が △OA'B' の周上をその内部を右側に見ながら動くとき，a のみたす条件を求めよ．

解答 (1) $a \neq 1$ より， $1 - a^3 \neq 0$

ゆえに，f は逆写像 f^{-1} をもつ．

逆変換の存在する1次変換によって三角形の内部が，三角形の内部にうつるので，点 (2, 2) が △OA'B' の内部にあるためには，点 $f^{-1}((2, 2))$ が △OAB の内部にあればよい．

$\begin{pmatrix} 1 & a \\ a^2 & 1 \end{pmatrix}^{-1} = \dfrac{1}{1-a^3} \begin{pmatrix} 1 & -a \\ -a^2 & 1 \end{pmatrix}$

$\therefore \begin{pmatrix} 1 & a \\ a^2 & 1 \end{pmatrix}^{-1} \begin{pmatrix} 2 \\ 2 \end{pmatrix} = \dfrac{1}{1-a^3} \begin{pmatrix} 1 & -a \\ -a^2 & 1 \end{pmatrix} \begin{pmatrix} 2 \\ 2 \end{pmatrix}$

$= \dfrac{2}{1-a^3} \begin{pmatrix} 1-a \\ 1-a^2 \end{pmatrix}$

$= \dfrac{2}{1+a+a^2} \begin{pmatrix} 1 \\ 1+a \end{pmatrix}$

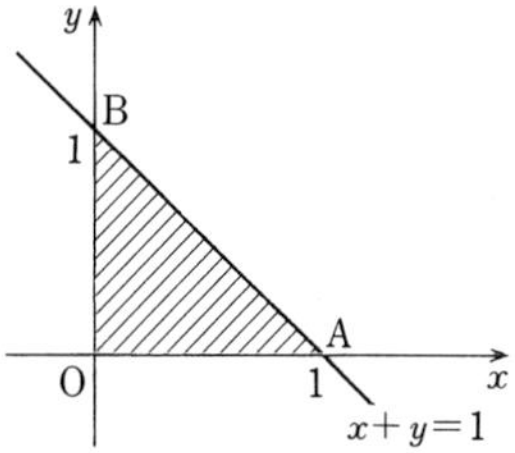

図 1

よって，点 C$\left(\dfrac{2}{a^2+a+1}, \dfrac{2(a+1)}{a^2+a+1} \right)$ が △OAB の内部にあればよい．

$a^2 + a + 1 = \left(a + \dfrac{1}{2} \right)^2 + \dfrac{3}{4} > 0$ より，

$\begin{cases} a+1 > 0 \quad ((\text{点 C の } y \text{ 座標}) > 0) & \cdots\cdots① \\ \text{かつ} \\ \dfrac{2+2(a+1)}{a^2+a+1} < 1 \quad (\text{点 C が直線 AB} ; x+y=1 \text{ の下側}) & \cdots\cdots② \end{cases}$

が成り立てばよい．

② より， $2a + 4 < a^2 + a + 1$

$\therefore a^2 - a - 3 > 0$

① のもとに，この解は，
$$a > \frac{1+\sqrt{13}}{2} \quad \cdots\cdots（答）$$

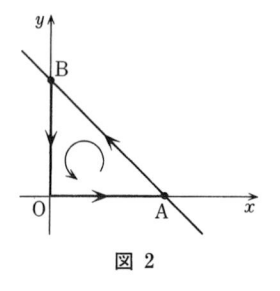

(2) A′, B′ をそれぞれ求めると，A′$(1, a^2)$, B′$(a, 1)$ である．

点 P が O→A→B→O と動く（図2）とき，点 $f(P)$ は，O→A′→B′→O と動く．

A′$(1, a^2)$ は，第1象限にあるか，または x 軸の正の部分にある（$a=0$ のとき）から，点 B′$(a, 1)$ が直線 OA′ の下側の領域（$y < a^2 x$）にあればよい（図3）．よって，
$$1 < a^2 \cdot a = a^3$$
したがって， $a > 1$ ……（答）

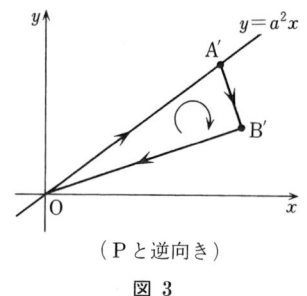

【(1)の別解】 A′$(1, a^2)$, B′$(a, 1)$ が $x > 1$ または $y > 1$ なる領域にあるときだから， $a > 1$

このとき，点 $(2, 2)$ が直線 A′B′ の下側にあればよい．直線 A′B′ の方程式は，
$$y = \frac{a^2-1}{1-a}(x-a)+1$$
$$= -(a+1)x + a^2 + a + 1$$
よって，
$$2 < -2(a+1) + a^2 + a + 1 \quad \therefore \quad a^2 - a - 3 > 0$$
$a > 1$ を考えて， $a > \dfrac{1+\sqrt{13}}{2}$ ……（答）

(注) (2)の解答は，〈定理 2・4・2〉における【別証1】の考え方に基づき，点 B′$(a, 1)$ が直線 OA′ によって分けられた上下2つの領域のどちら側にあればよいかと考える方法である．なお，点 $f(P)$ が △OA′B′ の周上をその内部を左側に見ながら動くのは，図4の場合である．

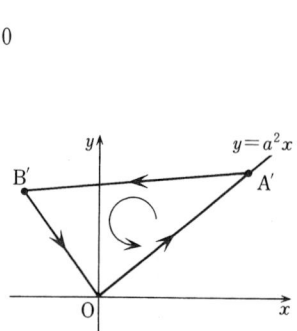

(2)については，$\det\begin{pmatrix} 1 & a \\ a^2 & 1 \end{pmatrix} = 1 - a^3 < 0$ となるべきことより $a > 1$ を得ることもできる．また，点 $f(P)$ が △OA′B′ の周上を時計まわりに動くべきことから，〈定理2・4・2〉の (注2) に従って，
$$\det(\overrightarrow{OA'} \ \overrightarrow{OB'}) = \det\begin{pmatrix} 1 & a \\ a^2 & 1 \end{pmatrix} = 1 - a^3 < 0$$
として求めることもできる．

図 2

図 3
（P と逆向き）

図 4
（P と同じ向き）

あ と が き

　数学の考え方を身につけさせることに主眼をおき，正答に至るプロセスを，紙面を惜しまずに解説するという贅沢な本はそうザラにはない．そこで，数学の考え方を習得させることだけに焦点を絞り，その結果として，読者の数学的能力を啓発することができるような本の出現が期待されていた．そんな本の執筆を駿台文庫と約束して以来，早5年の歳月が流れた．本シリーズの執筆に際し，考え方を能率的に習得させるという方針を貫いたために，テーマ別解説に従う既成の枠を逸脱せざるを得なくなったり，当初1, 2冊だけを刊行する予定であったのを，可能な限りの完璧さを目指したため全6巻のシリーズに膨れあがったり，それにも増して，筆者の力不足と怠慢とが相まって，刊行が大幅に遅れてしまった．それによって本書の出版に期待を寄せていただいた関係者各位に多大な迷惑をかけてしまったことをここにお詫び申し上げる次第である．本シリーズの上述に掲げた目標が真に達成されたか否かは読者の判断を仰ぐしかないが，万一，本シリーズが読者の数学に対する苦手意識を払拭し，考え方の習得への手助けとなり，数学が得意科目に転じるきっかけになるようなことがあれば，筆者の望外の喜びとするところである．

　本シリーズ執筆の段階で，数千ページに及ぶ読みにくい原稿を半年以上もかけて何度も繰り返し丹念に読み通し，多くの貴重なアドバイスを寄せて下さった駿台予備学校の講師の方々，とりわけ下村直久，酒井利訓両氏の献身的努力に衷心より感謝申し上げます．また，読者の立場から本シリーズの原稿を精読し，解説の曖昧な箇所，議論のギャップなどを指摘し，本書を読みやすくすることに努めて下さった松永清子さん（早大数学科学生），徳永伸一氏（東大基礎科学科学生），朝倉徳子さん（東大理学部学生）の尽力なくしては，本シリーズはここに存在しえなかったことも事実です．
　さらに，梶原健氏（東大数学科学生），中須やすひろ氏（早大数学科学生），石上嘉康氏（早大数学科学生）および伊藤賢一氏（東大理科Ⅰ類学生）らを含む数十万人にものぼる駿台予備学校での教え子諸君からの，本シリーズ作成の各局面における，直接的または間接的な協力，激励，コメントなども筆者にとって大きな支えになりました．5年余もの間，辛抱強くこの気ままな冒険旅行につきあい，終始本シリーズの刊行を目指す羅針盤の役をして下さった駿台文庫編集部原敏明氏に深遠なる感謝の意を表する次第であります．
　最後に，本シリーズの特色のひとつである〝ビジュアルな講義〟を紙上に美しく再現して下さったイラストレーターの芝野公二氏にも心よりの感謝を奉げます．

平成元年5月
大道数学者
秋山　仁

重要項目
さくいん

あ 行

1次独立 …………………… 18
1次変換(定義) …………………… 9

か 行

行列式 …………………… 11
k倍の相似拡大 …………………… 89
ケーリー・ハミルトンの定理 …… 12
原点のまわりのθ回転 ………… 89
合同1次変換(等長1次変換) …… 92
固有多項式 …………………… 11
固有値 …………………… 14
固有ベクトル …………………… 14
固有方程式 …………………… 11

さ 行

三角化定理 …………………… 65
三角行列 …………………… 61
斜射影 …………………… 138
スカラー …………………… 3
正射影 …………………… 138
線対称移動 …………………… 89
相似1次変換(等角1次変換) ……… 93

た 行

対角化可能 …………………… 63
対角化する …………………… 63
対角化定理 …………………… 64
対角行列 …………………… 61
対角成分 …………………… 10
対称行列 …………………… 117
直行行列 …………………… 90
転置行列 …………………… 90
等角1次変換(相似1次変換) …… 93
等長1次変換(合同1次変換) …… 92
トレース …………………… 10

な 行

2項定理 …………………… 59

は 行

媒介変数 …………………… 4
不動直線 …………………… 20, 29
べき零行列 …………………… 58
べき等 …………………… 59
ベクトル方程式 …………………… 4

著者略歴

秋山　仁（あきやま・じん）

ヨーロッパ科学アカデミー会員．
東京理科大学栄誉教授．駿台予備学校顧問．
グラフ理論，離散幾何学の分野の草分け的研究者．1985年に欧文専門誌"Graphs & Combinatorics"をSpringer社より創刊．グラフの分解性や因子理論，平行多面体の変身性や分解性などに関する百数十編の論文を発表．海外の数十ヶ国の大学の教壇に立つ．1991年よりNHKテレビやラジオなどで，数学の魅力や考え方をわかりやすく伝えている．日本数学会出版賞受賞(2016年)，クリストファ・コロンブス賞受賞（2021年）．著書に『数学に恋したくなる話』（PHP研究所)，『秋山仁のこんなところにも数学が！』(扶桑社)，『Factors & Factorizations of Graphs』（Springer），『A Day's Adventure in Math Wonderland』（World Scientific），『Treks into Intuitive Geometry』（Springer）など多数．

発見的教授法による数学シリーズ別巻1
一次変換のしくみ
―線形代数へのウォーミングアップ―　　　　　　　©秋山　仁　*2014*

2014年 7月22日　第1版第1刷発行	【本書の無断転載を禁ず】
2025年 9月25日　第1版第4刷発行	

著　者　秋山　仁
発行者　森北博巳
発行所　森北出版株式会社
　　　　東京都千代田区富士見 1-4-11（〒102-0071）
　　　　電話 03-3265-8341／FAX 03-3264-8709
　　　　https://www.morikita.co.jp/
　　　　日本書籍出版協会・自然科学書協会　会員
　　　　JCOPY ＜(一社)出版者著作権管理機構　委託出版物＞

落丁・乱丁本はお取替えいたします　　　　　印刷・製本／ワコー

Printed in Japan／ISBN978-4-627-01261-5

別巻1　1次変換のしくみ

1. 直線のベクトル表示と不動直線のしくみ
    1. 1次変換によって向き不変のベクトルを捜せ
    2. 不動直線のメカニズム
    3. 行列の n 乗の求め方のカラクリ
2. 1次変換の幾何学的考察のしかた
    1. 合同（等長）1次変換と相似（等角）1次変換を表す行列の判定法とそれらの性質の利用
    2. 対称な形の行列（対称行列）は回転行列によって対角化せよ
    3. 射影を表す行列の見抜き方と，どの方向に沿ってどの直線に射影されるのかの判定法
    4. 図形の1次変換による面積と向きの変化

別巻2　数学の計算回避のしかた

1. 次数の考慮
    1. 解と係数の関係を利用せよ
    2. 2次以上の計算を回避せよ
    3. 接することを高次の因数で表せ
    4. 積や商は対数をとれ
2. 図の利用
    1. 計算のみに頼らず，グラフを活用せよ
    2. 傾きに帰着せよ
3. 対称性の利用
    1. 基本対称式の利用
    2. 対称図形は基本パターンに絞れ
    3. 折れ線は折り返せ（フェルマーの原理）
    4. 3次関数は点対称性を利用せよ
    5. 関数とその逆関数は線対称
4. やさしいものへの帰着
    1. 整関数へ帰着せよ
    2. 三角関数は有理関数へ帰着せよ
    3. 楕円は円に帰着せよ
    4. 正射影を利用せよ
    5. 変数の導入を工夫せよ
    6. 相加・相乗平均の関係を利用せよ
5. 置き換えや変形の工夫
    1. 先を見越した式の変形をせよ
    2. ブロックごとに置き換えよ
    3. 円やだ円は極座標で置き換えよ
    4. $\cos\theta + \sin\theta = t$ と置け
    5. 情報を文字や記号に盛り込め
6. 積分計算の簡略法
    1. 奇関数・偶関数の性質の利用
    2. 積分区間の分割を回避せよ
    3. $\int_{\alpha}^{\beta}(x-\alpha)(x-\beta)dx = -\dfrac{1}{6}(\beta-\alpha)^3$ を利用せよ
    4. $\int_{\alpha}^{\beta}(x-\alpha)^m(\beta-x)^n dx$ は公式に持ち込め
    5. $\sqrt{a^2-x^2}$ の積分は扇形に帰着せよ
    6. 積分を避け，台形や三角形に分割せよ